Mareile Heiting & Carsten Thiele

Microsoft Outlook und OneNote im Büro

Die besten Tipps & Tricks für effektives Arbeiten

Vierfarben

Wir hoffen, dass Sie Freude an diesem Buch haben und sich Ihre Erwartungen erfüllen. Ihre Anregungen und Kommentare sind uns jederzeit willkommen. Bitte bewerten Sie doch das Buch auf unserer Website unter **www.rheinwerk-verlag.de/feedback**.

An diesem Buch haben viele mitgewirkt, insbesondere:

Lektorat Isabella Bleissem
Korrektorat Angelika Glock, Ennepetal
Herstellung Maxi Beithe
Typografie und Layout Christine Netzker
Einbandgestaltung Mai Loan Nguyen Duy
Satz weiss.design / zienke.design, Thomas Weiß
Druck mediaprint solutions, Paderborn

Dieses Buch wurde gesetzt aus der IPM Plex Serif (9,5 pt/14,5 pt) in Adobe InDesign CC.
Gedruckt wurde es auf chlorfrei gebleichtem Offsetpapier (90 g/m²).
Hergestellt in Deutschland.

Bibliografische Information der Deutschen Nationalbibliothek:
Die Deutsche Nationalbibliothek verzeichnet diese Publikation in der Deutschen Nationalbibliografie; detaillierte bibliografische Daten sind im Internet über *http://dnb.d-nb.de* abrufbar.

ISBN 978-3-8421-0695-6

1. Auflage 2019

Vierfarben ist eine Marke des Rheinwerk Verlags. Der Name Vierfarben spielt an auf den Vierfarbdruck, eine Technik zur Erstellung farbiger Bücher. Der Name steht für die Kunst, die Dinge einfach zu machen, um aus dem Einfachen das Ganze lebendig zur Anschauung zu bringen.

Informationen zu unserem Verlag und Kontaktmöglichkeiten finden Sie auf unserer Verlagswebsite **www.rheinwerk-verlag.de**. Dort können Sie sich auch umfassend über unser aktuelles Programm informieren und unsere Bücher und E-Books bestellen.

Liebe Leserin, lieber Leser,

mit dem richtigen Know-how sorgt Outlook für eine immense Arbeitserleichterung. Doch wer hat schon Zeit, in der täglichen E-Mail-Flut, bei der Vielzahl an Terminen und Projekten die geeigneten Optionen aufzuspüren? Auch OneNote ließe sich mit Gewinn für das Projektmanagement einsetzen. Aber treibt man dann nicht womöglich doppelten Aufwand?

Die Office-Profis Mareile Heiting und Carsten Thiele machen Sie mit ihren Tricks »aus der Praxis für die Praxis« in kürzester Zeit fit in den Tools – vom Einsatz des Abwesenheitsassistenten über Filterregeln und Besprechungsanfragen bis hin zu eigenen E-Mail-Vorlagen. Erstellen Sie Notizbücher mit Bildern, Videos und Links, und integrieren Sie hier nicht nur Ihre E-Mails, Kalender und Aufgaben aus Outlook, sondern auch etwa Word- und Excel-Dateien, auf die Sie in Meetings und unterwegs dank Cloud jederzeit zugreifen können. Wussten Sie, dass Sie mit Ihrem Smartphone gescannte Visitenkarten gleich in Ihre Outlook-Kontakte übertragen und Text von eingescannten Bildern in OneNote weiterbearbeiten können? Lassen Sie sich überraschen, und werden Sie Tipp für Tipp zum Organisationsprofi!

Dieses Buch wurde mit größter Sorgfalt geschrieben und hergestellt. Sollten Sie dennoch einmal einen Fehler finden oder inhaltliche Anregungen haben, freue ich mich, wenn Sie mit mir in Kontakt treten. Für Kritik bin ich dabei ebenso offen wie für lobende Worte. Doch nun wünsche ich Ihnen viel Erfolg bei der Umsetzung und so manches Aha-Erlebnis!

Ihre Isabella Bleissem
Lektorat Vierfarben

isabella.bleissem@rheinwerk-verlag.de

Inhalt

Sicher und ohne Störfaktoren in Outlook arbeiten

Lassen Sie Outlook für sich sprechen

Ordnung schaffen in Outlook

Alle Termine im Blick

Notizen und mehr digital erfassen mit OneNote

Sicher und ohne Störfaktoren in Outlook arbeiten

Wie viele E-Mails bekommen Sie am Tag? 20, 50 oder sogar mehr? Und wie viele dieser Nachrichten betreffen tatsächlich Sie persönlich? Die Zahl der unerwünscht erhaltenen E-Mails nimmt stetig zu. Während ein Teil davon einfach nur lästig ist, bringen andere große Gefahren mit sich. Zu Beginn dieses Buches erfahren Sie daher, wie Sie bei Ihrer privaten wie geschäftlichen Korrespondenz harmlose von gefährlichen E-Mails unterscheiden können und welche Schutzmaßnahmen Sie unbedingt ergreifen sollten. Außerdem zeigen wir Ihnen, wie Sie zukünftig konzentrierter arbeiten können, ohne durch Benachrichtigungen von Outlook und anderen Apps abgelenkt zu werden.

Nur Werbung oder Phishing? Wie gefährlich ist die E-Mail?

Eine E-Mail, die einem unerwünscht zugesendet wird, wird *Spam* oder auch *Junk* genannt. Enthält eine solche E-Mail lediglich Werbung, ist sie zwar lästig, im Vergleich zu infizierten E-Mails, über die Sie sich Viren und andere Schadsoftware auf den PC holen, ist sie aber harmlos. Eine große Gefahr stellen heutzutage außerdem Phishing-E-Mails dar. Das Ziel des *Phishings* (ein Kunstwort, das sich aus den Wörtern »Passwort« und »Fishing« zusammensetzt) ist, z. B. über gefälschte E-Mails und Webseiten persönliche Daten wie Passwörter oder Kreditkarteninformationen abzugreifen. Doch wie unterscheidet man gefährliche E-Mails von harmlosen?

Tipp 001

Unverzichtbar: Ein kritischer Blick auf die E-Mail-Adressen

Amazon, eBay, ein bekanntes Kreditinstitut oder auch PayPal: Wenn Sie E-Mails von derartigen Absendern erhalten, sollten Sie als Erstes hinterfragen, ob Sie dort überhaupt Kunde sind. Haben Sie sich z. B. noch nie über die E-Mail-Adresse, an die die Nachricht geschickt wurde, beim Auktionshaus eBay angemeldet, ist dies ein erstes Indiz dafür, dass es sich um eine betrügerische E-Mail handelt. Überprüfen Sie außerdem die vollständige Adresse des Absenders. Häufig können Sie in einem solchen Fall feststellen, dass sich der angegebene Name ① von der eigentlichen Domain ② unterscheidet. Solche Differenzen finden sich auch in E-Mails, in denen Ihnen eine große Erbschaft, eine Beteiligung an einem Lottogewinn oder die tollsten Schnäppchen angeboten werden.

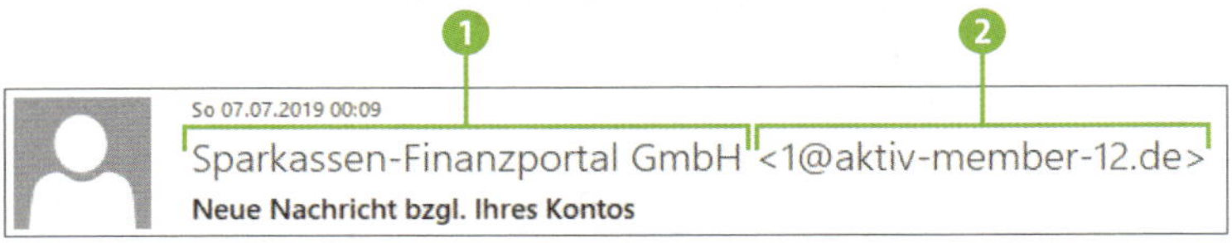

Tipp 002

Wichtige Indizien: Betreff, Anrede, Formatierung, Stil und Sprache

Der Betreff der E-Mail lockt Sie mit einem ausgesprochen günstigen Angebot? Sie werden in der Nachricht nicht persönlich angesprochen, sondern neutral mit »Sehr geehrte Damen und Herren« oder auch nur mit »Hallo«? Allein diese zwei Punkte sollten Sie bereits stutzig machen. Ist die E-Mail dann auch noch in ei-

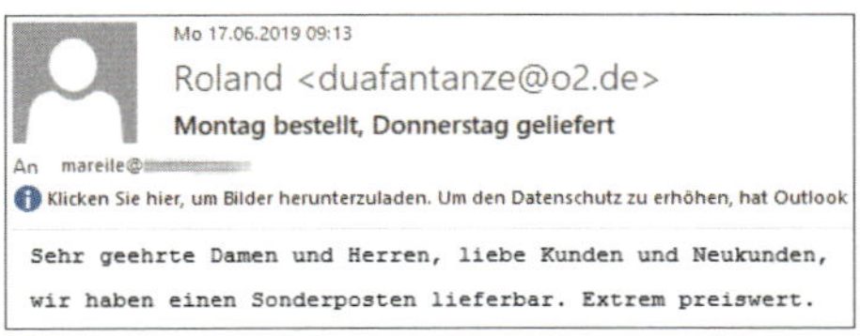

nem schlechten Deutsch verfasst, enthält zahlreiche Rechtschreib- und Grammatikfehler und ist nicht einheitlich formatiert, ist spätestens der Moment gekommen, in dem Sie wachsam sein sollten. Denn seriöse Firmen schicken ihren Kunden ganz sicher keine derartigen Nachrichten. Da Betrüger mittlerweile immer trickreicher werden, bedeutet es im Umkehrschluss leider nicht, dass eine perfekt verfasste Nachricht, in der Sie mit Ihrem Namen angesprochen werden, deshalb harmlos ist.

Methoden, um an sensible Daten zu gelangen

Tipp 003

Das wertvollste Gut für Betrüger sind Kreditkarteninformationen, Passwörter und andere vertrauliche Informationen. Um an diese Daten zu gelangen, versuchen Kriminelle mithilfe von geschickt formulierten Nachrichten, den Empfänger so unter Druck zu setzen, dass dieser sie freiwillig preisgibt. So wird in diesen Phishing-E-Mails z.B. behauptet, auf Ihrem Konto seien Unstimmigkeiten oder Sicherheitsrisiken (1 auf Seite 16) festgestellt worden. Um diese prüfen zu können, sollen Sie sich innerhalb einer sehr kurz gesetzten Frist bei Ihrem Online-Konto anmelden. Kommen Sie dieser Aufforderung nicht nach, droht man Ihnen damit, das Konto zu sperren. Der in der E-Mail enthaltene Link 2 führt Sie angeblich direkt zur Anmeldeseite bei Ihrer Online-Bank, Ihrem Online-Shop etc. Die aufgerufene Webseite mag der realen Seite sogar täuschend ähnlich sehen. Würden Sie auf dieser nachgeahmten Seite tatsächlich vertrauensvolle Daten eingeben, könnten die Betrüger sie abgreifen und zukünftig nutzen. Das ist allerdings nicht die einzige Gefahr: Häufig enthält eine solche Webseite auch Schadsoftware, die beim Besuch der Seite auf Ihren Computer heruntergeladen wird.

Tipp 004

Umgang mit in E-Mails enthaltenen Links

Das Wichtigste zuerst: Klicken Sie in verdächtig anmutenden E-Mails nie auf die darin enthaltenen Links! Um zu überprüfen, ob die mit dem Link verknüpfte Webadresse wirklich z. B. zu Ihrer Bank führt, positionieren Sie den Mauszeiger über dem Link. In einer QuickInfo wird nun die damit verbundene Adresse angezeigt ③. Eine gefälschte Webadresse kann teilweise sehr kryptisch aussehen, manchmal unterscheidet sie sich von der realen Adresse aber auch nur in einem fehlenden (z. B. »amzon« statt »amazon«) oder einem ähnlich aussehenden Buchstaben (etwa »Ibb« statt »lbb«). Was Sie beachten sollten, wenn Sie sich bei einem Ihrer Online-Konten anmelden, lesen Sie im Kasten »Das kleine Einmaleins zum Eigenschutz« auf Seite 17.

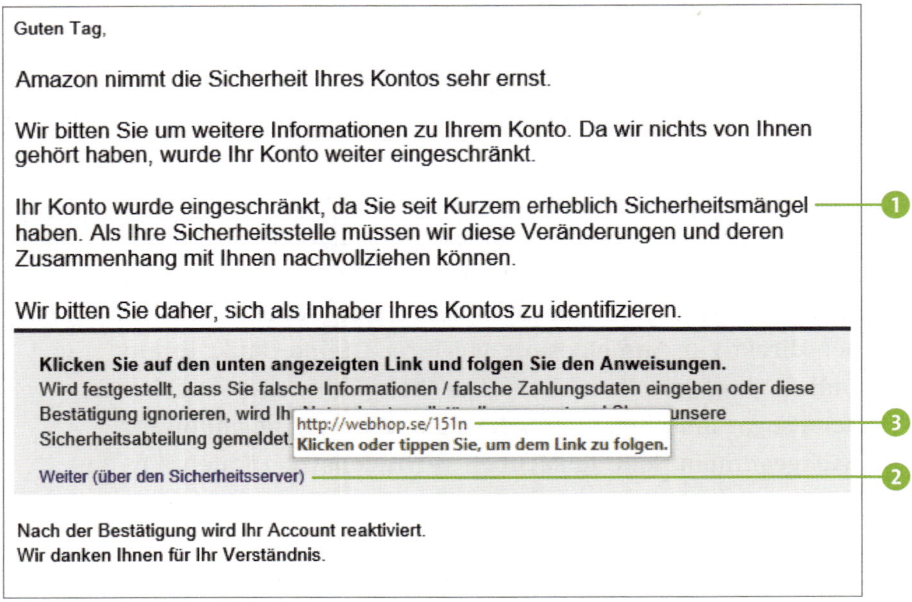

Guten Tag,

Amazon nimmt die Sicherheit Ihres Kontos sehr ernst.

Wir bitten Sie um weitere Informationen zu Ihrem Konto. Da wir nichts von Ihnen gehört haben, wurde Ihr Konto weiter eingeschränkt.

Ihr Konto wurde eingeschränkt, da Sie seit Kurzem erheblich Sicherheitsmängel haben. Als Ihre Sicherheitsstelle müssen wir diese Veränderungen und deren Zusammenhang mit Ihnen nachvollziehen können. ①

Wir bitten Sie daher, sich als Inhaber Ihres Kontos zu identifizieren.

Klicken Sie auf den unten angezeigten Link und folgen Sie den Anweisungen.
Wird festgestellt, dass Sie falsche Informationen / falsche Zahlungsdaten eingeben oder diese Bestätigung ignorieren, wird Ih … unsere Sicherheitsabteilung gemeldet.

http://webhop.se/151n ③
Klicken oder tippen Sie, um dem Link zu folgen.

Weiter (über den Sicherheitsserver) ②

Nach der Bestätigung wird Ihr Account reaktiviert.
Wir danken Ihnen für Ihr Verständnis.

Das kleine Einmaleins zum Eigenschutz

Wenn Sie sich bei Ihrer Online-Bank, einem Reiseportal, einem Online-Shop oder auch einem sozialen Netzwerk anmelden wollen, tippen Sie die Webadresse zur Sicherheit immer selbst im Browser ein. Sensible Daten wie Passwörter oder Kreditkarteninformationen sollten Sie außerdem nur über eine verschlüsselte Internetverbindung eingeben. Diese erkennen Sie am »https« in der Adresszeile des Browsers. Befinden Sie sich in einem öffentlichen Netzwerk (z. B. am Flughafen oder in einem Café), sollten Sie auf die Eingabe sensibler Daten ganz verzichten. Auch bei der Passwortwahl können Sie für mehr Schutz sorgen: Achten Sie hier auf möglichst komplexe Zeichenfolgen, die aus Groß- und Kleinbuchstaben, Zahlen sowie Sonderzeichen bestehen. Verwenden Sie ein Passwort nie mehrfach, sondern legen Sie für jedes Online-Portal ein eigenes Passwort an. Sorgen Sie dafür, dass Ihr Computer, Tablet oder Smartphone immer mit den neuesten Updates versorgt ist. Der Einsatz einer Sicherheitssoftware versteht sich von selbst.

Finger weg von Dateianhängen

Tipp 005

Sie haben angeblich eine Rechnung nicht beglichen? Eine Kanzlei oder ein Inkassounternehmen ist nun damit beauftragt worden, den ausstehenden Betrag bei Ihnen einzufordern. Die E-Mail, in der Sie zur Nachzahlung aufgefordert werden, enthält im Dateianhang vermeintlich die Rechnung. Bei derartigen E-Mails – die im Übrigen nicht nur Mahnungen, sondern z. B. auch Bestätigungen zu Bestellungen oder Reservierungen, die Sie gar nicht vorgenommen haben, zum Inhalt haben können – ist höchste Alarmbereitschaft angesagt, denn die Dateianhänge enthalten in den meisten Fällen Schadsoftware. Durch Öffnen der Datei gelangt z. B. ein Virus auf Ihren PC. Der Schaden, den dieser verursacht, kann vom Ausspähen all Ihrer Tastatureingaben inklusive sensibler Daten bis hin zum totalen Computerausfall reichen. Erhalten Sie eine solche E-Mail, öffnen Sie daher keinesfalls die angehängte Datei!

Tipp 006

Was tun mit der verdächtigen E-Mail?

Sie sind sich ziemlich sicher, dass es sich bei einer erhaltenen E-Mail um eine Phishing-E-Mail handelt? Wenn Sie in einer größeren Firma arbeiten, sollten Sie unbedingt den für solche Fälle zuständigen IT-Sicherheitsbeauftragten informieren. Auch das Unternehmen, von dem die Nachricht angeblich stammt, sollte über den Phishing-Versuch in Kenntnis gesetzt werden. Banken, aber auch große Online-Shops wie Amazon bieten hierfür meist spezielle Anlaufstellen, die Sie beim Unternehmen selbst in Erfahrung bringen können. Nutzen Sie zur Kontaktaufnahme keinesfalls die in der Phishing-E-Mail enthaltenen Daten, da auch diese meist gefälscht sind.

Zusätzlich können Sie auch eine Verbraucherzentrale über den Phishing-Versuch informieren. Die betrügerische E-Mail selbst sollten Sie anschließend löschen.

So prüfen Sie, ob Ihre E-Mail-Adresse bereits gehackt wurde

Tipp 007

Immer wieder wird bekannt, dass Unternehmen Opfer eines Hackerangriffs wurden, bei dem Millionen sensibler Daten abgegriffen werden konnten. Diese Daten (z. B. E-Mail-Adressen in Kombination mit Passwörtern, Telefonnummern oder gar Kreditkarteninformationen) werden häufig in unrechtmäßigen Identitätsdatenbanken veröffentlicht. Dort können sie wiederum von Unbefugten eingesehen und für betrügerische Zwecke genutzt werden. Über den *Identity Leak Checker* des Hasso-Plattner-Instituts (*https://sec.hpi.de/ilc*) können Sie überprüfen, ob auch Ihre E-Mail-Adresse gehackt wurde. Nachdem Sie Ihre Adresse auf der Website des Instituts eingegeben haben, werden Sie in einer Antwortmail darüber informiert, ob diese Adresse betroffen ist. Fällt die Antwort positiv aus, sollten Sie unverzüglich alle damit verbundenen Passwörter ändern, angefangen beim E-Mail-Konto selbst bis hin zu Websites, auf denen Sie die E-Mail-Adresse zur Anmeldung nutzen.

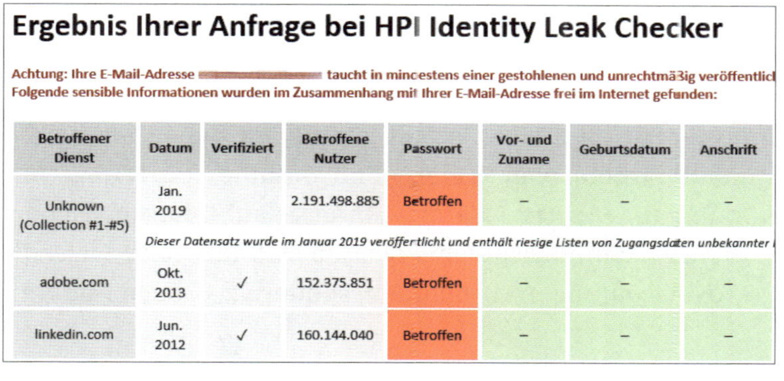

Ergebnis Ihrer Anfrage bei HPI Identity Leak Checker

Achtung: Ihre E-Mail-Adresse taucht in mindestens einer gestohlenen und unrechtmäßig veröffentlic
Folgende sensible Informationen wurden im Zusammenhang mit Ihrer E-Mail-Adresse frei im Internet gefunden:

Betroffener Dienst	Datum	Verifiziert	Betroffene Nutzer	Passwort	Vor- und Zuname	Geburtsdatum	Anschrift
Unknown (Collection #1-#5)	Jan. 2019		2.191.498.885	Betroffen	–	–	–
	Dieser Datensatz wurde im Januar 2019 veröffentlicht und enthält riesige Listen von Zugangsdaten unbekannter						
adobe.com	Okt. 2013	✓	152.375.851	Betroffen	–	–	–
linkedin.com	Jun. 2012	✓	160.144.040	Betroffen	–	–	–

Wichtige Sicherheitseinstellungen vornehmen

Wie Sie im vorherigen Abschnitt sehen konnten, ist einer der wichtigsten Schutzmechanismen vor gefährlichen E-Mails der gesunde Menschenverstand: Haben Sie Zweifel an der Seriosität einer Nachricht, heißt es schlichtweg Finger weg: keine Links in den E-Mails anklicken, keine Dateianhänge öffnen, sondern stattdessen die betreffenden E-Mails löschen.

Zusätzlich sollten Sie aber auch die Möglichkeiten zur Absicherung nutzen, die Ihnen die E-Mail-Programme zur Verfügung stellen. Die wichtigsten Sicherheitseinstellungen stellen wir Ihnen am Beispiel von Outlook in den folgenden Tipps vor. In größeren Unternehmen werden diese Einstellungen meist von den für die IT-Sicherheit verantwortlichen Stellen vorgenommen und auch überwacht.

Tipp 008 E-Mails im HTML-Format versus Nur-Text-Format

E-Mails können im *HTML-Format* oder im *Nur-Text-Format* erstellt werden. Das Nur-Text-Format hält, was der Name verspricht: Die Nachricht enthält nur schlichten Text ohne jegliche Formatierungen und ohne Bilder (abgesehen von Bildern, die einer E-Mail als Dateianhang beigefügt wurden). Eine E-Mail im HTML-Format kommt im Gegensatz hierzu weitaus farbenfroher daher, denn mithilfe von HTML (Abkürzung für *Hypertext Markup Language*, auf Deutsch »Hypertext-Auszeichnungssprache«) lassen sich nicht nur vielseitige Textgestaltungen vornehmen, sondern z.B. auch Bilder in die E-Mail einbetten. Ein paar Beispiele hierfür lernen Sie im Abschnitt »E-Mails grafisch aufpeppen« ab Seite 38 kennen.

Bilder, die per HTML in E-Mails eingebunden werden, werden erst beim Öffnen der Nachricht von einem externen Server heruntergeladen. Dieser Vorgang wird von Unternehmen gerne genutzt, um festzustellen, ob eine E-Mail-Adresse gültig ist. Werden die Bilder also vom Server geladen und in der E-Mail angezeigt, weiß der Absender der Nachricht damit, dass Ihre E-Mail-Adresse korrekt ist. Solche Informationen sind ausgesprochen wertvoll, denn mit dem Verkauf der verifizierten Adressen lässt sich viel Geld verdienen.

Das Nachladen externer Inhalte wie Bilder bringt aber eine noch weitaus größere Gefahr mit sich, denn auf diese Weise kann auch Schadcode auf Ihren Computer eingeschleust werden.

Automatisches Herunterladen von Bildern unterbinden

Tipp 009

Per Standardeinstellung verhindert Outlook das automatische Herunterladen von Bildern in E-Mails im HTML-Format. Zur Sicherheit sollten Sie diese Einstellung aber überprüfen.

1. Rufen Sie in Outlook im Register **Datei** die **Optionen** auf.
2. Markieren Sie in der linken Spalte des Dialogs **Outlook-Optionen** das **Trust Center**. Klicken Sie dann rechts auf **Einstellungen für das Trust Center**.
3. Im Dialog **Trust Center** sollte links nun bereits **Automatischer Download** (1) markiert sein. Stellen Sie sicher, dass rechts **Bilder in Standard-HTML-Nachrichten oder RSS-Elementen nicht automatisch herunterladen** mit einem Häkchen versehen ist (2).

4. Wenn es Kontakte oder Firmen gibt, denen Sie absolut vertrauen, können Sie diese mithilfe des Junk-E-Mail-Filters als vertrauenswürdig kennzeichnen (siehe Tipp 012 auf Seite 25). Dürfen in E-Mails, die von diesen Kontakten stammen, die Bilder automatisch heruntergeladen werden, aktivieren Sie **Downloads in E-Mail-Nachrichten von Absendern oder an Empfänger, die in den Listen sicherer Absender ..., zulassen** ③.

5. Beim Weiterleiten, Bearbeiten oder Beantworten von E-Mails kann es passieren, dass externer Inhalt automatisch heruntergeladen wird. Damit dies nicht ohne Ihr Wissen geschieht und Sie es ggf. auch unterbinden können, sollten Sie sich durch Aktivierung des Kontrollkästchens ④ einen Warnhinweis anzeigen lassen.

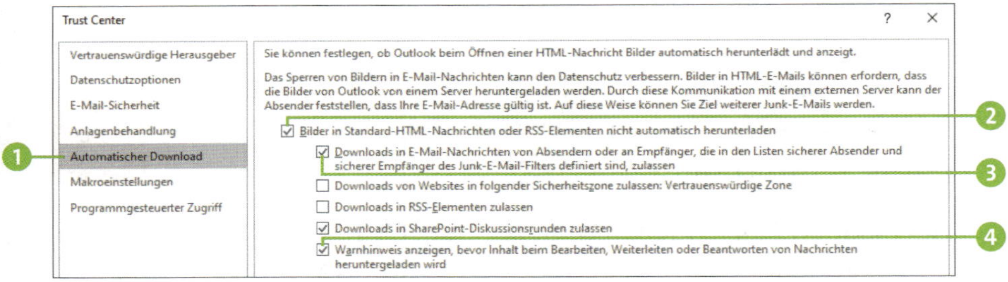

Tipp 010 Zur Sicherheit: E-Mails immer im Nur-Text-Format lesen

Wer keinerlei Risiko beim Empfang von E-Mails eingehen möchte, lässt sich die Nachrichten am besten immer im Nur-Text-Format anzeigen. Wenn Sie einem Empfänger vertrauen, können Sie die Darstellung später wieder in das HTML-Format konvertieren lassen. Um das Nur-Text-Format einzustellen, rufen Sie, wie in den Schritten 1 und 2 des vorherigen Tipps auf Seite 21 gezeigt, den Dialog **Trust Center** auf.

1. Markieren Sie im Dialog links **E-Mail-Sicherheit**.

2. Versehen Sie nun rechts im Bereich **Als Nur-Text lesen** das Kästchen **Standardnachrichten im Nur-Text-Format lesen** (1) mit einem Häkchen.

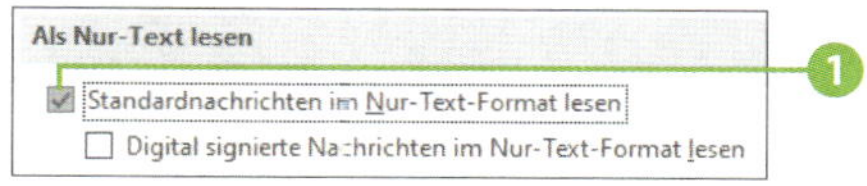

3. Schließen Sie alle noch geöffneten Dialoge mit **OK**, um Ihre Einstellungen zu übernehmen.

   Alle E-Mails werden jetzt ausschließlich im Nur-Text-Format angezeigt. Unterhalb der Absenderadresse erscheint in der Nachricht entsprechend der Hinweis **Diese Nachricht wurde in das Nur-Text-Format konvertiert** (2).

4. Wenn Sie dem Absender vertrauen und die E-Mail in voller Schönheit sehen möchten, klicken Sie mit der rechten Maustaste auf den Hinweis und wählen im Kontextmenü **Als HTML anzeigen** (3).

Sollte Ihnen die Darstellung im Nur-Text-Format auf Dauer zu rigide sein, wiederholen Sie einfach die Schritte 1 und 2 und entfernen das Häkchen vor **Standardnachrichten im Nur-Text-Format lesen** (1) wieder.

Junk-E-Mail-Optionen festlegen

Tipp 011

Spam bzw. Junk-E-Mails sind ausgesprochen lästig. Outlook verfügt über einen Filter, mit dem das Programm verdächtige E-Mails aufspüren kann und automatisch in den Ordner

Junk-E-Mail verschiebt. Nicht immer gelingt das Outlook allerdings perfekt, sodass ab und an auch für Sie relevante Reservierungsbestätigungen oder Nachrichten von Kunden in diesem Ordner landen. Sie sollten also regelmäßig einen Blick in den Ordner werfen und prüfen, ob hier eine eigentlich wichtige E-Mail abgelegt wurde. Um den Grad festzulegen, in dem Outlook Sie vor Junk-E-Mails schützen soll, gehen Sie folgendermaßen vor:

1. Stellen Sie sicher, dass Sie sich in Outlook im Modul **E-Mail** befinden. Klicken Sie hier im Register **Start** in der Gruppe **Löschen** auf **Junk-E-Mail ▸ Junk-E-Mail-Optionen**.
2. Der Dialog **Junk-E-Mail-Optionen** wird mit dem Register **Optionen** ① geöffnet. Wenn Sie in der Firma häufiger auch E-Mails von Unbekannten erhalten, wird die Option **Nur sichere Absender und Empfänger** ② zu rigide sein. Denn in diesem Fall verschiebt Outlook alle E-Mails, deren Absender Sie nicht ausdrücklich als sicher eingestuft haben, automatisch in den Junk-E-Mail-Ordner.
3. Zu wenig Schutz bietet umgekehrt die Option **Keine automatische Filterung** ③, da hier lediglich die Nachrichten von bereits blockierten Absendern als Junk-E-Mail eingeordnet werden.
4. Entscheiden Sie sich also für eine der beiden Optionen **Niedrig** ④ bzw. **Hoch** ⑤. Sobald Sie eine der Optionen ausgewählt haben, werden zwei weitere Kästchen eingeblendet, die Sie aktivieren sollten. Damit stellen Sie sicher, dass Hyperlinks und sonstige Funktionen in Phishing-Nachrichten deaktiviert werden ⑥ und Sie bei verdächtigen Domänennamen in E-Mail-Adressen gewarnt werden ⑦.
5. Outlook bietet Ihnen die Möglichkeit, alle Nachrichten, die es als Junk-E-Mail identifiziert, sofort zu löschen und

gar nicht erst in den Junk-E-Mail-Ordner zu verschieben 8. Da das Programm aber, wie bereits erwähnt, nicht immer ganz zuverlässig arbeitet und so auch manche wichtige E-Mail als verdächtig eingestuft wird, sollten Sie diese Möglichkeit nicht in Anspruch nehmen.

6. Übernehmen Sie Ihre Einstellungen mit **OK**.

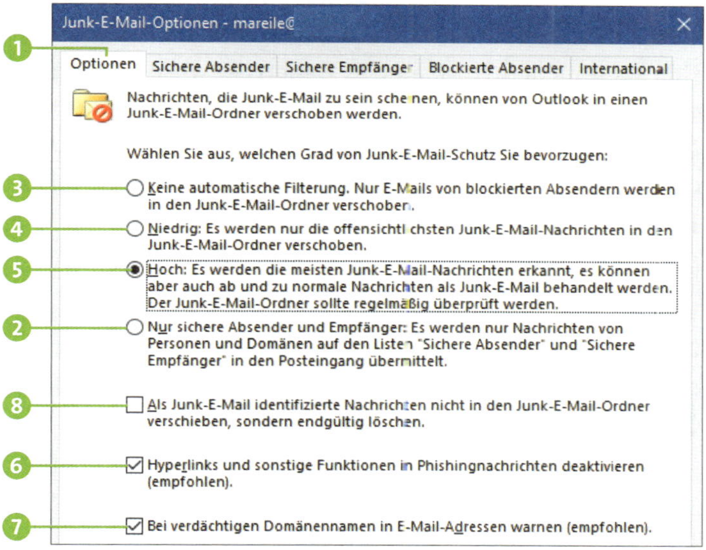

Unerwünschte Absender blockieren, erwünschte als sicher einstufen

Tipp 012

Sie bekommen immer wieder einen Newsletter, den Sie nicht bestellt und auch nicht haben möchten? Am liebsten wäre es Ihnen, wenn die E-Mails von diesem Absender sofort automatisch im Junk-E-Mail-Ordner landen würden? Nichts leichter als das.

1. Markieren Sie hierzu einfach die unerwünscht erhaltene E-Mail in der E-Mail-Übersicht. Klicken Sie dann im

Register **Start** in der Gruppe **Löschen** auf **Junk-E-Mail ► Absender sperren** ❶. Outlook wird alle E-Mails dieses Absenders zukünftig automatisch blockieren und in den Junk-E-Mail-Ordner verschieben.

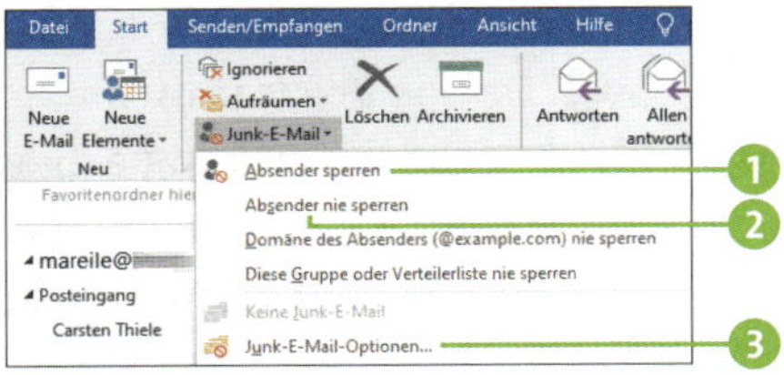

2. Gibt es umgekehrt Absender, denen Sie absolut vertrauen, können Sie diese ebenfalls kennzeichnen. Hierzu gehen Sie so vor, wie gerade am Beispiel der unerwünscht erhaltenen E-Mail gezeigt, nur dass Sie dieses Mal **Junk-E-Mail ► Absender nie sperren** ❷ wählen. Der Absender gilt damit zukünftig als sicherer Absender.

3. Wenn Sie einen Blick auf die Liste der blockierten oder auch sicheren Absender werfen wollen, rufen Sie im Register **Start** über **Junk-E-Mail** die **Junk-E-Mail-Optionen** ❸ auf. Haben Sie eine E-Mail-Adresse versehentlich blockiert und möchten diese Blockierung wieder aufheben, wechseln Sie in das Register **Blockierte Absender** ❹, markieren die entsprechende E-Mail-Adresse ❺ und klicken auf **Entfernen** ❻.

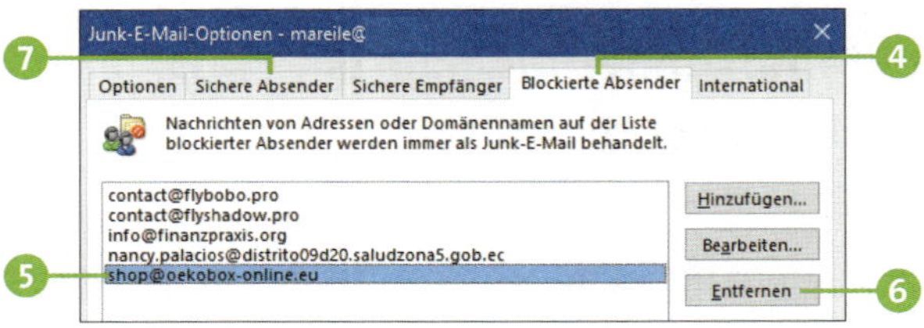

4. Analog können Sie eine E-Mail-Adresse auch im Register **Sichere Absender** ❼ entfernen.

5. Schließen Sie den Dialog **Junk-E-Mail-Optionen** dann mit **Übernehmen** und **OK**.

Benachrichtigungen anpassen und ungestört arbeiten

Sobald eine neue E-Mail in Outlook eintrifft, ertönt ein kurzes Signal, und im Infobereich der Taskleiste wird das Symbol eines Briefumschlags eingeblendet. Zusätzlich erscheint für einen Moment ein kleines Hinweisfenster, in dem der Absender sowie der Betreff der E-Mail angezeigt werden. Viele Anwender sind nun so pflichtbewusst, dass sie sofort einen Blick auf die E-Mail werfen. Und schon vergeht kostbare Zeit, die man eigentlich für die aktuelle Aufgabe benötigt. Nimmt man noch die Benachrichtigungen von sozialen Netzwerken wie Facebook hinzu oder neue Chats in Messengern wie WhatsApp, ist man schnell nur noch mit dem Reagieren auf Nachrichten beschäftigt.

Benachrichtigungen in Outlook deaktivieren

Tipp 013

Alles hat seine Zeit. Das gilt für die Bearbeitung von E-Mails, aber auch für alle anderen Aufgaben. Wenn Sie sich durch neu eintreffende Nachrichten nicht mehr von anderen wichtigen Arbeiten ablenken lassen möchten, sollten Sie die Benachrichtigungen in Outlook deaktivieren.

1. Rufen Sie in Outlook das Register **Datei** auf, und klicken Sie hier auf **Optionen**.
2. Markieren Sie im Dialog **Outlook-Optionen** in der linken Spalte **E-Mail**. In der rechten Spalte blättern Sie nach unten bis zum Bereich **Nachrichteneingang**.

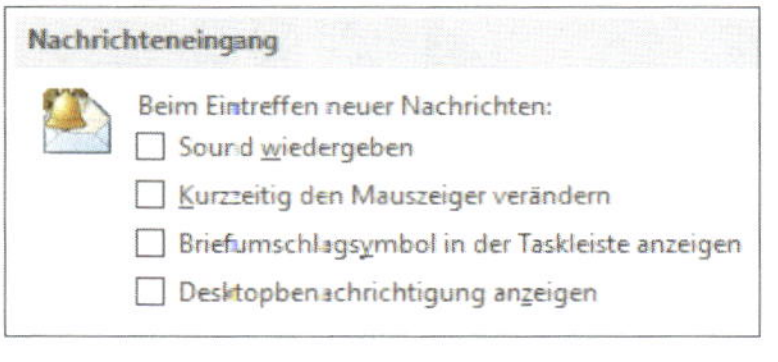

3. Entfernen Sie in diesem Bereich alle Häkchen. Bestätigen Sie Ihre Änderungen mit **OK**.

Outlook wird Sie nun nicht mehr über neu eintreffende Nachrichten informieren. Richten Sie selbst stattdessen feste Zeiten ein, in denen Sie sich mit Ihren E-Mails beschäftigen.

Tipp 014

Benachrichtigungen anderer Anwendungen deaktivieren

Nicht nur Outlook kann mit seinen Benachrichtigungen lästig fallen, sondern auch andere Apps. Unter Windows 10 haben Sie die Möglichkeit, auch für diese Anwendungen die Art der Benachrichtigung festzulegen.

1. Rufen Sie hierzu **Start ► Einstellungen ► System ► Benachrichtigungen und Aktionen** (1) auf.
2. Blättern Sie in der rechten Spalte des Einstellungen-Dialogs nach unten, erhalten Sie eine Liste mit allen Apps, die Ihnen Benachrichtigungen zukommen lassen können. Wünschen Sie von einer App keinerlei Information über neu eingetroffene Nachrichten oder Ähnliches, ziehen Sie den entsprechenden Regler einfach nach links (2).

3. Wenn Sie bei einer App nicht ganz so rigide vorgehen möchten, können Sie nach einem Klick auf die App auch detailliertere Einstellungen etwa zur Soundwiedergabe und zum Einblenden eines Banners vornehmen 3.

4. Über den Pfeil oben links 4 kehren Sie wieder zur vorherigen Seite des Einstellungen-Dialogs zurück. Über das Symbol ☒ oben rechts schließen Sie den Dialog wieder.

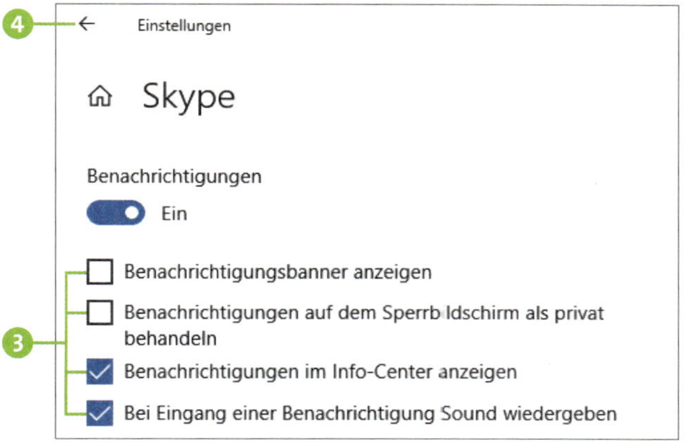

Lassen Sie Outlook für sich sprechen

Die Kommunikation per E-Mail ist aus dem heutigen Berufsalltag nicht mehr wegzudenken. Viele Aktionen wiederholen sich dabei immer wieder. Sie können sich aber viel Arbeit sparen, indem Sie einige Aufgaben in Outlook automatisieren. So lassen sich z. B. mithilfe von Regeln automatisch Antworten auf E-Mails versenden. Oder schreiben Sie häufig Nachrichten mit dem gleichen Text? Für solche Fälle bietet es sich an, den Nachrichtentext als Vorlage zu speichern, die Sie immer wieder nutzen können. In diesem Kapitel finden Sie einige Beispiele, wie Sie Outlook für sich sprechen lassen können.

E-Mails nach formalen Vorgaben erstellen

Auch wenn es beim Schreiben von E-Mails meist nicht ganz so formal zugeht wie beim Verfassen eines klassischen Briefes: Ein paar Regeln sollten Sie bei der geschäftlichen Korrespondenz dennoch einhalten. Dabei geht es aber nicht nur um Höflichkeit und Stil. Einige wichtige Vorgaben für den Aufbau eines Geschäftsbriefs gibt die DIN 5008. Ihre Richtlinien sorgen nicht nur für den nötigen Schliff, sondern helfen zugleich, die Übersicht im E-Mail-Chaos zu bewahren und den Datenschutz einzuhalten.

E-Mail mit Signatur abschließen

Tipp 015

Beginnen wir zunächst mit dem, was eigentlich ganz am Ende einer E-Mail steht: Wie den klassischen Brief schließen Sie auch die E-Mail mit einem Gruß, Ihrem Namen sowie den Kommunikations- und Firmenangaben ab. Da Sie diese Angaben für jede geschäftliche E-Mail benötigen, speichern Sie sie am besten in einer sog. *Signatur*. Um eine solche Signatur in Outlook anzulegen, gehen Sie folgendermaßen vor:

1. Rufen Sie **Datei ► Optionen ► E-Mail** auf, und klicken Sie rechts auf **Signaturen**.
2. Nach einem Klick auf **Neu** (1) geben Sie einen Namen für die Signatur ein, den Sie mit **OK** bestätigen.
3. Tragen Sie nun im Feld **Signatur bearbeiten** (2) die Grußformel sowie Ihre Kontaktdaten ein. Keineswegs fehlen darf hier laut der DIN 5008 Ihre E-Mail-Adresse (3) sowie die Internetadresse der Firma (4). Wenn Sie möchten, können Sie zusätzlich Ihre Funktion innerhalb des Unternehmens, die Postanschrift sowie Ihre Telefonnummer ergänzen. Formatieren Sie den Text wie gewünscht.
4. Wenn Sie in Outlook mehrere E-Mail-Konten eingerichtet haben, wählen Sie im Feld **E-Mail-Konto** (5) dasjenige Konto aus, für das diese Signatur genutzt werden soll.

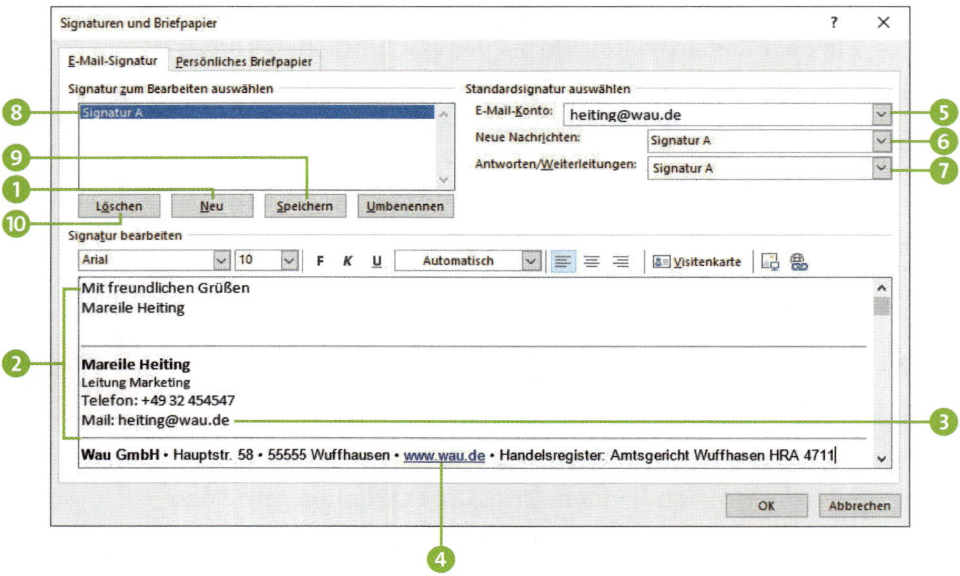

5. Soll die gerade erstellte Signatur automatisch an alle neu von Ihnen verfassten E-Mails angehängt werden, wählen Sie nach einem Klick auf den Pfeil rechts vom Feld **Neue Nachrichten** ⑥ den Namen der Signatur aus. Analog können Sie auch Antworten und weitergeleitete E-Mails mit der Signatur versehen ⑦.
6. Mit einem Klick auf **OK** schließen Sie die geöffneten Dialoge. Kehren Sie dann wieder zum Register **Start** zurück.

Je nach gewählter Einstellung wird jedes neue Nachrichtenfenster bzw. jede Nachricht, die Sie weiterleiten oder beantworten, automatisch die gerade erstellte Signatur enthalten. Sollten sich Änderungen etwa bei Ihrer Telefonnummer oder der Anschrift ergeben, wiederholen Sie Schritt 1. Markieren Sie die gewünschte Signatur ⑧, und korrigieren Sie den Text im Feld **Signatur bearbeiten**. Mit **Speichern** ⑨ und **OK** übernehmen Sie die Änderungen. Benötigen Sie eine Signatur gar nicht mehr, sollten Sie diese entfernen. Markieren Sie hierzu nach Schritt 1 die gewünschte Signatur, und klicken Sie auf **Löschen** ⑩.

Mehrere Signaturen für unterschiedliche Empfänger einrichten

Tipp 016

Nach den Standardvorgaben von Outlook könnten Sie für jedes E-Mail-Konto zwei unterschiedliche Signaturen festlegen, die automatisch im Nachrichtenfenster ergänzt werden: eine Signatur für neue E-Mails und eine Signatur für Antworten und weitergeleitete E-Mails. Doch was, wenn Sie für unterschiedliche Empfänger unterschiedliche Signaturen benötigen? Ein klassisches Szenario wäre z. B., wenn Sie vor manchen Empfängern Ihre persönliche Durchwahl verbergen möchten, während genau diese für andere Empfänger wichtig ist. Mit einem kleinen Trick können Sie für solche

Situationen mehrere Signaturen anlegen. Die Auswahl der Signatur erfolgt dann manuell.

1. Führen Sie zunächst die Schritte 1 bis 5 des vorherigen Tipps für die Signatur aus, die Sie am häufigsten nutzen. Für unser Beispiel wählen wir hierzu die Signatur, die die Durchwahl enthalten soll (im weiteren Verlauf des Tipps kurz *Signatur A* genannt). Wählen Sie, wie in Schritt 5 auf Seite 33 gezeigt, in den Feldern **Neue Nachrichten** sowie **Antworten/Weiterleitungen** genau diese Signatur aus.
2. Wiederholen Sie nun die Schritte 1 bis 5 für die Signatur ohne Ihre Durchwahl (kurz *Signatur B* genannt) ①. Stellen Sie hier ebenfalls in den beiden Feldern **Neue Nachrichten** sowie **Antworten/Weiterleitungen** jeweils **Signatur A** ② ein.

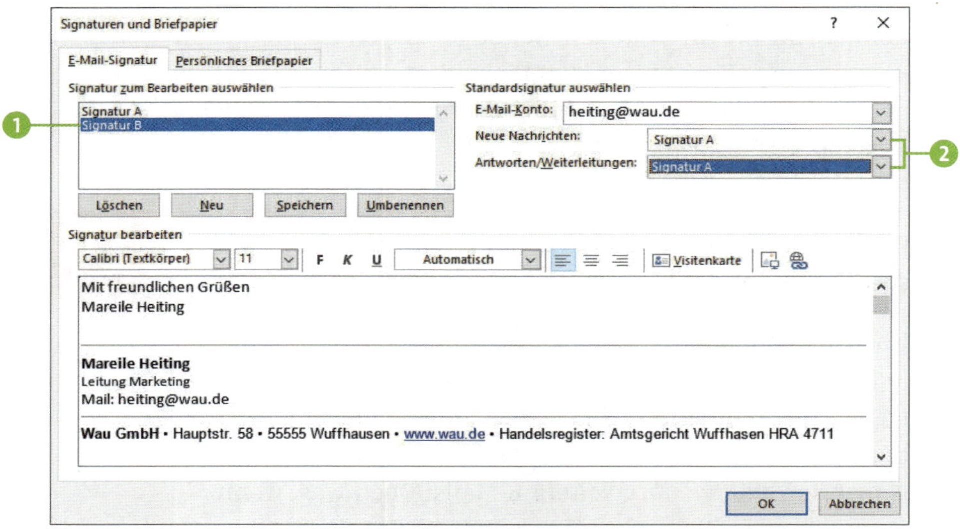

3. Haben Sie alle benötigten Signaturen erstellt, schließen Sie die geöffneten Dialoge mit **OK** und kehren zum Register **Start** zurück.

Per Standardeinstellung fügt Outlook in neuen Nachrichten zukünftig automatisch Signatur A ein. Möchten Sie stattdessen eine neue E-Mail mit der Signatur B schreiben, gehen Sie folgendermaßen vor:

4. Stellen Sie sicher, dass Sie sich im Outlook-Modul **E-Mail** befinden, und öffnen Sie über die Tastenkombination `Strg` + `N` ein neues Nachrichtenfenster.

5. Outlook fügt, wie erwähnt, im Textfeld automatisch die Signatur A ein. Um diese nun durch Signatur B zu ersetzen, klicken Sie im Register **Nachricht** in der Gruppe **Einfügen** auf **Signatur**. Markieren Sie in der aufklappenden Liste die gewünschte **Signatur B**.

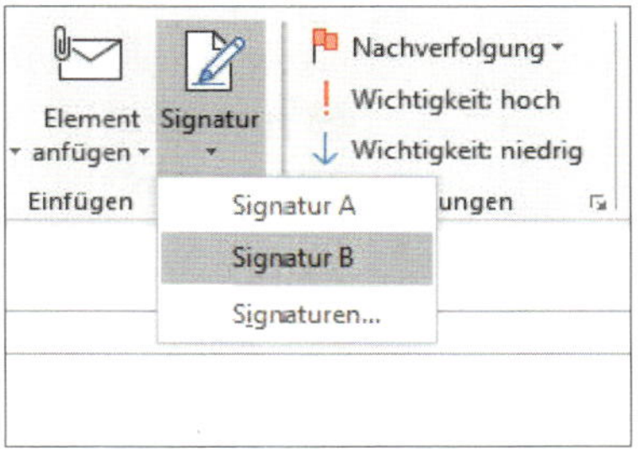

Da Outlook nur das Einfügen einer einzigen Signatur gestattet, wird automatisch die ursprüngliche Signatur A durch die Signatur B ersetzt. Analog können Sie auch in Ihren Antworten bzw. weitergeleiteten E-Mails die Signatur austauschen.

E-Mail-Adressen der Empfänger richtig erfassen

Tipp 017

Sehen wir uns nun die Eingabe der E-Mail-Adresse an. Im Vergleich mit einer klassischen Anschrift, bei der Sie nach der DIN 5008 die korrekte Reihenfolge von postalischen Hinweisen, Anrede, Name und Anschrift berücksichtigen müssen, ist die Adresserfassung bei einer E-Mail vergleichsweise einfach.

1. Um eine neue Nachricht zu verfassen, rufen Sie in Outlook im Modul **E-Mail** mithilfe der Tastenkombination `Strg` + `N` ein neues Nachrichtenfenster auf. Sollten Sie sich zuvor in einem anderen Modul – etwa dem Kalen-

der – befunden haben, können Sie übrigens schnell mit der Tastenkombination [Strg] + [1] in das E-Mail-Modul wechseln.

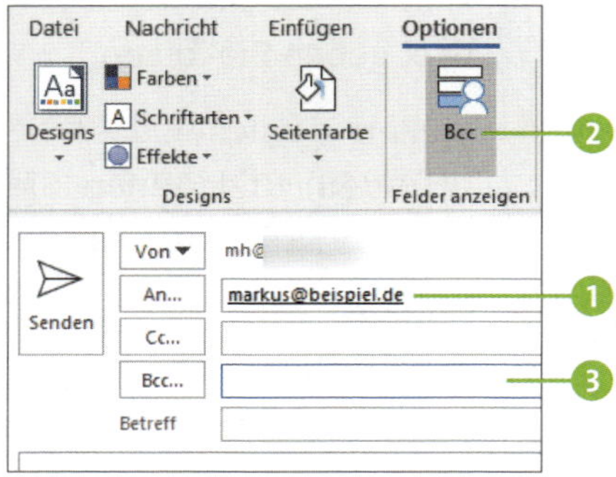

2. Wenn Sie die Nachricht lediglich an einen Empfänger schicken, tragen Sie die E-Mail-Adresse im Nachrichtenfenster einfach in das Feld **An** ① ein. Fertig ist die Adresseingabe.

3. Richtet sich die E-Mail an mehrere Personen, die sich gegenseitig nicht kennen, sollten Sie die Adressen weder im Feld **An** noch im Feld **Cc** erfassen. Der Grund dafür ist: Aus Datenschutzgründen darf ein Empfänger die E-Mail-Adressen der anderen Personen nicht sehen, was bei diesen beiden Feldern aber leider gegeben ist. Somit bleibt für die Adresseingabe nur das Feld **Bcc** (Abkürzung für *blind carbon copy*, zu Deutsch »Blindkopie«). Wird das Feld bei Ihnen nicht im Nachrichtenfenster angezeigt, klicken Sie im Register **Optionen** auf **Bcc** ②.

4. Nun können Sie im Feld **Bcc** ③ alle E-Mail-Adressen der gewünschten Empfänger eingeben. Lesen Sie hierzu auch den folgenden Kasten »Kontaktgruppen für Verteilerlisten anlegen«. Im Kasten »Serien-E-Mails in Word erstellen« auf Seite 80 erfahren Sie, was Sie beim Versenden von Newslettern per E-Mail berücksichtigen sollten.

Kontaktgruppen für Verteilerlisten anlegen

Sie müssen häufiger E-Mails an ein und dieselbe Verteilerliste schicken? Statt jedes Mal die E-Mail-Adressen einzeln einzugeben bzw. aus dem Adressbuch auszuwählen, erstellen Sie doch besser eine Kontaktgruppe. Wechseln Sie hierzu mit der Tastenkombination [Strg] + [3] in das Modul **Personen**. Klicken Sie dort im Register **Start** auf **Neue Kontaktgruppe**. Nachdem Sie im Feld **Name** eine Bezeichnung für die Kontaktgruppe eingegeben haben, klicken Sie auf **Mitglieder hinzufügen**. Sie können die Kontakte nun z.B. aus den **Outlook-Kontakten** auswählen. Im nächsten Dialog fügen Sie per Doppelklick die gewünschten Kontakte der Kontaktgruppe hinzu. Schließen Sie den Dialog dann per Klick auf **Speichern & schließen**. Zukünftig reicht es, im Nachrichtenfenster im Feld **Bcc** den Namen der Kontaktgruppe einzutragen.

Aussagekräftigen Text als Betreff wählen

Tipp 018

Sicherlich erhalten Sie selbst auch immer wieder E-Mails mit so nichtssagenden Betreffzeilen wie *Frage* oder *Termin*. Wie wichtig eine aussagekräftige Kurzbeschreibung einer E-Mail ist, zeigt sich spätestens dann, wenn Sie eine bestimmte E-Mail im Postfach suchen und erst zahlreiche Nachrichten öffnen müssen, bis Sie die gewünschte finden. Erleichtern Sie also sich selbst, aber auch den Empfängern Ihrer E-Mails mit einem aussagekräftigen Betreff die Arbeit. Am besten fassen Sie hierzu stichwortartig den Inhalt der E-Mail zusammen, also etwa »07.12.2019 - 16 Uhr - Weihnachtsmarkt« oder auch »Vertrag 4711 Frage zu Absatz 3«.

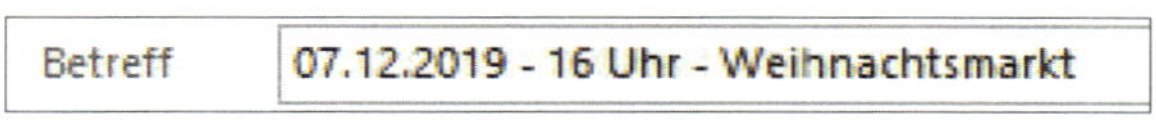

Damit Empfänger, die sich im Ausland aufhalten, keine Probleme mit der Anzeige des Betreffs haben, sollten Sie laut Empfehlung der DIN 5008 sprachliche Besonderheiten berücksichtigen. Verzichten Sie also etwa auf Umlaute wie »ü« oder auch den Buchstaben »ß«. Schreiben Sie stattdessen lieber »ue« bzw. »ss«.

Tipp 019

Kleine Hilfestellung für den Nachrichtentext

Wenn Sie mit Kollegen, die Sie gut kennen, E-Mails austauschen, darf der Ton der Nachricht ruhig etwas salopper ausfallen. In der Kommunikation mit Geschäftspartnern und Kunden sollten Sie dagegen einen professionelleren Stil wählen. Das beginnt bereits mit einer höflichen Anrede. Nach einer Leerzeile schreiben Sie den eigentlichen Text Ihrer Nachricht. Verzichten Sie bei der Eingabe auf Worttrennungen, und belassen Sie den Text als Fließtext, erzeugen Sie also nicht selbst Zeilenumbrüche. Das E-Mail-Programm des Empfängers passt den Text nämlich automatisch an die Fenstergröße an.

> Sehr geehrter Herr Beispiel,
>
> nach dem großen Erfolg im letzten Jahr möchten wir auch dieses Jahr wieder die Advents- und Weihnachtszeit mit einem Weihnachtsmarkt einläuten. Genießen Sie mit uns in gemütlicher Atmosphäre süße und herzhafte Köstlichkeiten, Glühwein und viele weitere Leckereien. Für die Kinder gibt es Kinderpunsch und eine kleine Überraschung.
>
> Der Erlös aller Verkäufe an diesem Tag geht an den Verein Fellpfoten in Not e.V..
>
> Wir freuen uns sehr, wenn wir Sie am 07.12.2009 ab 16 Uhr in unseren Verkaufsräumen in der Hauptstr. 58 in Wuffhausen begrüßen dürfen.

Der Verzicht auf Zeilenumbrüche bedeutet allerdings nicht, auf Absätze zu verzichten. Um die Lesbarkeit der E-Mail zu verbessern, sollten Sie diese jeweils durch eine Leerzeile voneinander trennen.

E-Mails grafisch aufpeppen

Eigentlich soll eine E-Mail so schlicht wie möglich gehalten sein, doch Ausnahmen bestätigen bekanntermaßen die Regel. Wenn Sie etwa zu einem ganz besonderen Event einladen oder auf eine bestimmte Aktion aufmerksam machen möchten, darf es auch einmal etwas bunter werden. Outlook bringt hierfür bereits einige vorgefertigte Designs mit. Sie können auch selbst den Hintergrund Ihrer Nachrichten farbig gestalten und ausgefallenere Schriftarten auswählen. Denken Sie aber daran, dass Formatierungen wie Hintergrund und Schriftfarben nur in E-Mails im HTML-Format angezeigt werden. Hinweise hierzu lesen Sie in Tipp 008 auf Seite 20.

Vorgefertigte Designs verwenden

Tipp 020

Wie wäre es mit weißer Schrift auf blauem Hintergrund, der wie ein Himmel wirkt? Oder doch lieber ein weißer Hintergrund, dafür aber bunte Schrift? Mit wenigen Mausklicks können Sie eines der vorgefertigten Designs von Outlook auswählen.

1. Rufen Sie **Datei ► Optionen** auf. Markieren Sie im Dialog **Outlook-Optionen** links die Kategorie **E-Mail**. Klicken Sie rechts im Bereich **Nachrichten verfassen** auf **Briefpapier und Schriftarten** ❶.

2. Im Register **Persönliches Briefpapier** des Dialogs **Signaturen und Briefpapier** klicken Sie auf **Design** (siehe die Abbildung zu Schritt 3 im folgenden Tipp auf Seite 41).

3. Im nächsten Dialog werden Ihnen nun diverse Designs und Briefpapiere angeboten. Entscheiden Sie sich für eines der Briefpapiere ❷, beeinflusst dies lediglich den Hintergrund Ihrer Nachrichten, während bei Designs zusätzlich die Schriftart und die Schriftfarbe Ihrer Nachrichtentexte angepasst werden ❸. Markieren Sie ein De-

sign bzw. Briefpapier in der linken Spalte, wird rechts eine Vorschau eingeblendet. Probieren Sie auch aus, wie sich die Vorschau verändert, wenn Sie die Kästchen **Lebendige Farben**, **Aktive Grafiken** und **Hintergrundbild** 4 aktivieren bzw. deaktivieren. Gefällt Ihnen eines der Designs, übernehmen Sie es mit **OK**.

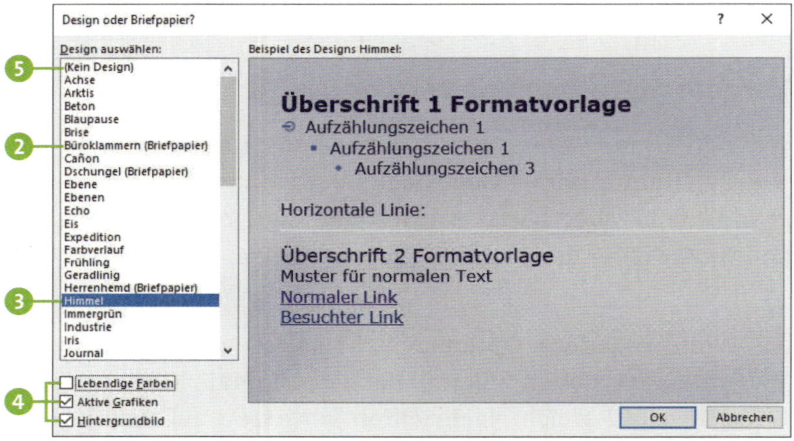

Tipp 021

Eigene Schriftart in Kombination mit vorgefertigten Designs wählen

Per Standardeinstellung übernimmt Outlook die Schriftarten des Designs. Sie können stattdessen aber auch eine eigene Auswahl verwenden.

1. Stellen Sie zunächst im Register **Persönliches Briefpapier** im Feld **Schriftart** des Bereichs **Design oder Briefpapier ...** ein, ob Ihre Schriftarten zum Verfassen einer Nachricht oder nur für Antworten und Weiterleitungen gelten 1. Passen Sie dann die Schriftarten nach einem Klick auf die entsprechenden Schaltflächen 2 an.

2. Gerade bei Antworten und Weiterleitungen ist es häufig schwierig zu erkennen, wer was geschrieben hat. Damit die Empfänger Ihre Kommentare sofort anhand des Farbtons erkennen, setzen Sie das Häkchen vor **Andere Farbe beim Antworten und Weiterleiten verwenden** (3).

3. Haben Sie alle Einstellungen vorgenommen, beenden Sie alle geöffneten Dialoge mit **OK**.

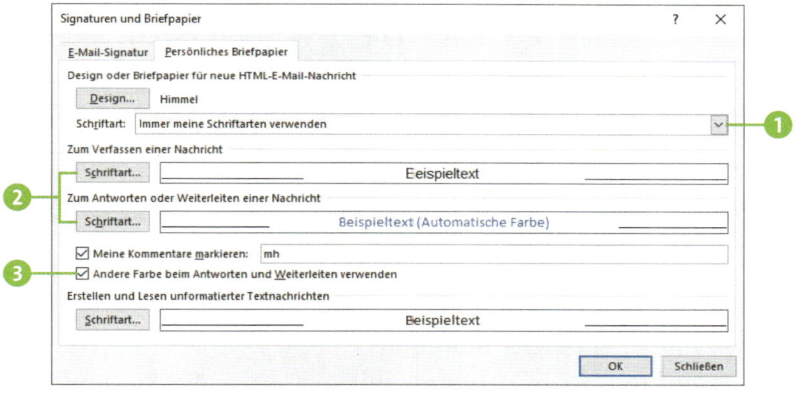

Zurück im Register **Start** können Sie mit einem Klick auf **Neue E-Mail** gleich ausprobieren, wie das gerade ausgewählte Design wirkt. Sollten Sie irgendwann einmal wieder zu einem neutralen Nachrichtenfenster ganz ohne Schnickschnack zurückkehren wollen, wiederholen Sie einfach die Schritte 1 bis 3 des vorherigen Tipps auf Seite 39. Markieren Sie zu Beginn der linken Spalte des Dialogs **Design oder Briefpapier?** den Eintrag **(Kein Design)** (siehe (5) in der Abbildung auf Seite 40). Mit **OK** übernehmen Sie die Änderungen.

Einzelne Nachrichten farbig aufpeppen

Tipp 022

Die Designs, die Sie im vorherigen Tipp kennengelernt haben, wirken sich auf alle E-Mails aus, die Sie zukünftig verfassen. Wenn Sie lediglich eine einzelne Mail etwas aufpeppen und dabei auch noch das Corporate Design Ihrer Firma berücksichtigen möchten, bietet sich ein anderer Weg an. Ein kleiner Tipp hierzu vorab: Eine selbst gestaltete E-Mail lässt sich dann auch als Vorlage speichern und so immer wieder für weitere Nachrichten nutzen. Wie dies funktioniert, erfahren Sie im nächsten Abschnitt ab Seite 45. Doch zuvor zur Gestaltung einer einzelnen E-Mail.

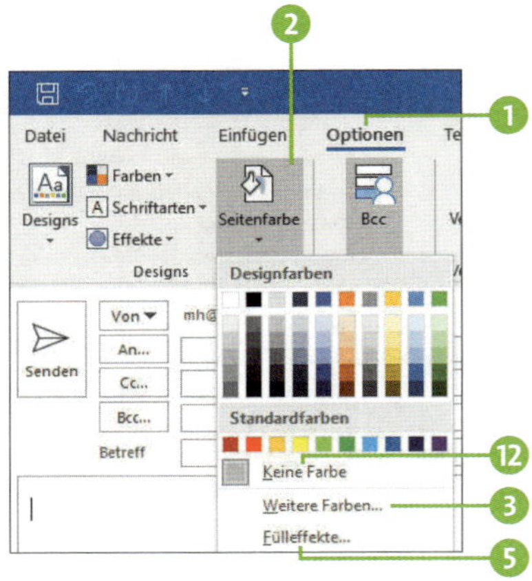

1. Rufen Sie zunächst im Modul **E-Mail** per Klick auf **Neue E-Mail** ein neues Nachrichtenfenster auf.
2. Wechseln Sie im Nachrichtenfenster in das Register **Optionen** (1). Klicken Sie nun einmal in das Nachrichtentextfeld. Damit wird die Schaltfläche **Seitenfarbe** im Bereich **Designs** aktiviert, über die Sie nun den Hintergrund der E-Mail anpassen.
3. Klicken Sie auf **Seitenfarbe** (2), klappt eine Farbpalette auf. Bewegen Sie den Mauszeiger über eine der Design- oder Standardfarben, können Sie den Farbton gleich im Nachrichtentextfeld begutachten. Erst durch einen Mausklick auf eine Farbe wird diese als Hintergrund für die E-Mail übernommen.

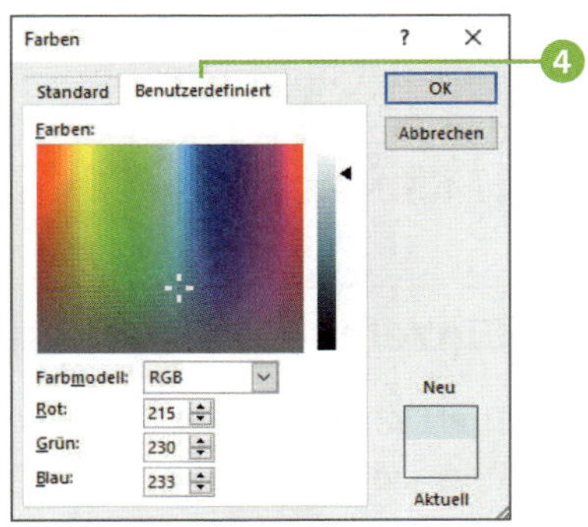

4. Gefällt Ihnen keine der Farben, können Sie sich über **Weitere Farben** (3) noch zusätzliche Farben anzeigen lassen. Das Register **Benutzerdefiniert** (4) lässt hier

sogar die Einstellung eines speziellen Farbtons im RGB- bzw. HSL-Farbmodell zu. Mit **OK** übernehmen Sie die Farbauswahl.

Farbverläufe oder eigene Grafiken als Hintergrund nutzen

Tipp 023

Wem der einfarbige Hintergrund zu langweilig ist, sollte die Fülleffekte ausprobieren.

1. Klicken Sie im Register **Optionen** auf **Seitenfarbe ► Fülleffekte** (5). Im Dialog **Fülleffekte** können Sie in den beiden Registern **Graduell** und **Muster** (6) ganz nach Belieben eigene Farbverläufe und Muster zusammenstellen, während Sie im Register **Struktur** (7) vorgefertigte Hintergründe finden.
2. Wer möchte, kann über das Register **Grafik** (8) im Dialog **Fülleffekte** auch ein eigenes Foto als Hintergrund wählen. Damit später auch noch der Nachrichtentext gut lesbar ist, sollte das Bild recht dezent sein. Damit auch diejenigen Spaß an Ihrer E-Mail haben, die die Nachricht von unterwegs abrufen, sollten Sie außerdem die Dateigröße des Bildes im Blick behalten.

3. Zur Auswahl des Bildes klicken Sie auf **Grafik auswählen** ⑨ und dann auf **Aus einer Datei** ⑩. Über **OneDrive** ⑪ erhalten Sie auch Zugriff auf die Cloud, für den Fall, dass sich das gewünschte Bild im Online-Speicher von Microsoft befindet. Hierzu müssen Sie sich allerdings mit Ihrem Microsoft-Konto in OneDrive anmelden.
4. Wechseln Sie in den Ordner, in dem sich die Grafik befindet, markieren Sie die Datei, und bestätigen Sie mit **Einfügen**.
5. Sobald Sie den Dialog **Fülleffekte** mit **OK** schließen, wird auch schon der gewählte Effekt im Nachrichtentextfeld angezeigt.

Hintergrundeffekt entfernen

Sollte Ihnen der Farbton oder auch der Fülleffekt im Nachrichtentextfeld doch nicht gefallen, klicken Sie einfach nacheinander auf **Seitenfarbe ▸ Keine Farbe** (⑫ auf Seite 42), und schon ist das Nachrichtentextfeld wieder blütenweiß. Auf diese Weise können Sie auch vorgefertigte Designhintergründe für eine einzelne E-Mail entfernen.

Tipp 024

Texte formatieren

E-Mails lassen sich natürlich nicht nur durch einen effektvollen Hintergrund aufpeppen. Wenn Sie Ihre Nachricht im HTML-Format senden, können Sie auch den Text selbst etwas eindrucksvoller gestalten. Die entsprechenden Einstellungen nehmen Sie im Register **Text formatieren** des Nachrichtenfensters vor. **HTML** stellen Sie hier in der Gruppe **Format** ein ①. Alle weiteren Formatierungsmöglichkeiten werden Sie wahrscheinlich größtenteils vom Textverarbeitungsprogramm *Word* kennen. Interessant sind hier in der Gruppe

Absatz die beiden Schaltflächen **Schattierung** 2 und **Rahmen** 3: Über sie können Sie z.B. einen zuvor markierten Text mit einem Hintergrund sowie einem Rahmen versehen, um ihn in der Nachricht noch deutlicher hervorzuheben.

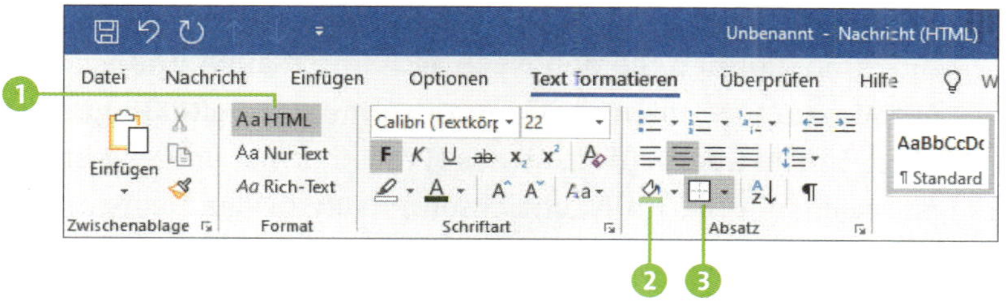

So erstellen Sie eine E-Mail-Vorlage

Müssen Sie immer wieder Nachrichten mit ähnlichem Inhalt oder Aufbau versenden? Um eine solche E-Mail nicht jedes Mal neu schreiben oder gestalten zu müssen, bietet es sich an, eine Nachricht als Vorlage zu erstellen und zu speichern. Diese lässt sich dann immer wieder für Ihre Korrespondenz nutzen. Selbstverständlich können Sie jederzeit noch Änderungen vornehmen, bevor Sie die E-Mail versenden.

Eine neue Nachricht mit allen nötigen Elementen erstellen

Tipp 025

Für die E-Mail-Vorlage benötigen Sie zunächst eine Nachricht, die alle Elemente enthält, die Sie in der Vorlage speichern möchten.

1. Klicken Sie im Modul **E-Mail** im Register **Start** auf **Neue E-Mail**.

2. Geben Sie nun alle Informationen ein, die die Vorlage enthalten soll. Dabei kann es sich um die E-Mail-Adressen der Empfänger handeln, die Betreffzeile und natürlich auch den eigentlichen Nachrichtentext.

3. Wenn Sie die E-Mail später im HTML-Format senden möchten, können Sie den Nachrichtentext auch grafisch aufpeppen, wie im vorherigen Abschnitt ab Seite 38 gezeigt. Um zu überprüfen, ob das HTML-Format eingestellt ist, wechseln Sie im Nachrichtenfenster in das Register **Text formatieren**. In der Gruppe **Format** sollte **HTML** aktiviert sein.

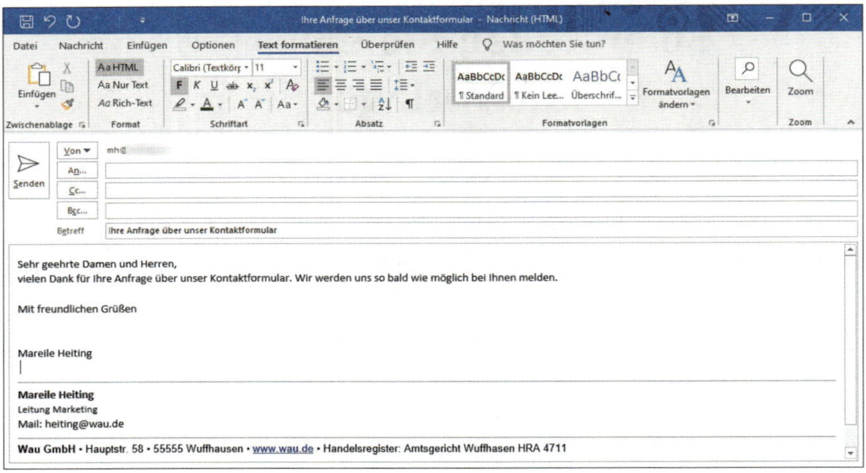

Tipp 026 E-Mail als Outlook-Vorlage speichern

Die gerade erstellte Nachricht enthält alle wichtigen Elemente? Dann speichern Sie sie nun als Outlook-Vorlage.

1. Rufen Sie **Datei ▶ Speichern unter** auf.

2. Im Dialog **Speichern unter** klicken Sie in das Feld **Dateityp**.

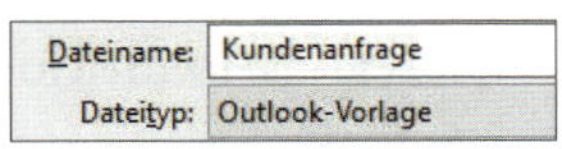

Markieren Sie in der aufklappenden Liste **Outlook-Vorlage**.

3. Als Speicherort für die Vorlage wird nun automatisch das Verzeichnis *C:\Benutzer\Benutzername\AppData\Roaming\Microsoft\Templates* angezeigt. Wenn Sie die Vorlage lieber in einem anderen Ordner ablegen möchten, auf den z. B. auch Kollegen zugreifen können, wählen Sie diesen nun aus.
4. Vergeben Sie anschließend im Feld **Dateiname** einen aussagekräftigen Namen für die Vorlage. Schließen Sie den Dialog mit **Speichern**.
5. Das noch geöffnete Nachrichtenfenster können Sie mit einem Klick auf das Symbol ☒ schließen. Eventuell hat Outlook die Nachricht in der Zwischenzeit im Ordner **Entwürfe** gespeichert. Einen entsprechenden Hinweis bestätigen Sie mit **Nein**.

E-Mail auf Basis der Outlook-Vorlage schreiben

Tipp 027

Um eine Nachricht auf Basis einer Outlook-Vorlage zu verfassen, gehen Sie folgendermaßen vor:

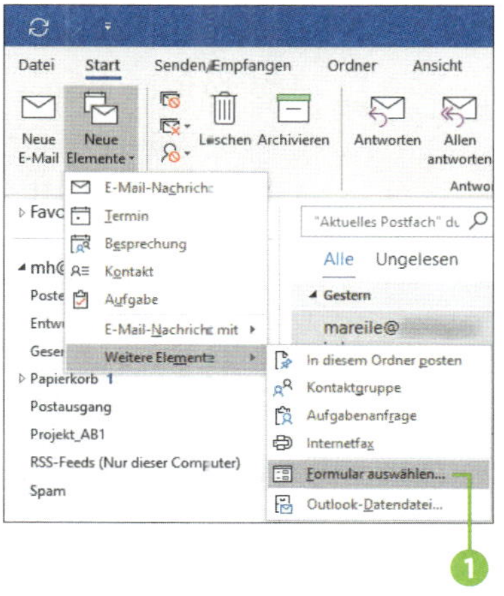

1. Klicken Sie im Register **Start** des Moduls **E-Mail** auf **Neue Elemente ► Weitere Elemente ► Formular auswählen** ❶.
2. Im Dialog **Formular wählen** klicken Sie in das Feld **Suchen in** und markieren in der Liste **Vorlagen im Dateisystem** ❷.
3. Sollten Sie die Vorlage nicht in Outlooks Standardordner für Vor-

lagen abgelegt haben, klicken Sie auf **Durchsuchen** 3. Markieren Sie im folgenden Dialog das Verzeichnis, in dem sich die Vorlage befindet, und bestätigen Sie mit **OK**.

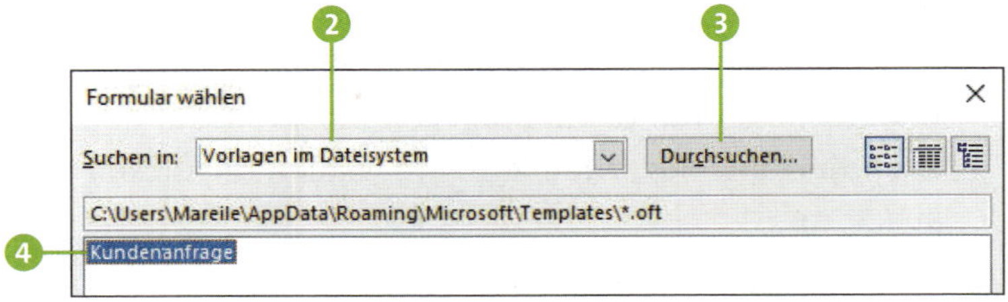

4. Markieren Sie die Vorlage 4, und klicken Sie dann auf **Öffnen**.

5. Es öffnet sich nun ein neues Nachrichtenfenster, das bereits alle Elemente enthält, die Sie in der Vorlage gespeichert haben. Nehmen Sie alle nötigen Ergänzungen oder auch Änderungen vor, und verschicken Sie die E-Mail dann per Klick auf **Senden**.

Tipp 028 Änderungen an der Outlook-Vorlage vornehmen

So ganz passt die Vorlage nicht mehr, und Sie würden gerne ein paar Änderungen vornehmen? Nichts leichter als das.

1. Öffnen Sie zunächst, wie im vorherigen Tipp in den Schritten 1 bis 4 auf Seite 47 gezeigt, ein neues Nachrichtenfenster auf Basis der Outlook-Vorlage, die Sie gleich ändern möchten.

2. Nehmen Sie in der Nachricht alle gewünschten Korrekturen vor. Ändern Sie also beispielsweise den Nachrichtentext, geben Sie eine neue Betreffzeile an, oder stellen Sie eine andere Schriftart ein.

3. Sind alle Änderungen vorgenommen, rufen Sie **Datei ▸ Speichern unter** auf.

4. Im Dialog **Speichern unter** stellen Sie als Dateityp wieder die **Outlook-Vorlage** ❶ ein. Wenn Sie die Vorlage nicht im Standardvorlagenordner von Outlook abgelegt haben, müssen Sie nun noch in das Verzeichnis wechseln, in dem Sie die Vorlage gespeichert haben.

5. Markieren Sie die Vorlagendatei ❷. Der Name der Vorlage wird nun im Feld **Dateiname** ❸ angezeigt. Nach einem Klick auf **Speichern** ❹ werden Sie darauf hingewiesen, dass eine Datei gleichen Namens bereits existiert. Bestätigen Sie den Hinweis mit **Ja**.

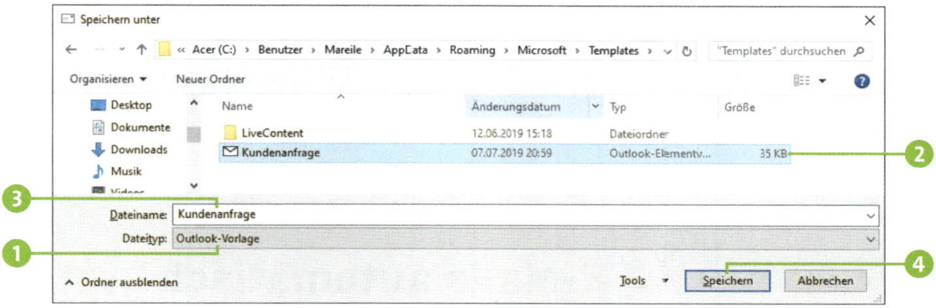

6. Das noch geöffnete Nachrichtenfenster können Sie nun mit einem Klick auf das Symbol ☒ schließen. Sollten Sie etwas länger für die Korrekturen benötigt haben, hat Outlook die Nachricht wahrscheinlich automatisch im Ordner **Entwürfe** gespeichert. In diesem Fall müssen Sie die E-Mail dort noch löschen.

Immer wiederkehrende Aufgaben als Outlook-Vorlage speichern

Nicht nur E-Mails lassen sich als Vorlagen in Outlook speichern, sondern auch Aufgaben. Dabei gehen Sie nahezu identisch vor, wie zuvor für die E-Mail-Vorlage gezeigt. Nur der erste Schritt unterscheidet sich. Denn statt ein neues Nachrichtenfenster zu öffnen, erstellen Sie eine neue Aufgabe. Wechseln Sie hierzu in das Modul **Aufgabe**, und klicken Sie im Register **Start** auf **Neue Aufgabe**. Nehmen Sie dann alle Einstellungen vor, die Sie für die Aufgabenvorlage benötigen. Wichtig sind hierbei sicherlich der Betreff sowie die eigentliche Aufgabenstellung. Um die Aufgabe nun als Vorlage zu speichern, wählen Sie **Datei ► Speichern unter**. Im Weiteren gehen Sie exakt so vor, wie für die E-Mail-Vorlage in Tipp 026 auf Seite 46 gezeigt. Um später eine neue Aufgabe auf Basis der gerade erstellten Vorlage anzulegen, klicken Sie im Modul **Aufgabe** auf **Neue Elemente ► Weitere Elemente ► Formular auswählen**. Auch hier geht es nun so weiter, wie für die E-Mail-Vorlage in Tipp 027 auf Seite 47 beschrieben. Weitere Tipps rund um Aufgaben in Outlook erhalten Sie im Kapitel »Aufgaben gekonnt planen« ab Seite 149.

E-Mails automatisch beantworten lassen

Wie schön wäre es doch, wenn Outlook Ihre E-Mails automatisch für Sie beantworten würde. Für manche Situationen lässt sich dieser Wunsch sogar ganz einfach umsetzen, nämlich immer dann, wenn Sie auf bestimmte E-Mails mit einer Standardantwort reagieren. Ein klassisches Beispiel hierfür sind etwa die Abwesenheitsmitteilungen, die auch Sie sicher schon erhalten haben, wenn der Empfänger Ihrer E-Mail derzeit nicht im Büro war (lesen Sie hierzu auch Tipp 036 auf Seite 61 sowie den Kasten »Antworten für alle eintreffenden E-Mails festlegen« auf Seite 54). Ein anderes denkbares Szenario sind bestimmte Kundenanfragen, die Sie mit ein und demselben Hinweis beantworten können. Um solch eine automatische Antwort zu generieren, erstellen Sie zunächst eine E-Mail-Vorlage, die den Antworttext enthält. Anschließend legen Sie fest, in welchen Fällen Outlook diesen Text automatisch versenden soll. Dabei kann es sich um bestimmte Absender handeln, ein Wort im Betreff oder auch in der Nachricht selbst und vieles mehr.

Vorlage für die Antwortmail erstellen

Tipp 029

Als Erstes verfassen Sie die Nachricht, die Outlook automatisch als Antwort verschicken soll. Öffnen Sie also, wie in Tipp 025 auf Seite 45 gezeigt, ein neues Nachrichtenfenster, ergänzen Sie einen Betreff, schreiben Sie den Antworttext, und speichern Sie die Nachricht dann als Outlook-Vorlage, wie in Tipp 026 auf Seite 46 beschrieben. Das Nachrichtenfenster können Sie anschließend wieder schließen.

Den Regel-Assistenten starten

Tipp 030

In welchen Fällen soll Outlook eine automatische Antwort versenden? Die Bedingungen hierfür legen Sie mithilfe des Regel-Assistenten fest.

1. Stellen Sie sicher, dass Sie sich in Outlook im Modul **E-Mail** und dort im Register **Start** befinden.
2. Klicken Sie in der Gruppe **Verschieben** auf **Regeln ► Regeln und Benachrichtigungen verwalten** ❶.
3. Im gleichnamigen Dialog klicken Sie auf **Neue Regel...**.

   Im nächsten Schritt bietet Ihnen Outlook bereits einige vorgefertigte Regeln an. Die meisten da-

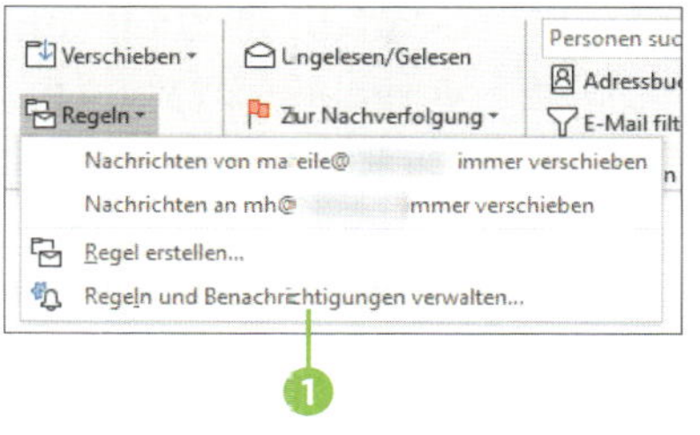

von betreffen allerdings das automatische Verschieben von Nachrichten in bestimmte Ordner innerhalb von Outlook. Für die automatische Beantwortung von E-Mails müssen Sie eine eigene Regel erstellen.

4. Klicken Sie hierzu im Feld **1. Schritt: Vorlage auswählen** auf **Regel auf von mir empfangene Nachrichten anwenden** 2.

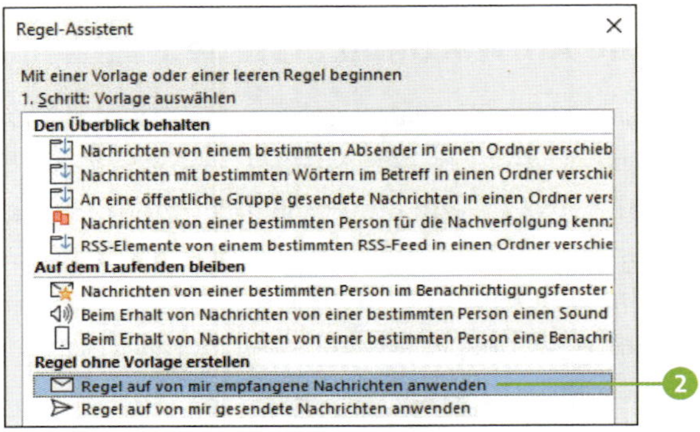

5. Mit einem Klick auf **Weiter** gelangen Sie zum Dialog **Welche Bedingung(en) möchten Sie überprüfen?**.

Tipp 031

Bedingungen festlegen, unter denen die Regel greifen soll

In welchen Situationen soll Outlook eine automatische Antwort verschicken? Wenn Sie einmal in der Liste **1. Schritt: Bedingung(en) auswählen** blättern, bekommen Sie bereits eine Ahnung, welche komplexen Angaben hier möglich sind. Da es an dieser Stelle nur darum geht, Ihnen das grundsätzliche Vorgehen zu zeigen, wählen wir für unser Beispiel bewusst ein recht einfaches Szenario: So soll in unserem Beispiel Outlook immer dann aktiv werden, wenn eine eintreffende E-Mail im Betreff oder alternativ in der Nachricht selbst den Text *Produkt B* enthält.

1. Blättern Sie in der oberen Liste bis zum Eintrag **mit bestimmten Wörtern im Betreff oder Text**. Setzen Sie mit einem Mausklick ein Häkchen in das Kästchen vor dem Eintrag ①.

2. Der Eintrag erscheint nun auch im Feld **2. Schritt: Regelbeschreibung bearbeiten**. Klicken Sie hier auf den blauen Link **bestimmten Wörtern** ②.

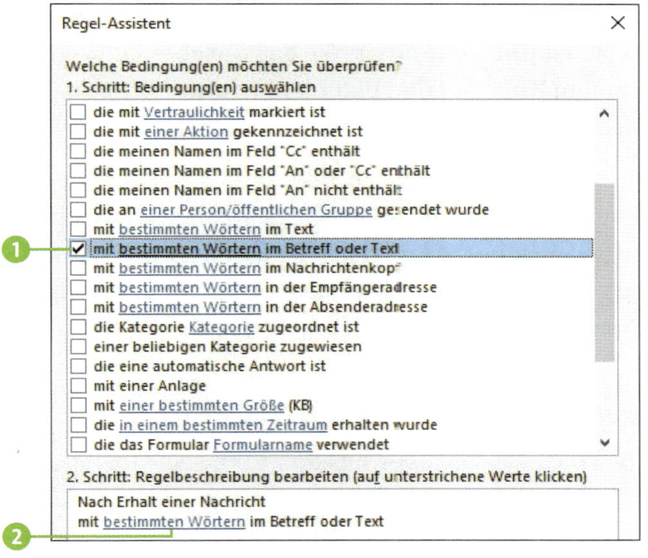

3. Im Dialog **Text suchen** geben Sie im Feld **Im Betreff oder Text zu suchende Wörter** die Begriffe ein, die im Betreff oder im Nachrichtentext von eintreffenden E-Mails erscheinen sollen, in unserem Beispiel also »Produkt B« ③. Mit einem Klick auf **Hinzufügen** ④ übernehmen Sie die Wörter in die **Suchliste**.

4. Falls Sie sich verschrieben haben oder Begriffe wieder löschen möchten, markieren Sie sie einfach in der Suchliste und bestätigen mit **Entfernen** ⑤.

5. Schließen Sie den Dialog mit **OK**.

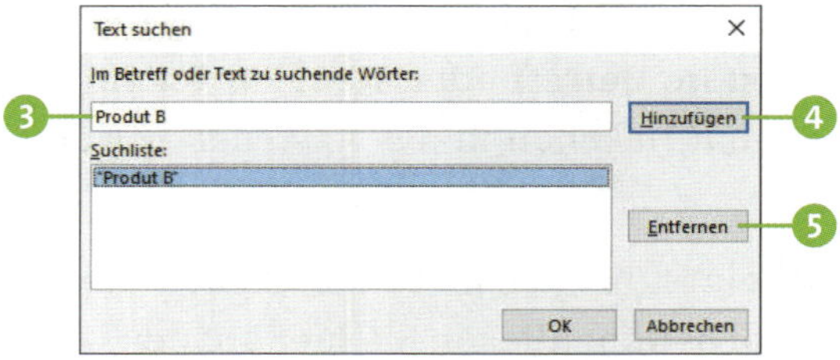

6. Wenn Sie möchten, können Sie noch weitere Bedingungen festlegen. Das Schema ist jeweils gleich: Aktivieren Sie zunächst unter **1. Schritt** die gewünschte Bedingung. Nach einem Klick auf den blauen Link unter **2. Schritt** legen Sie die Details für die gewählte Bedingung fest.

7. Haben Sie alle gewünschten Bedingungen aktiviert und eingestellt, geht es nach einem Klick auf die gleichnamige Schaltfläche weiter. Wie Sie festlegen, dass Outlook automatisch eine Antwortmail versendet, lesen Sie im folgenden Tipp.

Antworten für alle eintreffenden E-Mails festlegen

Sie werden die nächsten Tage nicht im Büro sein? Damit die Absender nicht unnötig auf die Beantwortung ihrer E-Mails warten müssen, können Sie sie per E-Mail über Ihre Abwesenheit informieren. Nutzt Ihre Firma einen Microsoft Exchange Server oder Office 365, lässt sich eine entsprechende Abwesenheitsnotiz ganz bequem, wie in Tipp 036 auf Seite 61 gezeigt, einrichten. Steht Ihnen die dort beschriebene Funktion in Ihrer Outlook-Version nicht zur Verfügung, behelfen Sie sich einfach mit einer Regel. Damit alle Absender, die Ihnen eine Nachricht schicken, per Antwortmail über Ihre Abwesenheit informiert werden, belassen Sie alle Bedingungen, die Sie aktivieren könnten (siehe die Abbildung zu Schritt 2 auf Seite 53), deaktiviert. Den Dialog **Welche Bedingung(en) möchten Sie überprüfen?** überspringen Sie also quasi mit **Weiter**, ohne ein einziges Häkchen zu setzen. Den Hinweis, dass diese Regel auf jede Nachricht angewendet wird, bestätigen Sie mit **Ja**. Weiter geht es dann mit dem folgenden Tipp.

Aktionen für eintreffende E-Mails auswählen

Tipp 032

Was soll passieren, wenn eine eintreffende E-Mail die zuvor festgelegten Bedingungen erfüllt? In unserem Beispiel soll Outlook eine Antwortmail auf Basis der zuvor erstellten Vorlage versenden, sobald eine E-Mail eintrifft, die im Betreff oder im Nachrichtentext die Wörter *Produkt B* enthält.

1. Versehen Sie in der Liste **1. Schritt: Aktion(en) auswählen** den Eintrag **diese mit einer bestimmten Vorlage beantworten** mit einem Häkchen 1.
2. Die gerade aktivierte Aktion wird nun im Feld **2. Schritt: Regelbeschreibung bearbeiten** aufgeführt. Klicken Sie hier auf den blauen Link **einer bestimmten Vorlage** 2.

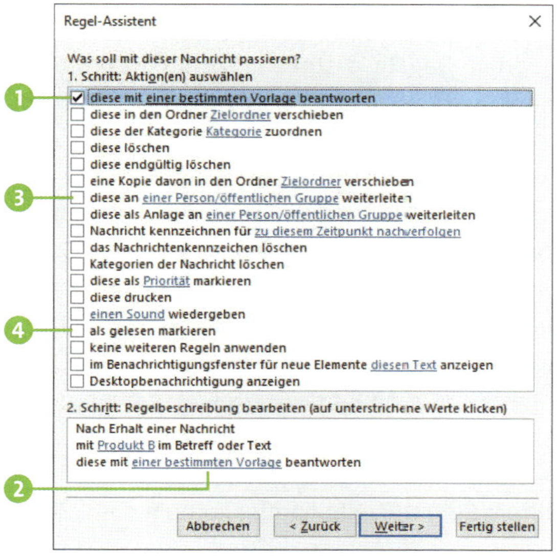

3. Im Dialog **Antwortvorlage auswählen** klicken Sie in das Feld **Suchen in**. Wählen Sie in der Liste **Vorlagen im Dateisystem** aus.

4. Es wird nun automatisch der Inhalt des Standardvorlagenordners angezeigt. Sollten Sie Ihre Vorlage in einem anderen Verzeichnis abgelegt haben, klicken Sie auf **Durchsuchen** und wechseln anschließend in den entsprechenden Ordner.

5. Markieren Sie die Vorlage, und bestätigen Sie mit **Öffnen**.

6. Wenn Sie – wie in unserem Beispiel – keine weiteren Aktionen festlegen möchten, fahren Sie mit einem Klick auf **Weiter** fort.

E-Mails automatisch weiterleiten

Ihr Zuständigkeitsbereich in einem bestimmten Projekt hat sich geändert? Alle hierzu eintreffenden E-Mails müssen deshalb an einen anderen Mitarbeiter weitergeleitet werden? Oder soll ein Kollege während Ihres Urlaubs automatisch bestimmte E-Mails bearbeiten? Auch für solche Situationen lassen sich wunderbar Regeln erstellen. Damit bestimmte E-Mails weitergeleitet werden, legen Sie wie schon im vorherigen Tipp auf Seite 52 auch hier zunächst die Bedingungen fest, die die eintreffenden E-Mails erfüllen müssen. Unter **1. Schritt: Aktion(en) auswählen** aktivieren Sie dann **diese an einer Person/öffentlichen Gruppe weiterleiten** (3 auf Seite 55). Klicken Sie nun unter **2. Schritt: Regelbeschreibung bearbeiten** auf **einer Person/öffentlichen Gruppe**. Im nächsten Dialog markieren Sie in der Kontaktliste den Namen der Person, an die die eingetroffene E-Mail weitergeleitet werden soll. Mit **An** übernehmen Sie den Kontakt, mit **OK** schließen Sie den Dialog. Wie bei den Bedingungen können Sie auch bei den Aktionen mehrere Einträge miteinander kombinieren. Soll die weitergeleitete E-Mail z. B. in Ihrem Postfach als gelesen markiert werden, aktivieren Sie einfach den entsprechenden Eintrag (4).

Ausnahmen der Regeln festlegen

Tipp 033

Keine Regel ohne Ausnahme! Dieser Satz gilt auch für die Regeln in Outlook. Gibt es Situationen, in denen die zuvor festgelegte Aktion (in unserem Beispiel also die automatische Beantwortung) nicht ausgeführt werden soll, obwohl alle Bedingungen erfüllt sind? Diese Ausnahmen legen Sie nun fest. In unserem Beispiel könnte dies z. B. dann der Fall sein, wenn Sie in einer eintreffenden E-Mail lediglich im Feld **Cc** aufgeführt werden, die E-Mail also eigentlich an eine andere Person geschickt wurde. Die entsprechende Ausnahme ist schnell aktiviert, indem Sie vor **außer wenn mein Name im Feld "Cc" steht** ein Häkchen setzen (1). Auch hier können Sie wieder mehrere Ausnahmen miteinander kombinieren. Lässt sich die gewählte Ausnahme noch detaillierter einstellen, nehmen Sie dies im Feld **2. Schritt: Regelbeschreibung bearbeiten** nach einem Klick auf den entsprechenden blauen Link vor. Für unser Beispiel gilt dies nicht. Hier können Sie mit einem Klick auf **Weiter** fortfahren.

Regel auf bestimmtes E-Mail-Konto einschränken

Sie haben in Outlook gleich mehrere E-Mail-Konten eingerichtet? Wenn Sie nichts anderes festlegen, wird eine Regel auf alle eintreffenden E-Mails angewendet, also unabhängig davon, an welches E-Mail-Konto sie gerichtet waren. Wenn Sie möchten, können Sie die Regel auf ein bestimmtes Konto beschränken. Die erste Gelegenheit hierfür bietet die Liste, in der Sie die Bedingungen der Regel festlegen (siehe Tipp 031 auf Seite 52). Aktivieren Sie dort **über Konto Kontoname**. Nach einem Klick auf **Kontoname** im Feld **2. Schritt: Regelbeschreibung bearbeiten** wählen Sie das E-Mail-Konto aus, für das die Regel angewendet werden soll. Umgekehrt können Sie beim Festlegen der Ausnahmen über den Eintrag **außer wenn über Konto Kontoname erhalten** (2 auf Seite 57) auch das E-Mail-Konto auswählen, für das die Regel nicht gelten soll. Auch in diesem Fall klicken Sie nach Aktivierung des Eintrags im unteren Feld auf **Kontoname** und wählen dann das E-Mail-Konto aus.

Tipp 034

Regelnamen eingeben und Regel fertigstellen

Nun ist es auch schon fast geschafft. Sie müssen nur noch einen aussagekräftigen Namen im Feld **1. Schritt: Regelnamen eingeben** eintragen. Damit die Regel sofort wirksam ist, muss unter **2. Schritt: Regeloptionen festlegen** vor **Diese Regel aktivieren** ein Häkchen gesetzt sein. Unter **3. Schritt: Regelbeschreibung überprüfen** haben Sie nochmals die Gelegenheit, alle Einstellungen zu überprüfen. Ist alles korrekt, schließen Sie den ganzen Vorgang mit **Fertig stellen** ab. Den Dialog **Regeln und Benachrichtigungen** schließen Sie mit **OK**.

Wenn Sie gleich ausprobieren möchten, ob die Regel greift, bitten Sie doch einen Kollegen, Ihnen eine E-Mail zu schicken, die genau Ihren Bedingungen entspricht.

Nicht mehr benötigte Regeln deaktivieren oder löschen

Tipp 035

Die Regel hat sich erübrigt, die automatische Beantwortung von E-Mails ist nicht mehr nötig oder auch gar nicht mehr erwünscht? Dann sollten Sie die Regel deaktivieren oder sogar ganz löschen. Dies gilt vor allem dann, wenn Sie eine Abwesenheitsnotiz erstellt haben. Denn es wäre doch ausgesprochen peinlich, wenn Ihr Chef Ihnen eine E-Mail schickt und dabei erfährt, dass Sie vermeintlich immer noch im Urlaub sind. Um eine E-Mail zu deaktivieren oder auch zu löschen, gehen Sie folgendermaßen vor:

1. Klicken Sie im Modul **E-Mail** im Register **Start** auf **Regeln ▸ Regeln und Benachrichtigungen verwalten**.
2. Im Register **E-Mail-Regeln** werden alle selbst erstellten Regeln aufgeführt. Um eine Regel zu deaktivieren, entfernen Sie einfach das Häkchen vor dem Regelnamen ❶. Wenn Sie die Regel später doch wieder benötigen, wiederholen Sie einfach Schritt 1 und setzen dann das Häkchen erneut.

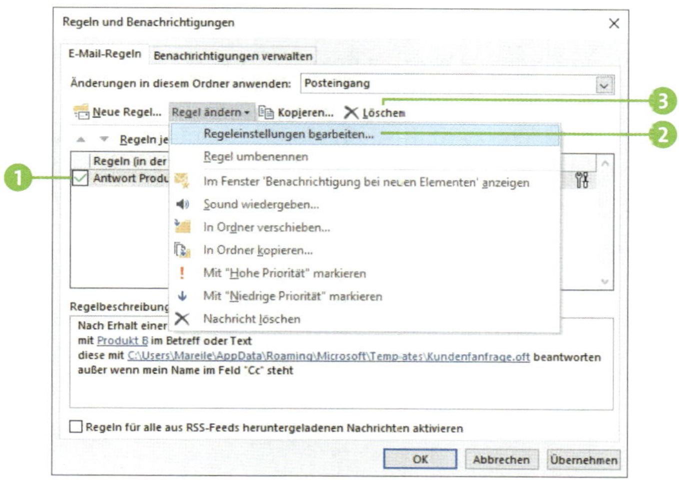

3. Sie würden die Regel gerne weiterhin nutzen, nur mit etwas anderen Bedingungen? Markieren Sie die Regel per Mausklick, und klicken Sie nacheinander auf **Regel ändern ► Regeleinstellungen bearbeiten** ②. Es öffnet sich der Ihnen bereits bekannte Dialog des Regel-Assistenten. Nehmen Sie die gewünschten Änderungen vor, und schließen Sie den Dialog mit **Fertig stellen**.

4. Sind Sie sicher, dass Sie die Regel nie wieder benötigen, sollten Sie sie ganz entfernen. Markieren Sie die Regel hierzu per Mausklick, klicken Sie auf **Löschen** ③, und bestätigen Sie mit **Ja**.

Nicht benötigte Outlook-Vorlagen löschen

Wer einmal Gefallen an den Regeln sowie den Outlook-Vorlagen gefunden hat, wird sie immer häufiger nutzen. So, wie Sie nicht mehr benötigte Regeln löschen sollten, sollten Sie auch die Vorlagen entfernen, wenn diese nicht mehr zum Einsatz kommen. Am schnellsten erfolgt das Löschen über den Explorer. Rufen Sie den Ordner auf, in dem Sie die Vorlagendatei abgelegt haben, markieren Sie die Datei, und drücken Sie dann die Taste `Entf`. Befindet sich die Outlook-Vorlage im Standardvorlagenordner *C:\Benutzer\Benutzername\AppData\Roaming\Microsoft\Templates*, müssen Sie ggf. eine kleine Einstellung im Explorer vornehmen, damit der Ordner überhaupt angezeigt wird. Klicken Sie hierzu im Register **Ansicht** auf **Optionen**, und wechseln Sie im Dialog **Ordneroptionen** in das Register **Ansicht**. Aktivieren Sie hier **Ausgeblendete Dateien, Ordner und Laufwerke anzeigen**. Nun können Sie in den oben aufgeführten Ordner wechseln und Ihre Vorlage löschen. Doch Vorsicht: Das Verzeichnis enthält nicht nur die selbst erstellten Vorlagen, sondern auch alle vorgefertigten Vorlagen, die die Office-Suite enthält. Diese Dateien sollten Sie nicht löschen.

Microsoft Exchange Server: Abwesenheitsnotiz erstellen

Im vorherigen Abschnitt haben Sie erfahren, wie Sie mithilfe von Regeln automatisch E-Mails beantworten können. Als ein mögliches Szenario wurden die Abwesenheitsnotizen genannt, über die Sie alle Absender neu eingetroffener E-Mails automatisch informieren, wenn und für wie lange Sie nicht im Büro erreichbar sind. Das Erstellen einer solchen Regel ist zwar nicht kompliziert, nimmt aber dennoch etwas Zeit in Anspruch. Kommt in Ihrem Unternehmen ein *Microsoft Exchange Server* zum Einsatz, gibt es für Sie eine schnellere Variante.

Automatische Antwort verfassen

Tipp 036

Der nächste Urlaub steht an? Oder befinden Sie sich auf einer längeren Geschäftsreise? Um eine entsprechende Abwesenheitsnotiz vorzubereiten, die automatisch an alle Absender neu eintreffender E-Mails verschickt wird, gehen Sie folgendermaßen vor:

1. Wechseln Sie in Outlook in das Register **Datei**. In der linken Spalte sollte nun bereits **Informationen** 1 markiert sein. Klicken Sie rechts auf **Automatische Antworten** 2.
2. Aktivieren Sie im Dialog **Automatische Antworten** die Option **Automatische Antworten senden** 3.

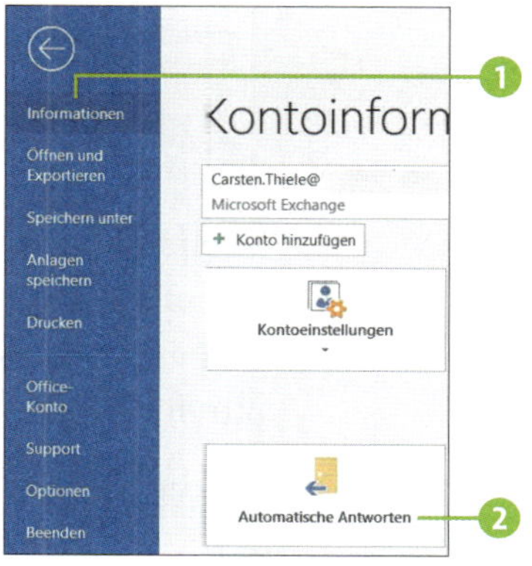

3. Sollen die Antworten nur in einem bestimmten Zeitraum gesendet werden, aktivieren Sie das entsprechende Kästchen 4. In den beiden Feldern rechts von **Beginnt** legen Sie nun das Datum und die Uhrzeit fest, ab wann Sie nicht mehr im Büro sind 5. Analog geben Sie in den Feldern rechts von **Endet** den Zeitpunkt Ihrer Rückkehr an 6.

4. Klicken Sie nun einmal auf das Register **Innerhalb meiner Organisation** 7. Im Feld darunter 8 ergänzen Sie ein paar nette Zeilen für Ihre Kollegen, um sie über Ihre Abwesenheit zu informieren. Vergessen Sie nicht, hier nochmals den Zeitrahmen Ihres Urlaubs bzw. der Geschäftsreise zu erwähnen.

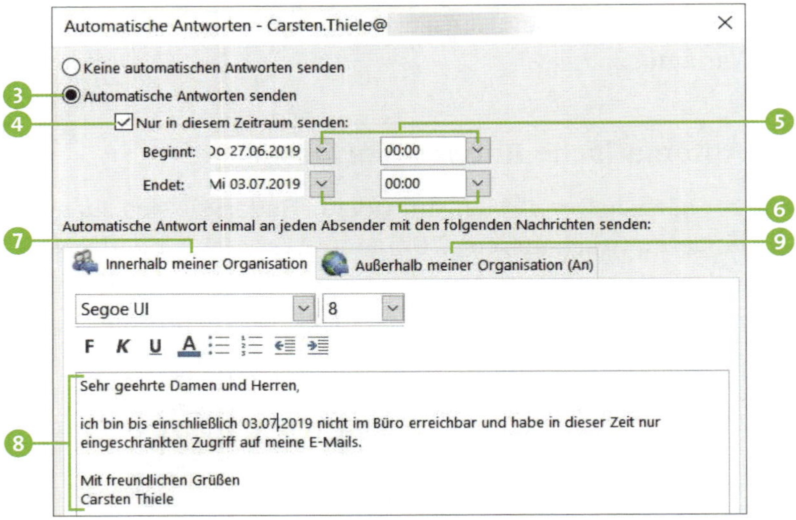

5. Wechseln Sie in das Register **Außerhalb meiner Organisation** 9. Stellen Sie sicher, dass **Automatische Antwort an Personen außerhalb meiner Organisation senden** aktiviert ist.

6. Soll die Abwesenheitsnotiz nur an Ihre Kontakte gesendet werden, aktivieren Sie die Option **Nur meine Kontakte**.

Damit alle Absender informiert werden, müssen Sie dagegen **Jeder außerhalb meiner Organisation** aktivieren.

7. Geben Sie nun ebenfalls eine kurze Nachricht ein, in der Sie auf den Zeitraum Ihrer Abwesenheit hinweisen. Vergessen Sie dabei nicht die Grußformel, Ihren Namen und weitere Kontaktdaten wie Telefonnummer, Anschrift, E-Mail-Adresse und Internetadresse Ihres Unternehmens.

8. Ein Klick auf **OK**, und die Abwesenheitsmeldung ist aktiviert. Alle Absender neu eintreffender E-Mails erhalten nun eine entsprechende Information. Sollte Ihnen jemand während dieser Zeit mehrfach E-Mails schicken, erhält er die Meldung nur nach dem Versand seiner ersten Nachricht.

Überflüssige E-Mails vermeiden

Ein Kollege innerhalb des Unternehmens ist im Urlaub. Wenn diese Person eine Abwesenheitsnotiz erstellt hat, erhalten Sie in dem Moment, in dem Sie seine E-Mail-Adresse im Nachrichtenfenster eingeben, einen entsprechenden Hinweis. Die Adresse selbst wird außerdem grün gefärbt. Sie können sich nun überlegen, ob das Versenden der Nachricht trotzdem Sinn macht oder ob Sie sich die Arbeit sparen können.

Automatische Antwort deaktivieren

Tipp 037

Der Urlaub oder die Geschäftsreise ist beendet, der Alltag im Büro hat Sie wieder eingeholt? Die Abwesenheitsnotiz ist damit hinfällig. Damit Outlook nicht mehr automatisch Antworten verschickt, klicken Sie unterhalb des Menübands einfach auf die Schaltfläche **Deaktivieren** (siehe die Abbildung auf der folgenden Seite).

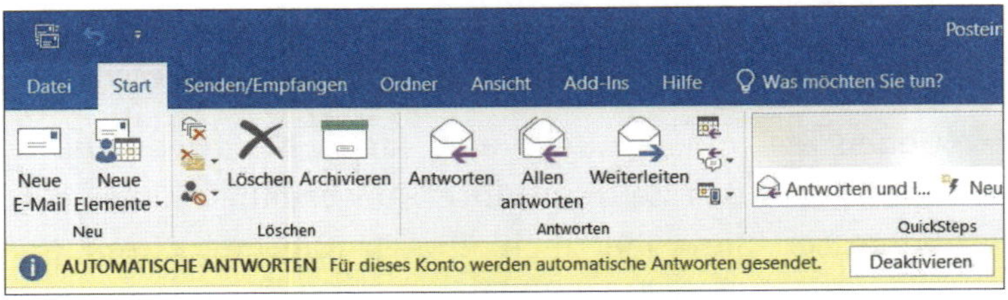

Präfix für eigene Kommentare festlegen

Häufig werden E-Mails innerhalb einer Firma von einem Mitarbeiter zum anderen weitergeleitet. Ergänzt dabei jeder noch Kommentare in der Nachricht, verliert man schnell den Überblick, wer was geschrieben hat. Abhilfe verschaffen hier die sog. *Präfixe,* die sich automatisch zu Beginn eines Kommentars hinzufügen lassen. Die entsprechende Einstellung nehmen Sie in Outlook unter **Datei ► Optionen ► E-Mail** vor. Blättern Sie in der rechten Spalte nach unten bis zum Bereich **Antworten und Weiterleitungen**. Aktivieren Sie hier **Präfix für Kommentare**. Im Feld dahinter tragen Sie Ihren Namen oder das gewünschte Kürzel ein. In den beiden Feldern **Beim Antworten auf Nachrichten** sowie **Beim Weiterleiten von Nachrichten** können Sie noch festlegen, ob die ursprüngliche Nachricht Ihrer Antwort bzw. Weiterleitung beigefügt und der besseren Übersicht halber eingerückt werden soll. Soll Outlook beim Beantworten bzw. Weiterleiten einer Nachricht immer ein neues Nachrichtenfenster öffnen, aktivieren Sie das entsprechende Kästchen. Mit **OK** übernehmen Sie Ihre Einstellungen.

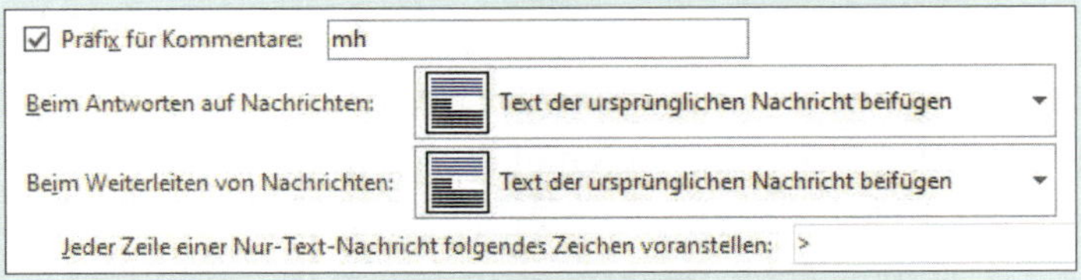

Dateiinformationen vor dem Senden überprüfen

Sie haben gemeinsam mit Ihren Kollegen intensiv an einem aufwendigen Projektvorschlag gefeilt. Dabei wurden z. B. im Word-Dokument zahlreiche Kommentare ergänzt. Bevor Sie die Datei per E-Mail an den Kunden schicken, sollten diese Randbemerkungen natürlich entfernt werden, damit es nicht zu einem peinlichen Moment kommt. Dies sind aber nicht die einzigen eventuell prekären Informationen. Denn Programme wie Word, Excel oder auch PowerPoint fügen ebenfalls die ein oder andere versteckte Information zur Datei hinzu, die nicht für die Augen anderer gedacht ist. Auch Bilder sind mit zahlreichen Informationen versehen. Die folgenden Tipps zeigen, wie Sie Dateien prüfen und heikle Informationen entfernen, bevor Sie sie an andere per E-Mail versenden.

Automatische Dokumentprüfung durchführen

Tipp 038

Je nach eingestellter Ansicht kann es durchaus passieren, dass man in einem Office-Dokument einen eingefügten Kommentar übersieht. Manch andere Informationen, wie etwa der Name des Autors oder auch der Zeitpunkt, zu dem ein Dokument erstellt wurde, sind so versteckt, dass man sie selbst kaum entdecken kann. Mithilfe der Dokumentprüfung kommen Sie diesen Hinweisen schnell auf die Spur. Am Beispiel von Word zeigen wir Ihnen, wie es funktioniert. Das Vorgehen in Excel und PowerPoint ist analog.

1. Öffnen Sie in Word die Datei, die Sie per E-Mail versenden möchten. Wechseln Sie in das Register **Datei**, sollte in der linken Spalte bereits **Informationen** markiert sein.

2. Am rechten Rand des Programmfensters werden nun die Eigenschaften der Datei aufgeführt. Diese werden vom Programm, im Beispiel also Word, ergänzt. Manche der Informationen können Sie nach einem Klick in das entsprechende Feld auch ändern.

3. Klicken Sie links davon auf die Schaltfläche **Auf Probleme überprüfen** und dann auf **Dokument prüfen**.

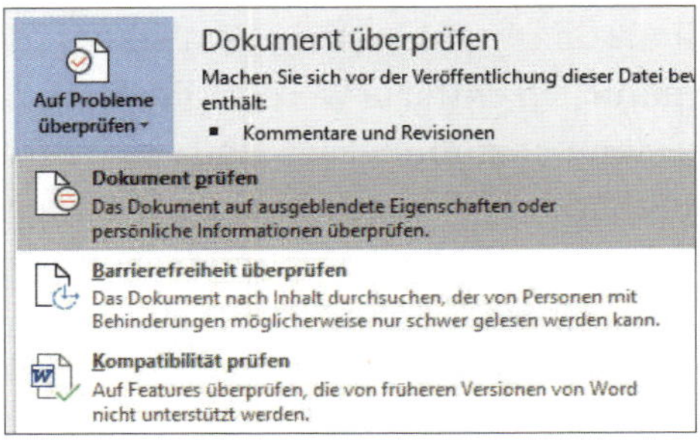

4. Im Dialog **Dokumentprüfung** werden automatisch alle Bereiche aktiviert, die überprüft werden können. Durch Entfernen eines Häkchens lässt sich ein Bereich von der Überprüfung ausschließen. Klicken Sie dann auf **Prüfen**.

5. Nach der Analyse des Dokuments wird das Ergebnis eingeblendet. Bei einem grünen Häkchen (1) besteht keinerlei Handlungsbedarf, ein rotes Ausrufezeichen (2) zeigt hingegen, dass im entsprechenden Bereich Informationen entdeckt wurden. Welche dies im Einzelnen sind, wird unterhalb der Bereichsbezeichnung aufgeführt. Über die Schaltfläche **Alle entfernen** (3) können Sie die Informationen in einem Rutsch löschen.

6. Vergessen Sie nicht, die Datei nach der Dokumentprüfung zu speichern. Anschließend können Sie sie beruhigt per E-Mail verschicken oder auch auf anderem Wege weitergeben.

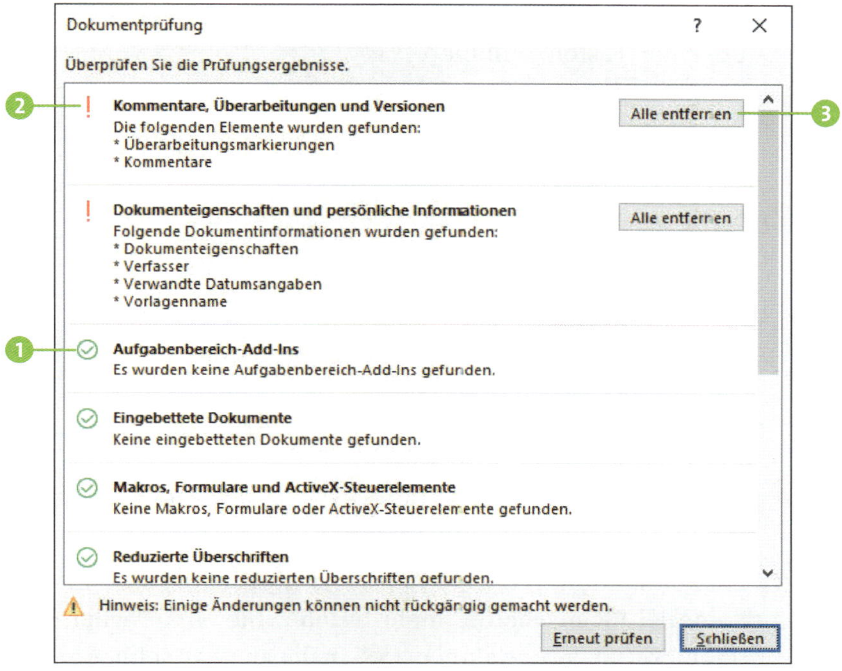

Dateieigenschaften bei Bildern entfernen

Tipp 039

Beim Aufnehmen eines Fotos etwa per Smartphone speichert die Kamera automatisch interessante Informationen, die Sie aber vielleicht nicht unbedingt an andere weiterreichen möchten. Haben Sie beim Smartphone z.B. die Standortermittlung sowie das Geotagging aktiviert, erfasst die Kamera die exakten Positionsdaten, an denen ein Foto aufgenommen wird. Aber auch das Datum der Aufnahme kann schnell zu einem peinlichen Moment führen. Etwa dann, wenn Sie einem Kunden gegenüber behaupten, ein Foto extra für seine Zwecke aufgenommen zu haben, das Bild aber eigentlich aus Ihrem Fundus stammt und bereits einige Monate alt ist. Um unerwünschte Eigenschaften einer Bilddatei zu entfernen, führt Sie der Weg über den Explorer.

1. Rufen Sie den Explorer z. B. über die Tastenkombination [Win] + [E] auf. Öffnen Sie den Ordner, in dem sich das Bild befindet.

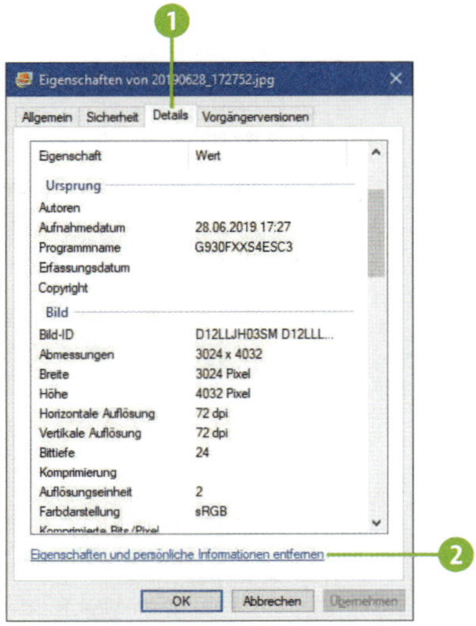

2. Nach einem rechten Mausklick auf die Datei wählen Sie **Eigenschaften**. Im Register **Details** (1) erfahren Sie nun, welche Informationen zum Bild verfügbar sind.

3. Klicken Sie am unteren Rand des Dialogs auf **Eigenschaften und persönliche Informationen entfernen** (2).

4. Sie können nun z. B. eine Kopie der Datei speichern, die keinerlei Eigenschaften mehr enthält. Die entsprechende Option ist bereits aktiviert (3). In diesem Fall schließen Sie den Dialog **Eigenschaften entfernen** bereits jetzt per **OK**. Die Kopie ist im Explorer gut anhand des Postfixes »_Kopie« zu erkennen.

5. Alternativ können Sie aber auch selbst bestimmen, welche Eigenschaften entfernt werden sollen. Hierzu aktivieren Sie die Option **Folgende Eigenschaften aus dieser Datei entfernen** (4). Versehen Sie nun die Eigenschaften mit einem Häkchen, die nicht gespeichert werden sollen (5). Bestätigen Sie dann mit **OK**.

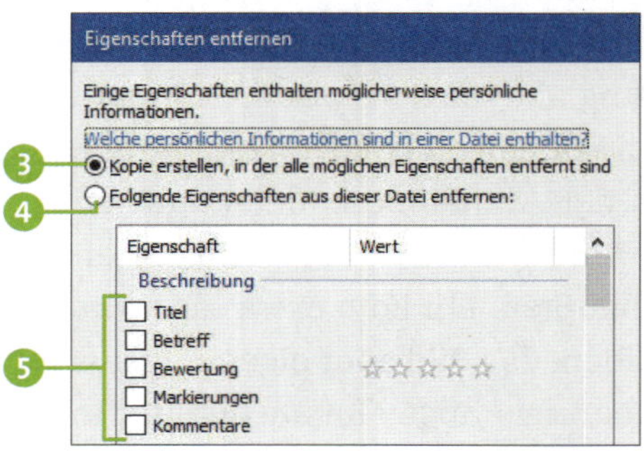

Die Datei wird ohne die ausgewählten Eigenschaften unter dem gleichen Namen wie zuvor im Explorer abgelegt.

Wie hier am Beispiel von Fotos gezeigt, lassen sich natürlich auch bei allen anderen Dateitypen, wie etwa PDF-Dateien, die Eigenschaften entfernen.

Das funktioniert nur selten: Gesendete E-Mails zurückrufen

Sie haben eine E-Mail versehentlich ohne Dateianhang oder gar an den falschen Empfänger verschickt? So etwas passiert zwar jedem einmal, es ist aber trotzdem unangenehm. Gerne würde man das Ganze ungeschehen machen. In der Theorie bietet Outlook auch eine entsprechende Rückruffunktion an, in der Praxis funktioniert sie nur leider viel zu selten.

Bedingungen für einen Rückruf

Tipp 040

Warum klappt der Rückruf meistens nicht? Das liegt vor allem an den Bedingungen, die erfüllt sein müssen: Denn sowohl Sie selbst als auch der Empfänger müssen nicht nur über ein Microsoft-Exchange-E-Mail-Konto oder alternativ ein Office-365-E-Mail-Konto verfügen. Die Konten müssen sich zudem auch noch in der gleichen Organisation befinden. Im Klartext heißt dies: Sie können zwar E-Mails zurückrufen, die Sie innerhalb Ihrer Firma an Kollegen verschickt haben, sobald die E-Mail an Empfänger außerhalb des Unternehmens gerichtet ist, funktioniert der Rückruf leider nicht. Dass der Rückruf fehlgeschlagen ist, erfahren Sie allerdings erst dann, wenn die Person die E-Mail gelesen hat.

Tipp 041

Gesendete E-Mail zurückrufen

Die im vorherigen Tipp erwähnten Bedingungen sind erfüllt? In einem solchen Fall können Sie versuchen, die versehentlich an den Kollegen geschickte E-Mail wieder zurückzurufen. Auch hier gibt es allerdings eine Einschränkung: Wenn der Kollege die E-Mail bereits geöffnet und gelesen hat, wird der Rückruf ebenfalls fehlschlagen. Sollte er (bzw. sie) die E-Mail noch nicht entdeckt haben, haben Sie folgendermaßen eine Chance, einen Rückruf durchzuführen:

1. Markieren Sie im Modul **E-Mail** links den Ordner **Gesendete Objekte**. Doppelklicken Sie rechts auf die E-Mail, die Sie zurückrufen möchten.
2. Wechseln Sie in das Register **Datei**. Links sollte nun bereits **Informationen** markiert sein.
3. Klicken Sie auf **Erneut senden oder zurückrufen**. Wenn Sie die Nachricht beim Empfänger komplett löschen oder alternativ durch eine neue Nachricht ersetzen lassen möchten, klicken Sie auf **Diese Nachricht zurückrufen** (1). Wollen Sie die Nachricht hingegen nur etwas anpassen – etwa den Text korrigieren oder den fehlenden Anhang ergänzen –, entscheiden Sie sich für **Diese Nachricht erneut senden** (2).

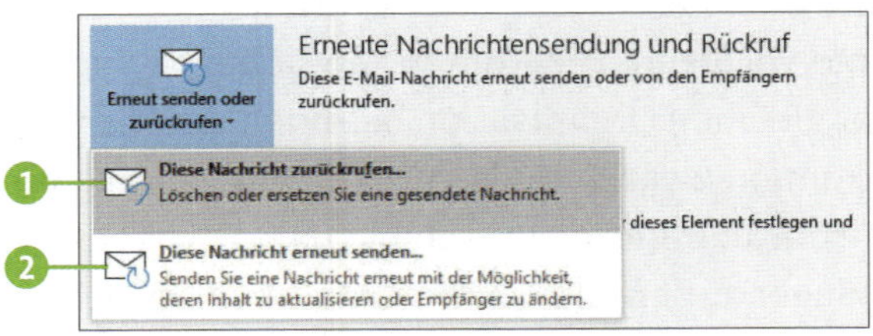

4. Wenn Sie die zweite Variante, also das erneute Senden der Nachricht, gewählt haben, wird die gesendete Nachricht in einem neuen Nachrichtenfenster geöffnet. Sie können

nun alle Korrekturen vornehmen und die Nachricht dann mit **Senden** erneut abschicken.

5. Haben Sie sich in Schritt 3 für den Rückruf der Nachricht entschieden, öffnet sich der Dialog **Diese Nachricht zurückrufen**. Behalten Sie die Option **Ungelesene Kopien dieser Nachricht löschen** ③ bei, wird versucht, die Nachricht bei allen Empfängern zu löschen. Mit der Option **Ungelesene Kopien durch eine neue Nachricht ersetzen** ④ wird der Versuch gestartet, die alte Nachricht durch eine neue Nachricht zu ersetzen. Wollen Sie nicht über die vorgenommene Aktion informiert werden, entfernen Sie das Häkchen vor **Ergebnis des Nachrichtenrückrufs für jeden Empfänger mitteilen** ⑤. Schließen Sie den Dialog mit **OK**.

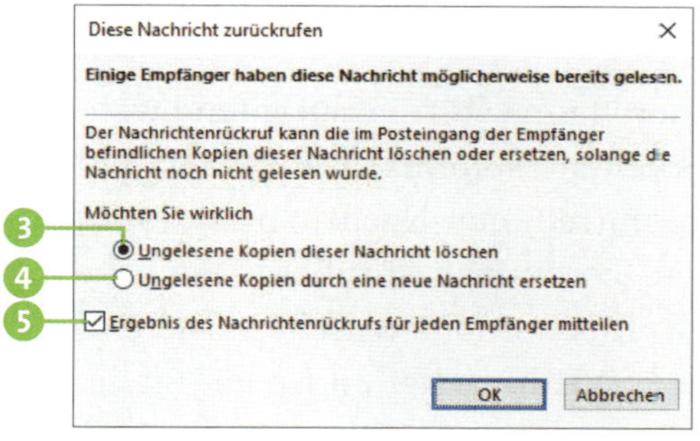

6. Beim Ersetzungsvorgang wird die alte Nachricht in einem neuen Nachrichtenfenster geöffnet. Nehmen Sie hier nun die gewünschten Änderungen vor, und schicken Sie die E-Mail mit **Senden** ab.

Ob der Versuch, die Nachricht beim Empfänger zu löschen oder durch eine neue Nachricht zu ersetzen, klappt, hängt, wie bereits erwähnt, davon ab, ob die Person die Nachricht bereits geöffnet hat oder nicht.

Alternativen zur Rückruffunktion

Tipp 042

Die Rückruffunktion von Outlook ist zwar nett, sie bringt aber nur leider selten den erhofften Erfolg. Ist die E-Mail bereits verschickt, bleibt Ihnen meist nichts anderes übrig, als den

Empfänger freundlich über den Ihnen unterlaufenen Fehler zu informieren. Fehlende Anhänge lassen sich nachsenden, und auch ein Nachrichtentext ist schnell in korrigierter Fassung abgeschickt. Wenn Sie eine E-Mail versehentlich an den falschen Empfänger geschickt haben, lässt sich das Malheur leider nicht so einfach lösen. Hier können Sie mit kleinen Tricks aber zumindest vorsorgen, dass Ihnen solche Fehler zukünftig nicht mehr so schnell unterlaufen.

1. Wenn Sie zukünftig eine E-Mail schreiben, setzen Sie die Adressen der Empfänger erst ganz zum Schluss ein. So können Sie sicherstellen, dass Sie nicht versehentlich eine unfertige Nachricht abschicken.

2. Möchten Sie gerne generell ungestört arbeiten und während des Schreibens einer komplizierten Nachricht auch nicht durch neu eintreffende Nachrichten gestört werden? Dann trennen Sie einfach vorübergehend die Verbindung zwischen Outlook und dem Server. Die entsprechende Schaltfläche **Offline arbeiten** finden Sie im Register **Senden/Empfangen** in der Gruppe **Einstellungen**. Vergessen Sie aber nicht, später wieder online zu gehen, indem Sie erneut auf **Offline arbeiten** klicken.

3. Auch wenn es im Berufsalltag häufig leichter gesagt als getan ist: Lassen Sie sich Zeit! Lesen Sie sich Ihre E-Mail in Ruhe nochmals durch, bevor Sie auf **Senden** klicken. Dabei fallen nicht nur fehlende Dateianhänge auf, sondern auch der ein oder andere Rechtschreibfehler lässt sich so noch korrigieren. Dieser Aspekt ist speziell bei E-Mails an

Kunden nicht zu unterschätzen. Wer auf Nummer sicher gehen will, kann zusätzlich auch die Rechtschreibhilfe nutzen. Drücken Sie hierzu die Taste F7, und schon wird Ihre Nachricht auf mögliche Rechtschreib- und Grammatikfehler untersucht.

Lesebestätigung einfordern – ja oder nein?

Sie haben einem Geschäftskollegen eine E-Mail geschickt und möchten sichergehen, dass dieser sie auch gelesen hat. Viele nutzen für solche Situationen unter Outlook die Funktion *Lesebestätigung*, in der Hoffnung auf eine positive Rückmeldung. Sie kann z. B. für alle gesendeten E-Mails über **Datei ▸ Optionen ▸ E-Mail** im Bereich **Verlauf** aktiviert werden oder gezielt für eine einzelne E-Mail im Nachrichtenfenster. Dort finden Sie das Kästchen **Lesebestätigung anfordern** in der Gruppe **Verlauf** des Registers **Optionen**. Dass die Rückmeldung womöglich nicht positiv ausfällt, muss nicht unbedingt am Empfänger liegen, auch wenn es ihm natürlich freisteht, die Lesebestätigung mit **Ja** oder **Nein** zu beantworten. Denn nicht jedes E-Mail-Programm ist in der Lage, eine Lesebestätigung zu bearbeiten. Nutzt der Empfänger einen Webmailer, wird ihm die Funktion voraussichtlich gar nicht erst angezeigt. Wer auf Nummer sicher gehen möchte, sollte in seiner E-Mail daher besser freundlich um eine Rückmeldung bitten. Diese kommt im Berufsleben auch meist besser an. Denn stellen Sie sich vor, Sie müssten umgekehrt bei jedem, der Ihnen eine Nachricht schickt, zunächst die Lesebestätigung bestätigen, bevor Sie sich überhaupt die E-Mail ansehen können. Je nach Anzahl der Nachrichten, die Sie täglich erhalten, werden Sie sicherlich bald genervt bei allen nur noch mit einem **Nein** reagieren.

Outlook-Kontakte für Serienbriefe nutzen

Wie eng die einzelnen Office-Programme zusammenarbeiten, zeigt sich am Beispiel von Outlook und Word: Wenn Sie die Adressen Ihrer Kontakte in Outlook gespeichert haben, können Sie diese Daten wunderbar beispielsweise für die Erstellung von Serienbriefen verwenden. Sie müssen lediglich im Word-Dokument entsprechende Seriendruckfelder einfügen, die als Platzhalter für die eigentlichen Adressdaten dienen. Zuvor legen Sie am besten noch in Outlook fest, an welche Kontakte der Serienbrief geschickt werden soll.

Tipp 043

Kontakte für den Serienbrief auswählen

Ist der Serienbrief an alle Ihre Outlook-Kontakte gerichtet, können Sie gleich mit dem folgenden Tipp fortfahren. Möchten Sie den Brief hingegen nur an einen bestimmten Personenkreis schicken, sollten Sie die Auswahl der entsprechenden Kontakte bereits vor Erstellung des Serienbriefs in Outlook vornehmen. Später wäre es zwar auch noch möglich, doch je mehr Adressen Sie auswählen müssen, desto komplizierter wird der Vorgang.

Die Adressauswahl können Sie in Outlook auf verschiedene Weise vornehmen. So bietet es sich z. B. an, einen eigenen Ordner anzulegen, in dem Sie die Kontaktdaten für den Serienbrief ablegen. Wie Sie hierzu vorgehen, lesen Sie im Abschnitt »Kontakte übersichtlich in Ordnern gruppieren« ab Seite 103. Ebenso praktisch ist das Erstellen einer eigenen Ansicht für die benötigten Adressen. Im Abschnitt »Eigene Ansichten für Kontaktdaten erstellen« ab Seite 106 erfahren

Sie, wie Sie eine eigene Ansicht speichern. Um die gewünschten Kontakte nun für den Serienbrief zu markieren, gehen Sie folgendermaßen vor:

1. Wechseln Sie in Outlook zunächst in das Modul **Personen**. Am schnellsten geschieht dies über die Tastenkombination Strg + 3.

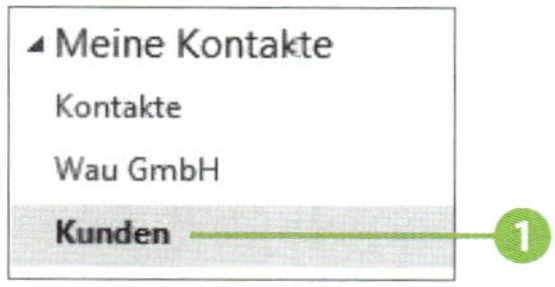

2. Wenn Sie die Kontaktdaten für den Serienbrief in einem eigenen Ordner abgelegt haben, markieren Sie diesen in der linken Spalte ❶.

3. Im Falle einer speziellen Ansicht wählen Sie diese z. B. nach einem Klick auf **Ansicht ändern** ❷ im Register **Ansicht** aus.

Überprüfen Sie die Kontaktdaten nochmals. Sind alle benötigten Angaben wie Anrede, Vor- und Nachname sowie die Postanschrift vorhanden? Falls nicht, haben Sie nun noch die Möglichkeit, fehlende Daten zu ergänzen. Wie Sie hierzu vorgehen, lesen Sie im Kasten »Kontaktdaten in der Listendarstellung korrigieren« auf Seite 110.

Die Funktion »Serien-E-Mails« starten

Tipp 044

Unabhängig davon, ob Sie den Serienbrief an alle Outlook-Kontakte schicken möchten oder nur an einen ausgewählten Personenkreis: Der anschließende Aufruf der Serien-E-Mail-Funktion zur Erstellung eines Serienbriefs ist immer gleich.

1. Klicken Sie im Modul **Personen** im Register **Start** in der Gruppe **Aktionen** auf **Serien-E-Mails**. Der Dialog **Kontakte zusammenführen** wird geöffnet.

2. Da die Kontakte, an die der Serienbrief gerichtet ist, bereits im Vorfeld ausgewählt wurden, kann im Bereich **Kontakte** die Option **Alle Kontakte in aktueller Ansicht** 1 aktiviert bleiben.

3. Wenn Sie bereits eine Word-Datei für den Serienbrief erstellt haben sollten, können Sie diese über die Option **Vorhandenes Dokument** 2 und einen anschließenden Klick auf **Durchsuchen** 3 auswählen. Existiert eine solche Datei noch nicht, belassen Sie die Option **Neues Dokument** 4.

4. Bestätigen Sie die Angaben mit **OK**.

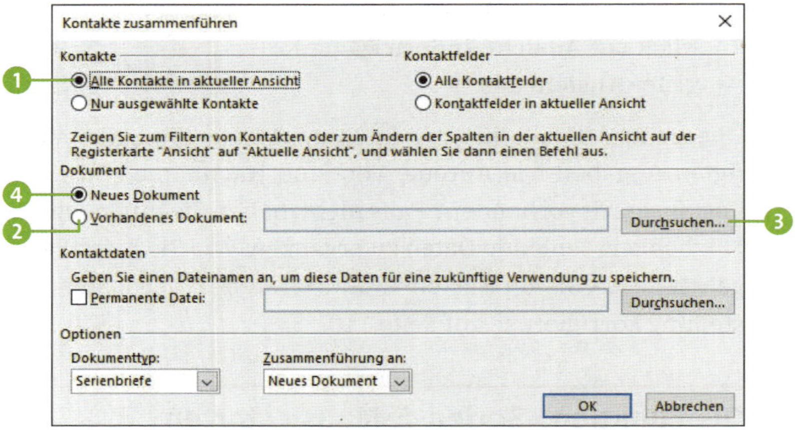

Es wird nun automatisch das Textverarbeitungsprogramm Word geöffnet, in dem Sie den Serienbrief erstellen.

Tipp 045

Seriendruckfelder in Word auswählen

Haben Sie sich für ein leeres Dokument entschieden, besteht das Word-Dokument nur aus einer leeren Seite. Doch das ändert sich gleich. Denn als Nächstes fügen Sie die Seriendruckfelder ein. Diese Felder dienen als Platzhalter und werden später durch die eigentlichen Adressdaten der Serienbrief-Empfänger ersetzt.

1. Positionieren Sie die Einfügemarke an der Stelle im Dokument, an der das erste Seriendruckfeld eingefügt werden soll.

2. Klicken Sie im Register **Sendungen** in der Gruppe **Schreib- und Einfügefelder** auf den Pfeil rechts bzw. unterhalb von **Seriendruckfeld einfügen** (die Position hängt von der Größe des Programmfensters von Word ab) ❶.

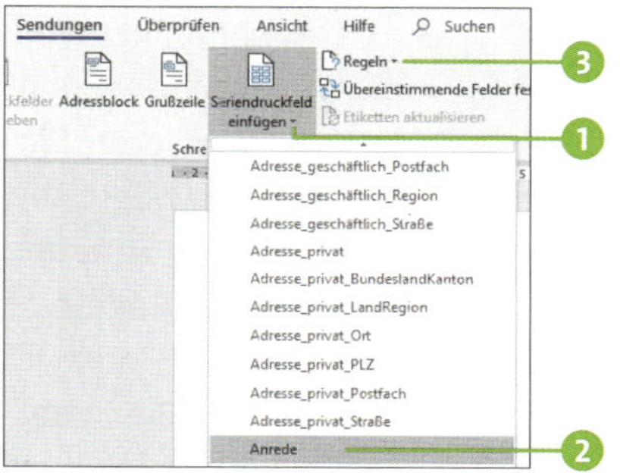

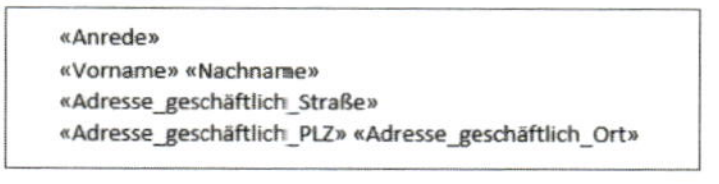

3. Markieren Sie in der aufklappenden Liste nun das erste Seriendruckfeld. Im Falle einer Anschrift ist dies klassischerweise die **Anrede** ❷.

4. Ergänzen Sie analog alle weiteren Seriendruckfelder. Vergessen Sie dabei nicht, die nötigen Leerzeichen zwischen den Feldern (etwa zwischen Straße und Hausnummer) einzufügen und Zeilenumbrüche zu erzeugen.

5. Falls Sie in der Vielzahl an Feldern versehentlich das falsche ausgewählt haben, setzen Sie die Einfügemarke hinter die schließende spitze Klammer des Seriendruckfeldes. Drücken Sie dann zweimal die Taste [↵], und schon ist das Feld wieder gelöscht.

6. Schreiben Sie nun den eigentlichen Text des Serienbriefes. Sollten Sie noch weitere variable Daten benötigen, ergänzen Sie auch hier die entsprechenden Seriendruckfelder. Wie Sie mithilfe einer Regel die Auswahl eines Datensatzes beeinflussen können, erfahren Sie am Beispiel einer Grußformel im Kasten »Wenn... Dann... Sonst: Regel für Seriendruckfelder erstellen« auf Seite 78.

Wenn... Dann... Sonst: Regel für Seriendruckfelder erstellen

Ein Brief sollte immer mit einer persönlichen Begrüßung beginnen. Wenn Sie in Ihren Outlook-Kontakten die entsprechende Anrede, also »Herr« oder »Frau«, ergänzt haben, können Sie Word die Auswahl der passenden Begrüßung überlassen. Sie müssen hierfür lediglich eine Regel erstellen. Positionieren Sie hierzu die Einfügemarke an der Stelle, an der die Begrüßung ergänzt werden soll. Klicken Sie dann im Register **Sendungen** in der Gruppe **Schreib- und Einfügefelder** auf **Regeln** (3 auf Seite 77) ► **Wenn... Dann... Sonst...**. Klicken Sie im folgenden Dialog in das Feld **Feldname**, und wählen Sie in der Liste **Anrede** aus. Die Einstellung **Gleich** im Feld **Vergleich** behalten Sie bei. In das Feld **Vergleichen mit** tragen Sie »Frau« ein. Geben Sie im Feld **Dann diesen Text einfügen** den Text »Sehr geehrte« ein und im Feld **Sonst diesen Text einfügen** entsprechend »Sehr geehrter«. Schließen Sie den Dialog mit **OK**. Im Dokument erscheint die entsprechende Begrüßung für den ersten Datensatz. Handelt es sich dabei um einen Herrn, ist im Dokument also »Sehr geehrter Herr« zu lesen. Fügen Sie nach einem Leerzeichen nun noch ein Seriendruckfeld für den Nachnamen hinzu, und schon ist die Begrüßung komplett.

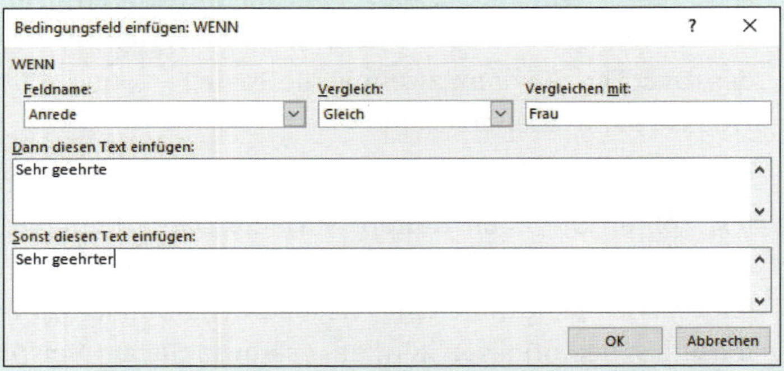

Fertige Serienbriefe per Vorschau prüfen

Tipp 046

Der Serienbrief ist fertig? Bevor Sie ihn ausdrucken, können Sie sich die einzelnen Briefe noch ansehen. Klicken Sie hierzu im Register **Sendungen** auf die Schaltfläche **Vorschau Ergebnisse** ① in der gleichnamigen Gruppe. Die Seriendruckfelder sollten nun alle durch die korrekten realen Daten ersetzt worden sein. Über die Pfeiltasten ② gelangen Sie von einem Datensatz zum nächsten. Mit einem erneuten Klick auf **Vorschau Ergebnisse** blenden Sie die Vorschau wieder aus. Speichern Sie das Dokument über **Datei ► Speichern unter** unter einem aussagekräftigen Namen.

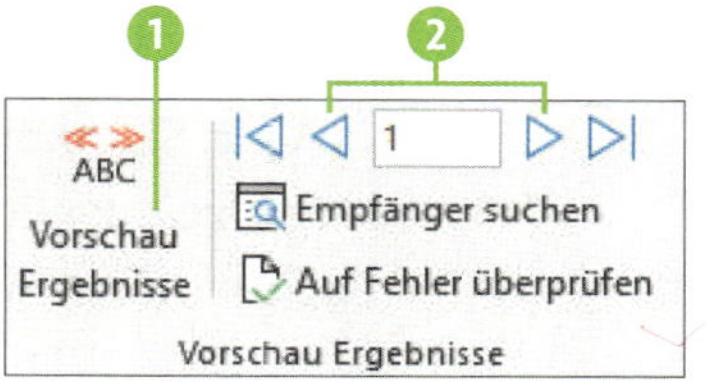

Minisymbolleiste deaktivieren

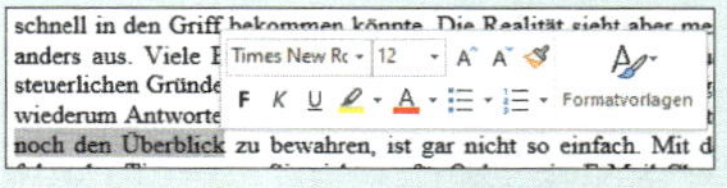

Sobald Sie in einem der Microsoft Office-Programme ein Wort oder einen Textabschnitt markieren, wird oberhalb der Markierung automatisch eine Minisymbolleiste eingeblendet. Manch einer findet die Möglichkeit, über diese Symbolleiste schnell Formatierungen vornehmen zu können, ganz praktisch. Wenn Sie die Minisymbolleiste dagegen als störend empfinden, etwa weil sie wichtige Textpassagen überdeckt, deaktivieren Sie sie einfach. Rufen Sie hierzu im jeweiligen Programm (also etwa Outlook, Excel oder auch Word) nacheinander **Datei ► Optionen ► Allgemein** auf. Entfernen Sie in der rechten Spalte im Bereich **Benutzeroberflächenoptionen** das Häkchen vor **Minisymbolleiste für die Auswahl anzeigen**. Schließen Sie den Dialog mit **OK**. Die Einstellung wird nur für das entsprechende Programm übernommen. Vermissen Sie die Symbolleiste doch irgendwann, aktivieren Sie sie einfach wieder.

Tipp 047

Serienbrief fertigstellen

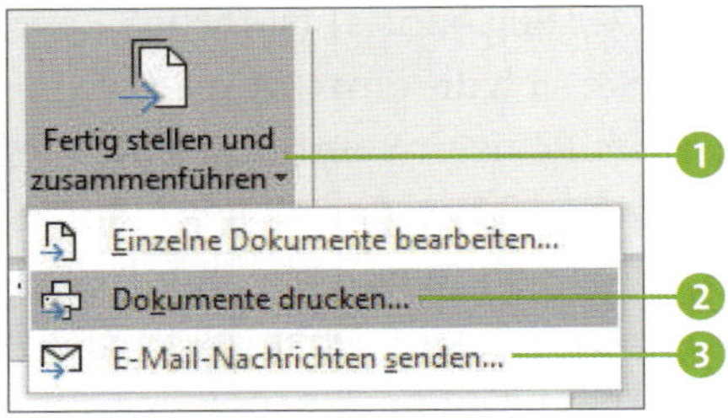

Entspricht der Serienbrief Ihren Vorstellungen, können Sie ihn nun ausdrucken. Klicken Sie hierzu im Register **Sendungen** auf **Fertig stellen und zusammenführen** 1. Im aufklappenden Menü wählen Sie den Befehl **Dokumente drucken** 2. Wenn Sie möchten, können Sie noch festlegen, welche Datensätze ausgedruckt werden sollen. Nehmen Sie dann im Dialog **Drucken** wie gewohnt die nötigen Einstellungen vor, bevor Sie den Druckvorgang starten.

Serien-E-Mails in Word erstellen

Word bietet Ihnen an, einen Serienbrief auch per E-Mail zu verschicken. Den entsprechenden Befehl 3 finden Sie im Register **Sendungen** nach einem Klick auf **Fertig stellen und zusammenführen**. Der Serienbrief wird an alle in der Datenquelle ausgewählten Kontakte als *blind carbon copy* (kurz *Bcc*, auf Deutsch »Blindkopie«) verschickt. Die Empfänger erfahren damit zwar nicht, an welche weiteren Adressen die E-Mail gesendet wurde, diese Art des Versands bringt jedoch einen großen Nachteil mit sich: Je mehr E-Mail-Adressen im Bcc-Feld enthalten sind, desto stärker reagieren die Spamfilter bei den Empfängern. Zwanzig oder mehr E-Mail-Adressen können hier bereits ausreichen, und schon kommt Ihre E-Mail womöglich gar nicht beim Empfänger an, sondern landet im Spamordner. Ein weiterer Nachteil einer per Serienbrief-Funktion aus Word heraus versendeten E-Mail ist: Sie können der Nachricht keinen Dateianhang hinzufügen. Es wird also lediglich der Inhalt des Serienbriefs verschickt. Wer einen Newsletter mit personalisierter Grußformel an viele Empfänger verschicken möchte, sollte hierfür besser eine spezielle E-Mail-Marketing-Software nutzen. Zwei gute Beispiele dafür sind *Newsletter2go* (*www.newsletter2go.de*)

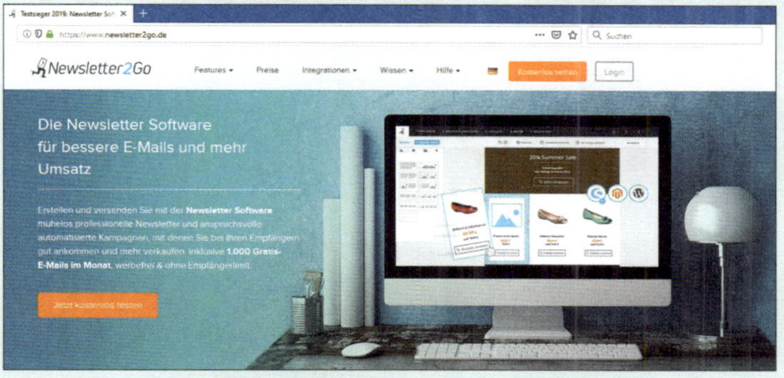

oder auch *CleverReach* (*www.cleverreach.com/de*).

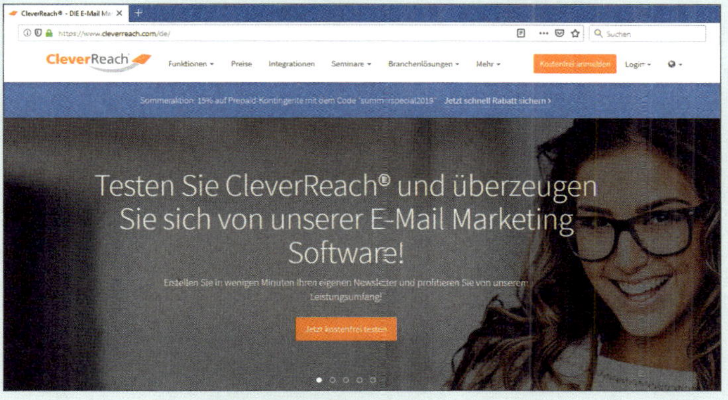

Ordnung schaffen in Outlook

Neu eingetroffene E-Mails lesen, beantworten und dann direkt löschen? Es wäre schön, wenn man die E-Mail-Flut, die einen täglich erreicht, so schnell in den Griff bekommen könnte. Die Realität sieht aber meist anders aus. Viele E-Mails muss man aus geschäftlichen oder auch steuerlichen Gründen aufbewahren. Auf beantwortete E-Mails folgen wiederum Antworten der Gegenseite. Bei der Vielzahl an Nachrichten noch den Überblick zu bewahren ist gar nicht so einfach. Mit den folgenden Tipps sorgen Sie nicht nur für Ordnung im E-Mail-Chaos, sondern räumen auch gleich noch das Adressbuch von Outlook auf.

So behalten Sie Ihre Unterhaltungen im Blick

Klassischerweise sortiert Outlook E-Mails dem Datum nach in Ordner wie **Posteingang**, **Gesendete Elemente** oder **Papierkorb** (teilweise auch **Gelöschte Elemente** genannt). Wenn Sie sich intensiv mit Kollegen oder auch Kunden austauschen und eine E-Mail auf die andere zu ein und demselben Thema folgt, ist diese Sortierung eher unglücklich, da Sie erst mühselig durch alle E-Mails blättern müssen, bis Sie die gesuchte Nachricht finden. Outlook bietet aber eine pfiffige Ansicht, um sich in Unterhaltungen blitzschnell zurechtzufinden.

Die Unterhaltungsansicht aktivieren

Tipp 048

Sie tauschen sich mit Kollegen per E-Mail über ein bestimmtes Projekt aus. Der Projekttitel erscheint auch im Betreff. Solch eine Kommunikation ist perfekt geeignet für die sog. *Unterhaltungsansicht*. Denn in dieser Ansicht fasst Outlook alle

Nachrichten zusammen, die denselben Betreff haben. Dabei ist es unerheblich, in welchem Ordner sich eine E-Mail befindet oder welche Person die Nachricht geschickt hat. Sie sehen in der Ansicht also z. B. sowohl die eingetroffenen E-Mails der Kollegen aus dem Ordner **Posteingang** als auch Ihre eigenen Nachrichten aus dem Ordner **Gesendete Elemente**. Die Unterhaltungsansicht aktivieren Sie folgendermaßen:

1. Wechseln Sie im Modul **E-Mail** in das Register **Ansicht**. Versehen Sie in der Gruppe **Nachrichten** das Kästchen vor **Als Unterhaltungen anzeigen** mit einem Häkchen.

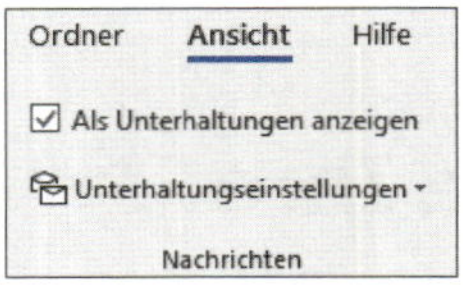

2. Im folgenden Dialog wählen Sie aus, ob die Unterhaltungsansicht für all Ihre Postfächer gelten soll oder nur für den Ordner, den Sie links markiert haben (also z. B. **Posteingang**).

Outlook zeigt die E-Mails nun sofort in der Unterhaltungsansicht an.

Voreinstellung für die Auswahl der Unterhaltungsansicht

Die Funktion **Als Unterhaltungen anzeigen** lässt sich bei Ihnen nicht aktivieren? Das ist immer dann der Fall, wenn Sie Ihre E-Mails nicht nach Datum, sondern nach einem anderen Kriterium (etwa Absender oder auch Empfänger) sortiert haben. Kehren Sie wieder zur Datumssortierung zurück, indem Sie z. B. im Register **Ansicht** in der Gruppe **Aktuelle Ansicht** das **Datum** auswählen. Nun lässt sich auch bei Ihnen die Unterhaltungsansicht aktivieren.

Alle Nachrichten einer Unterhaltung einblenden

Tipp 049

Die Nachrichten werden auch in der Unterhaltungsansicht weiterhin nach dem Datum sortiert angezeigt. Existieren zu einem Thema jedoch mehrere E-Mails, sprich, besitzen mehrere E-Mails den gleichen Betreff, werden diese automatisch zusammengefasst. Outlook berücksichtigt dabei allerdings nur Nachrichten, auf die Sie Feedback gegeben haben bzw. einer Ihrer Gesprächspartner geantwortet hat. Sollten Sie also zufällig eine E-Mail mit der gleichen Betreffzeile erhalten, erscheint diese nicht in der Unterhaltung. In der Übersicht über Ihre E-Mails ist zunächst nur die zuletzt gesendete bzw. empfangene Nachricht der Unterhaltung zu sehen. Sie erkennen diese Unterhaltungen an einem kleinen weißen Dreieck. Ein Klick auf das Dreieck, und es werden alle E-Mails der Unterhaltung aufgelistet. Nach einem erneuten Klick klappt die Unterhaltung wieder ein.

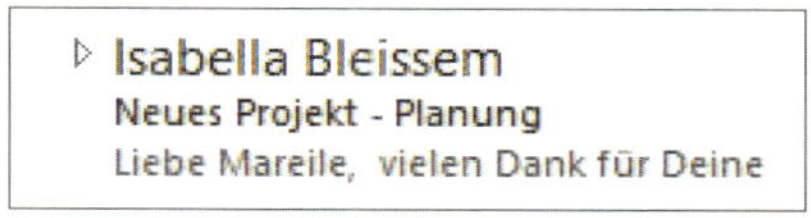

Fehlende Nachrichten in der Unterhaltung

Outlook gruppiert Unterhaltungen anhand des Betreffs. Vermissen Sie eine E-Mail in der Unterhaltung, hat der Absender wahrscheinlich die Betreffzeile etwas geändert. Hierfür reicht bereits das Einfügen eines einzelnen Zeichens.

Unterhaltungseinstellungen vornehmen

Tipp 050

Per Standardeinstellung zeigt Outlook in der E-Mail-Übersicht nur die aktuellste Nachricht einer Unterhaltung an. Erst ein Klick auf das Dreieck blendet die weiteren Nachrichten ein.

1. Sollen die Nachrichten bereits nach einem Klick auf die aktuelle Nachricht angezeigt werden, klicken Sie im Register **Ansicht** in der Gruppe **Nachrichten** auf **Unterhaltungseinstellungen**. Versehen Sie in der aufklappenden Liste **Ausgewählte Unterhaltung immer aufklappen** ❶ mit einem Häkchen. Haben Sie diese Darstellung gewählt, werden in der aufgeklappten Unterhaltung die Nachrichten in umgekehrter Reihenfolge angezeigt, sprich, die ältesten Nachrichten erscheinen zuerst. Ganz zu Beginn erscheint der Betreff ❷.

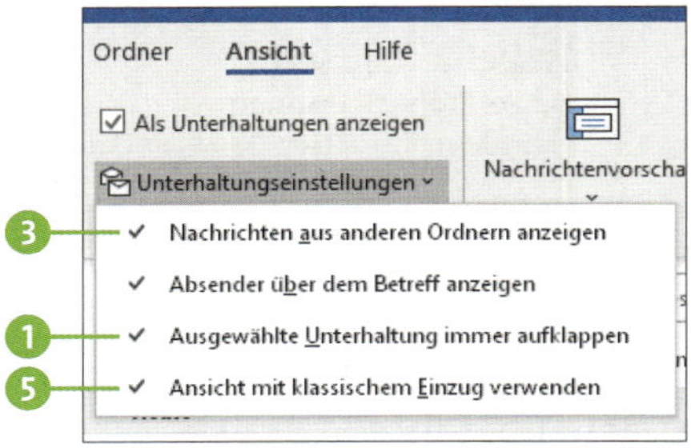

2. Normalerweise bereits mit einem Häkchen versehen ist in der Liste der Eintrag **Nachrichten aus anderen Ordnern anzeigen** ❸. Dadurch ist sichergestellt, dass nicht nur die Nachrichten des ausgewählten Ordners aufgeführt werden (also etwa diejenigen aus dem **Posteingang**), sondern auch aus anderen Ordnern wie etwa **Gesendete Elemente**. Die Nachrichten anderer Ordner werden hierbei kursiv dargestellt ❹.

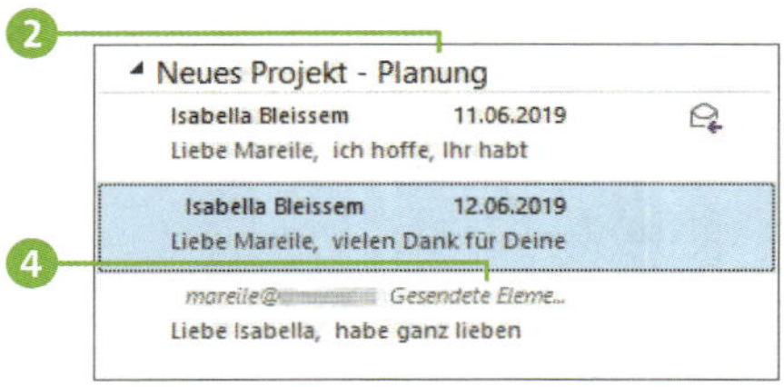

3. Aktivieren Sie den Eintrag **Ansicht mit klassischem Einzug verwenden** ❺, werden ältere Nachrichten in der Unterhaltungsansicht etwas eingerückt.

Nachrichten innerhalb einer Unterhaltung beantworten

Wenn Sie eine Unterhaltung fortsetzen möchten, reicht es, die letzte Nachricht in der Unterhaltung zu markieren und dann auf **Antworten** bzw. **Allen antworten** zu klicken. Möchten Sie hingegen auf eine ganz bestimmte E-Mail innerhalb der Unterhaltung reagieren, müssen Sie zunächst die Unterhaltung einblenden, dann die gewünschte E-Mail markieren und nun auf **Antworten** bzw. **Allen antworten** klicken.

Optionen zum Aufräumen von Unterhaltungen auswählen

Tipp 051

Gerade bei Projekten, während derer man sich über einen längeren Zeitraum hinweg per E-Mail austauscht, nimmt die Zahl der Nachrichten meist rapide zu. Wenn Sie ältere E-Mails nicht mehr unbedingt benötigen, sollten Sie diese löschen. Statt dies nun mühselig selbst zu erledigen, können Sie auch hier auf die Unterstützung von Outlook setzen. Bevor Sie die Aufräumaktion starten, werfen Sie noch einen schnellen Blick in die entsprechenden Einstellungen.

1. Rufen Sie nacheinander **Datei ► Optionen ► E-Mail** ① auf. Blättern Sie in der rechten Spalte bis zum Bereich **Unterhaltungen aufräumen** ②.

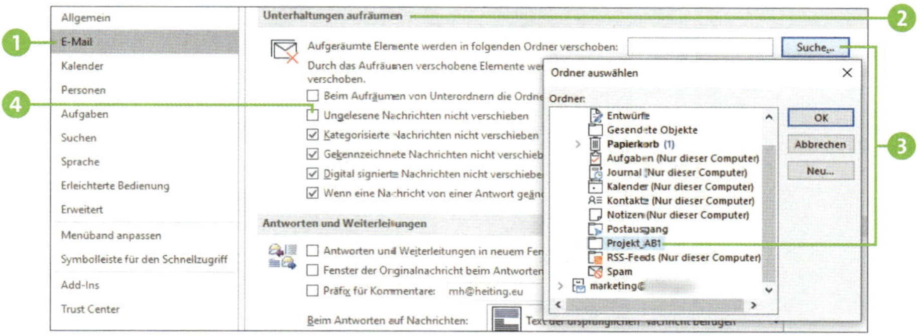

2. Per Standardeinstellung verschiebt Outlook gelöschte Nachrichten einer Unterhaltung in den Ordner **Papierkorb** des entsprechenden E-Mail-Kontos. Wenn die Nachrichten in einen anderen Ordner verschoben werden sol-

len, wählen Sie diesen nach einem Klick auf **Suche** (3) aus. Wie Sie eigene Ordner anlegen, lesen Sie im folgenden Kasten »Ordner für Ihre E-Mails anlegen«.

3. Durch Setzen bzw. Entfernen der Häkchen legen Sie fest, welche Nachrichten Outlook beim Aufräumen von Unterhaltungen berücksichtigen soll. Damit ungelesene E-Mails z. B. nicht entfernt werden, darf **Ungelesene Nachrichten nicht verschieben** (4) nicht aktiviert sein. Schließen Sie den Dialog dann mit **OK**.

Ordner für Ihre E-Mails anlegen

Die Standardordner **Posteingang** und **Gesendete Elemente** etwa sind auf Dauer kaum dazu geeignet, den Überblick in der heutigen E-Mail-Flut zu bewahren. Das Anlegen eigener Ordner (z. B. für bestimmte Projekte oder auch eine spezielle Kundengruppe) sorgt hier schnell für Ordnung. Klicken Sie hierzu im Register **Ordner** in der Gruppe **Neu** auf **Neuer Ordner** (1). Im Dialog **Neuen Ordner erstellen** vergeben Sie einen aussagekräftigen Namen für den Ordner. Im Feld **Ordner enthält Elemente des Typs** behalten Sie die Voreinstellung **E-Mail und bereitgestellte Elemente** (2) bei. Markieren Sie dann im Feld **Ordner soll angelegt werden unter** den Ordner, unter dem der neue Ordner hinzugefügt werden soll. Soll der neue Ordner z. B. auf der gleichen Ebene wie die Standardordner erscheinen, klicken Sie auf Ihren persönlichen Ordner (3). Schließen Sie den

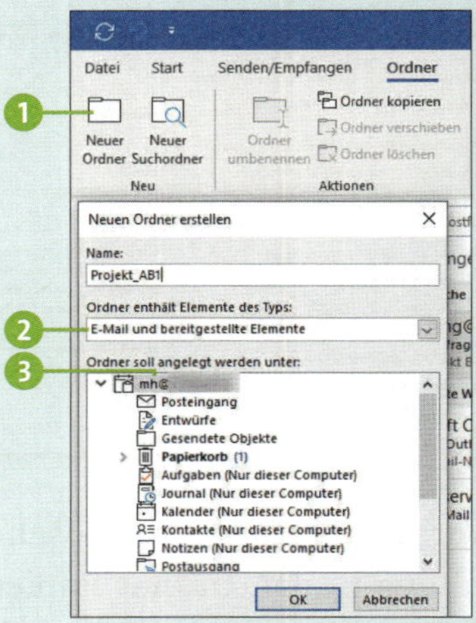

Dialog mit **OK**. Mit gedrückter linker Maustaste können Sie nun die in der Übersichtsspalte rechts ausgewählten E-Mails in den neuen Ordner links verschieben. Soll die Nachricht lediglich in den Ordner kopiert werden, halten Sie während des Ziehens des Mauszeigers die rechte Maustaste gedrückt und wählen nach Loslassen der Taste den Befehl **Kopieren**.

Unterhaltungen aufräumen

Tipp 052

Um nicht mehr benötigte E-Mails aus einer Unterhaltung zu entfernen und in den in den Optionen ausgewählten Ordner (siehe den vorherigen Tipp) zu verschieben, gehen Sie folgendermaßen vor:

1. Markieren Sie zunächst die Unterhaltung, die Sie aufräumen möchten.
2. Klicken Sie im Register **Start** in der Gruppe **Löschen** auf **Aufräumen** und dann auf **Unterhaltung aufräumen**.

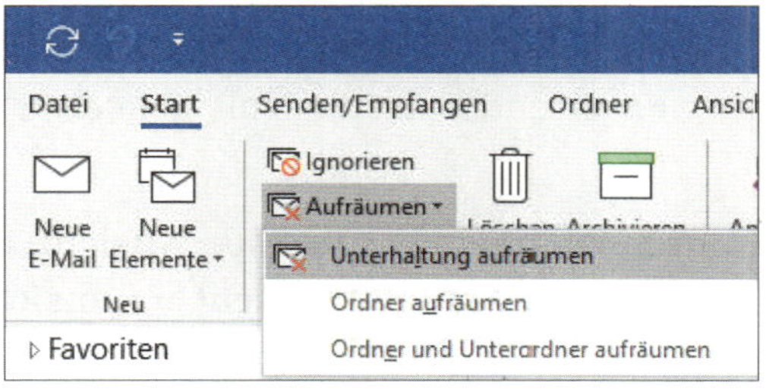

3. Im Dialog **Unterhaltung aufräumen** starten Sie die Aufräumaktion mit **Aufräumen**.

Outlook verschiebt alle redundanten Nachrichten nach den zuvor festgelegten Optionen in den von Ihnen vorgegebenen Ordner. Werfen Sie also einen Blick in diesen Ordner, werden Sie die überflüssigen Nachrichten hier finden.

Die bedingte Formatierung zum Auffinden von E-Mails nutzen

Um auf gar keinen Fall eine E-Mail von Ihrem Chef oder einem wichtigen Kunden zu übersehen, wäre es Ihnen am liebsten, wenn diese Nachrichten farbig hervorgehoben werden würden? Nichts leichter als das. Sie müssen hierzu nur die Bedingungen vorgeben, nach denen Outlook eine Nachricht speziell formatieren soll.

Tipp 053

Eine bedingte Formatierung für E-Mails festlegen

E-Mails, die Sie noch nicht gelesen haben, hebt Outlook automatisch fett hervor. Wünschen Sie eine ähnliche Formatierung – etwa einen speziellen Farbton – auch für die E-Mails bestimmter Kontakte, gehen Sie folgendermaßen vor:

1. Markieren Sie zunächst den Ordner, auf den die bedingte Formatierung angewendet werden soll, also etwa den **Posteingang**.
2. Wechseln Sie anschließend in das Register **Ansicht**. Dort klicken Sie in der Gruppe **Aktuelle Ansicht** auf **Ansichtseinstellungen** ❶.

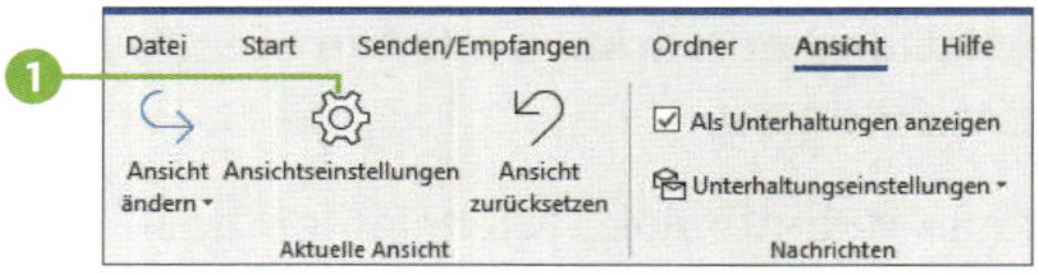

3. Im Dialog **Erweiterte Ansichtseinstellungen** klicken Sie auf **Bedingte Formatierung** ❷. Es öffnet sich der gleichnamige Dialog, in dem Sie auf **Hinzufügen** ❸ klicken.

4. Überschreiben Sie im Feld **Name** die Bezeichnung **Unbenannt** mit einem aussagekräftigen Namen für die bedingte Formatierung. Dies kann z. B. der Name des Kontakts sein, dessen E-Mails Sie zukünftig farbig hervorheben möchten **4**.

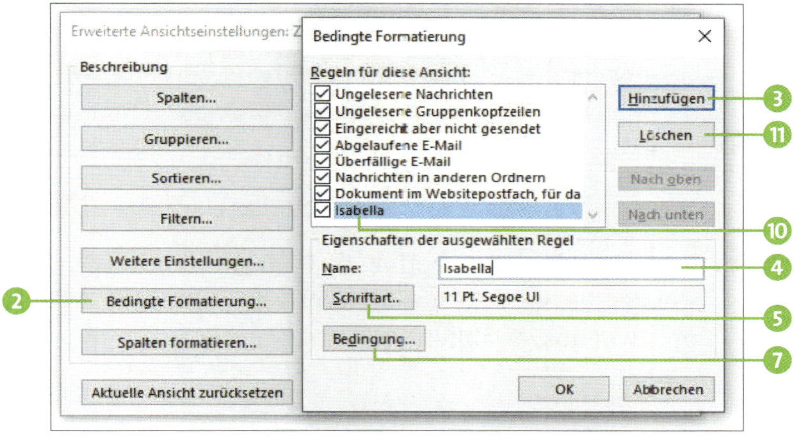

5. Klicken Sie nun auf **Schriftart** **5**. Im folgenden Dialog wählen Sie nach einem Klick in das Feld **Farbe** **6** den Farbton aus, in dem die Nachrichten zukünftig angezeigt werden sollen. Schließen Sie den Dialog mit **OK**.

6. Im Dialog **Bedingte Formatierung** klicken Sie nun auf **Bedingung** **7**. Der Dialog **Filtern** wird geöffnet.

7. Nach einem Klick auf **Von** markieren Sie im Dialog **Namen auswählen** den Outlook-Kontakt, dessen Nachrichten zukünftig im zuvor ausgewählten Farbton hervorgehoben werden sollen **8**. Wenn Sie möchten, können Sie hier auch mehrere Personen auswählen. Mit einem Klick auf **Von** **9** übernehmen Sie jeweils die Auswahl.

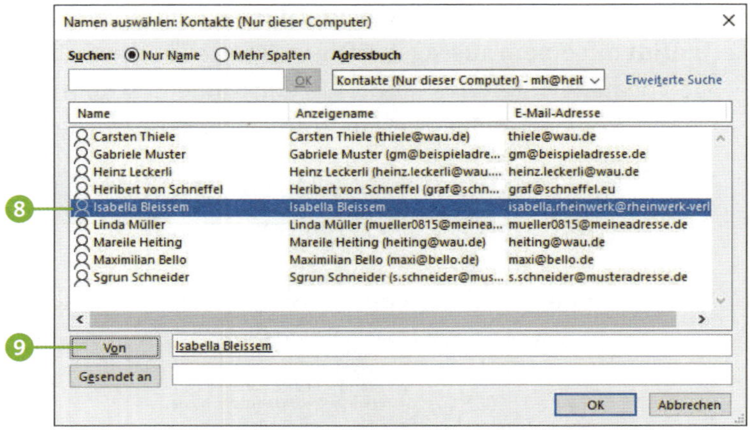

8. Schließen Sie alle geöffneten Dialoge mit **OK**. Outlook wendet die bedingte Formatierung sofort auf alle E-Mails im zuvor ausgewählten Ordner an.

Tipp 054

Bedingte Formatierung entfernen

Sie benötigen die farbliche Hervorhebung von bestimmten E-Mails nicht mehr? Dann sollten Sie die bedingte Formatierung entfernen. Markieren Sie hierzu wieder den Ordner, auf den die Formatierung angewendet wird. Rufen Sie nun im Register **Ansicht** in der Gruppe **Aktuelle Ansicht** die **Ansichtseinstellungen** auf. Nach einem Klick auf **Bedingte Formatierung** (2 auf Seite 91) markieren Sie die zu entfernende Regel 10 und klicken dann auf **Löschen** 11. Schließen Sie alle geöffneten Dialoge mit **OK**. Die zuvor gefärbten E-Mails werden wieder im gewohnten Farbton, also in Schwarz, angezeigt.

Die schnelle Erinnerungsstütze: E-Mails mit Notizen versehen

Wussten Sie, dass Sie bereits gesendete oder auch erhaltene E-Mails auch im Nachhinein noch bearbeiten können? Das ist z. B. dann interessant, wenn Sie mit einer Person telefoniert haben und nun einige Punkte in der E-Mail, um die es im Gespräch ging, notieren möchten. Oder Sie machen sich z. B. Notizen in einer neu eingetroffenen E-Mail, die Sie zwar erst zu einem späteren Zeitpunkt beantworten können, in der Sie aber bereits jetzt wichtige Anmerkungen ergänzen wollen.

Eine erhaltene oder gesendete Nachricht bearbeiten

Tipp 055

Möchten Sie in einer bereits gesendeten oder erhaltenen E-Mail ein paar Anmerkungen als Erinnerungsstütze ergänzen? Hierzu gehen Sie folgendermaßen vor:

1. Öffnen Sie die entsprechende Nachricht per Doppelklick. Im Register **Nachricht** klicken Sie in der Gruppe **Verschieben** auf **Aktionen** und dann auf **Nachricht bearbeiten**.

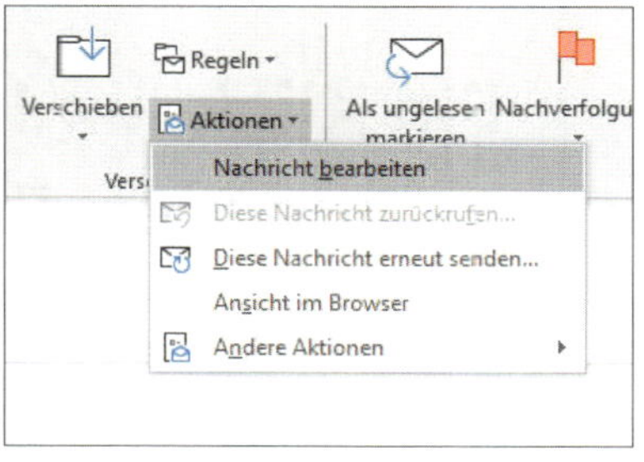

Die Einfügemarke blinkt nun im Nachrichtentextfeld vor dem ersten Zeichen. Damit sich die eigenen Anmerkungen vom Originaltext der E-Mail abheben, sollten Sie Ihre Notizen z. B. farbig hervorheben.

2. Wechseln Sie in das Register **Text formatieren** ①. Stellen Sie sicher, dass in der Gruppe **Format** die Schaltfläche **HTML** ② aktiviert ist.

3. Wählen Sie die gewünschte Formatierung für Ihre Anmerkungen aus, etwa die rote Schriftfarbe ③.

4. Ergänzen Sie nun Ihre Notizen. Mit einem Klick auf das Symbol ④ oben links sichern Sie die Nachricht mit Ihren Anmerkungen. Die E-Mail können Sie nun mit einem Klick auf das Symbol oben rechts wieder schließen.

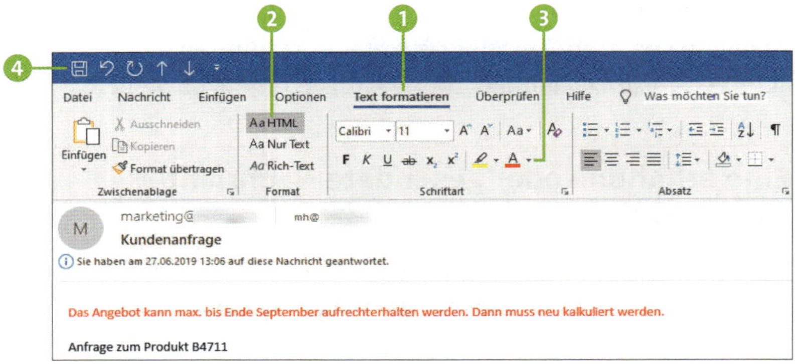

Ein Klick, und die Suche ist beendet: Suchordner

Outlook verfügt über eine Suchfunktion, die Ihnen beim Aufspüren von E-Mails sehr gute Dienste leistet. Suchen Sie z. B. nach Nachrichten eines bestimmten Absenders, geben Sie einfach dessen Namen im Suchfeld ein. Nun die Taste ↵ drücken oder auf das Lupensymbol klicken, und schon werden die Suchergebnisse aufgelistet. Diesen Weg des Suchens kennen die meisten. Wenig bekannt sind hingegen die Suchordner, die Outlook anbietet. Interessant sind hier vor allem die bereits angelegten Suchanfragen.

Vordefinierte Suchordner aufrufen

Tipp 056

Sie haben einige E-Mails mit einer Nachverfolgung gekennzeichnet? Oder wurden Sie in der Firma aufgefordert, Ihr E-Mail-Postfach aufzuräumen und so wieder für mehr Platz zu sorgen? Für beide Szenarien bietet Outlook Ihnen Suchordner, die Ihre E-Mails automatisch nach den entsprechenden Kriterien durchforsten. Sie müssen also nicht erst selbst umständlich eine Suchanfrage formulieren. Die einmal aufgerufenen Suchordner können Sie, wenn Sie wollen, anschließend immer wieder über den Ordnerbereich aufrufen.

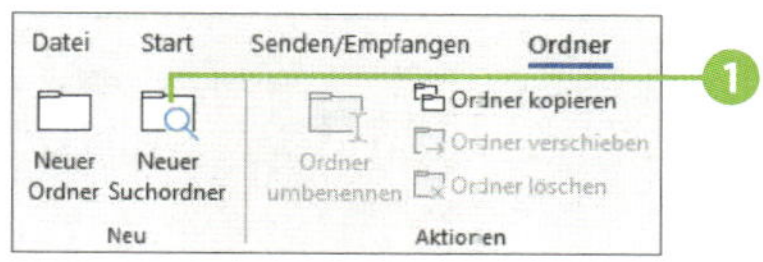

1. Markieren Sie im Modul **E-Mail** im Ordnerbereich links den Ordner, den Sie durchsuchen möchten, z. B. den **Posteingang**. Wechseln Sie in das Register **Ordner**, und klicken Sie in der Gruppe **Neu** auf **Neuer Suchordner** ①.
2. Im Dialog **Neuer Suchordner** markieren Sie das Kriterium, nach dem Ihre E-Mails durchsucht werden sollen. Für das Beispiel der Nachverfolgung klicken Sie also auf **Zur Nachverfolgung gekennzeichnete E-Mails** ②. Bei diesem Kriterium lassen sich keine weiteren Einstellungen vornehmen. Für Sie geht es direkt mit Schritt 4 weiter.

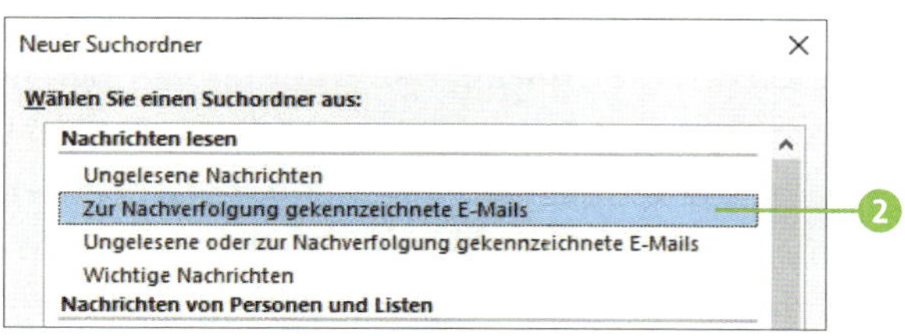

3. Um die Speicherfresser unter Ihren E-Mails aufzuspüren, blättern Sie in der Liste der Suchordner nach unten und markieren **Große Nachrichten** ③. Es wird nun das Feld **Suchordner anpassen** eingeblendet. Die Voreinstellung **100 KB** reicht sicher nicht, um die E-Mails zu finden, die am meisten Platz beanspruchen. Besser geeignet ist ein Wert wie etwa **3000 KB**, den Sie nach einem Klick auf **Auswählen** ④ im Dialog **Nachrichtengröße** ⑤ angeben können. Bestätigen Sie den Dialog mit **OK**.
4. Haben Sie das gewünschte Kriterium für Ihre Suchanfrage ausgewählt, schließen Sie den Dialog **Neuer Suchordner** mit **OK**.

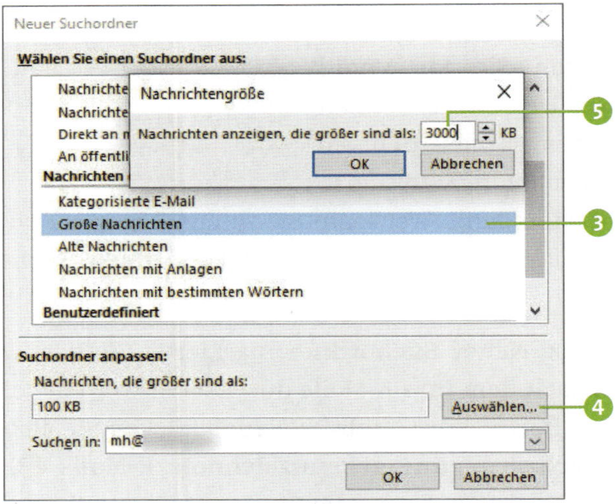

Outlook führt die Suche sofort anhand des Suchkriteriums aus und listet anschließend die Ergebnisse auf. In unseren beiden Beispielen erhalten Sie also sofort eine Übersicht über alle zur Nachverfolgung gekennzeichneten Nachrichten bzw. über alle E-Mails, die größer als 3 MB sind. Letztere werden zudem der Größe nach aufgelistet, zu Beginn der Übersicht befinden sich also die größten Speicherfresser.

Anlagen löschen, E-Mail behalten

Speicherfressende E-Mails müssen Sie nicht gleich vollständig löschen. Um für mehr Platz im Postfach zu sorgen, reicht es z. B. aus, lediglich die großen Dateianhänge auf der Festplatte des Computers zu speichern. Doppelklicken Sie hierzu auf die entsprechende E-Mail mit Anhang. Wechseln Sie in das Register **Anhang**, und markieren Sie per Mausklick einen der Anhänge. Nach einem Klick auf **Alle Anlagen speichern** in der Gruppe **Auf dem Computer speichern** wählen Sie den Speicherort für die Dateianhänge aus. Prüfen Sie zur Sicherheit, ob sich die gewünschten Dateien wirklich am Speicherort befinden. Ist dies der Fall, können Sie nun über **Anlage entfernen** in der Gruppe **Aktionen** des Registers **Ansicht** die Anhänge der E-Mail löschen. Die E-Mail selbst, sprich der Nachrichtentext, bleibt Ihnen damit trotzdem erhalten.

Suchordner erneut aufrufen, anpassen oder löschen

Tipp 057

Wenn Sie einmal einen Suchordner aufgerufen haben, wird dieser automatisch im Ordnerbereich unterhalb von **Suchordner** angezeigt 1. Somit können Sie ganz bequem mit nur einem Mausklick immer wieder die gleiche Suchanfrage erneut durchführen. Outlook bringt die Suchergebnisse natürlich immer wieder auf den neuesten Stand.

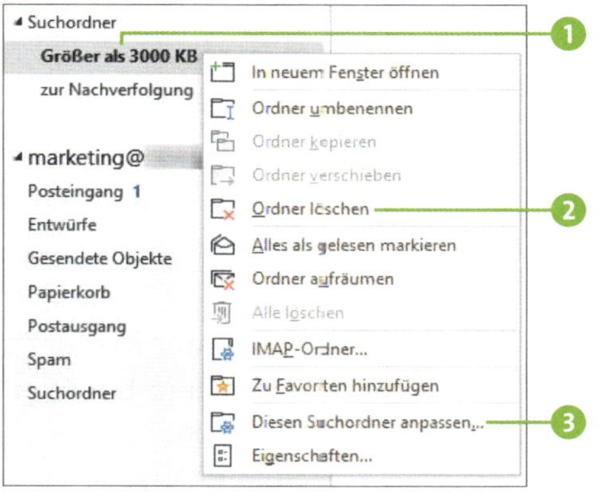

Benötigen Sie einen Suchordner nicht mehr, können Sie ihn löschen. Klicken Sie ihn hierzu mit der rechten Maustaste an, und wählen Sie im Kontextmenü **Ordner löschen** ②. Wollen Sie den Suchordner zwar beibehalten, aber die Suchkriterien (also etwa die Größe der Nachrichten) anpassen, klicken Sie im Kontextmenü auf **Diesen Suchordner anpassen** ③. Wenn Sie die neuen Kriterien angegeben haben, schließen Sie den Dialog mit **OK**.

Nachrichten vom gleichen Absender schneller finden

Benötigen Sie schnell eine Übersicht über alle E-Mails, die Sie mit einer bestimmten Person ausgetauscht haben? Mit einem kleinen Trick können Sie sich ganz schnell alle E-Mails dieser Person anzeigen lassen, ohne dafür extra die Suchfunktion zu bemühen oder eine Sortierung all Ihrer E-Mails nach Absender vornehmen zu müssen. Öffnen Sie einfach per Doppelklick eine beliebige E-Mail der Person. Im Register **Nachricht** klicken Sie in der Gruppe **Bearbeiten** auf das Symbol **Verwandt** und dann auf **Nachrichten vom gleichen Absender**. Schon zeigt Outlook alle E-Mails der ausgewählten Person an. Um wieder zur Übersicht über alle Nachrichten zurückzukehren, reicht ein Klick z. B. auf den Ordner **Posteingang**.

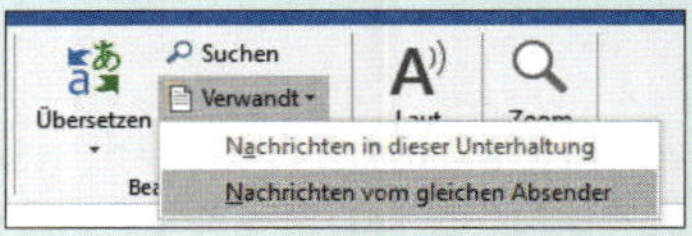

Gelöschte E-Mails automatisch endgültig entfernen

Sie räumen immer wieder fleißig Ihr E-Mail-Postfach auf und löschen nicht mehr benötigte Nachrichten? Gehen Sie hierzu ganz klassisch vor, indem Sie die E-Mail markieren und dann auf das Papierkorbsymbol oder auf **Löschen** klicken, landet die Nachricht automatisch im Ordner **Papierkorb**. Meist bleibt es dann dabei, d.h., wirklich gelöscht sind die Nachrichten hierdurch nicht, sondern zunächst lediglich verschoben. Doch das lässt sich schnell ändern.

Ordner »Papierkorb« automatisch leeren lassen

Tipp 058

Wenn Sie sich sicher sind, dass Sie die gelöschten Nachrichten im Ordner **Papierkorb** nicht mehr benötigen, können Sie Outlook das automatische Leeren des Ordners überlassen.

1. Wechseln Sie in das Register **Datei**, und rufen Sie hier die **Optionen** auf.
2. Markieren Sie im Dialog **Outlook-Optionen** in der linken Spalte **Erweitert** (1).
3. Setzen Sie in der rechten Spalte im Bereich **Starten und Beenden von Outlook** ein Häkchen vor **Beim Beenden von Outlook die Ordner "Gelöschte Elemente" leeren** (2). Bestätigen Sie mit **OK**.

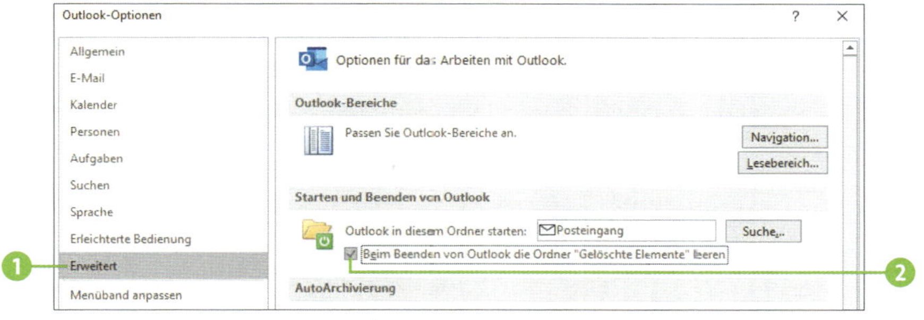

Zukünftig entfernt Outlook automatisch alle gelöschten Nachrichten im entsprechenden Ordner, sobald Sie das Programm beenden.

Die Reihenfolge der E-Mails zur Bearbeitung anpassen

Per Standardeinstellung sortiert Outlook die E-Mails automatisch nach dem Datum des Eintreffens. Die aktuellen E-Mails werden somit zu Beginn angezeigt. Löschen oder verschieben Sie eine Nachricht, gelangen Sie anschließend automatisch zur nächsten darunter befindlichen Nachricht. Wenn Sie nun nach einer längeren Geschäftsreise oder einem Urlaub zunächst die älteren Nachrichten bearbeiten möchten, wäre es weitaus praktischer, wenn nach dem Löschen oder Verschieben die darüber befindliche angezeigt werden würde. Um die Reihenfolge zu ändern, rufen Sie **Datei ► Optionen ► E-Mail** auf. Blättern Sie in der rechten Spalte nach unten bis zum Bereich **Sonstige** (teilweise auch als **Weiteres** bezeichnet). Nach einem Klick in das Feld **Nach dem Verschieben oder Löschen eines geöffneten Elements** wählen Sie in der Liste **Vorheriges Element öffnen** (1). Schließen Sie den Dialog mit **OK**. Wenn Sie Ihre E-Mails irgendwann wieder von oben nach unten bearbeiten wollen, stellen Sie stattdessen **Nächstes Element öffnen** ein. Sollte es Sie übrigens stören, dass ungelesene gelöschte Nachrichten im Papierkorb weiterhin als ungelesen markiert werden, versehen Sie im Dialog **Outlook-Optionen** das Kästchen **Beim Löschen Nachrichten als gelesen markieren** (2) auch gleich mit einem Häkchen. In älteren Outlook-Versionen ist diese Option noch nicht verfügbar.

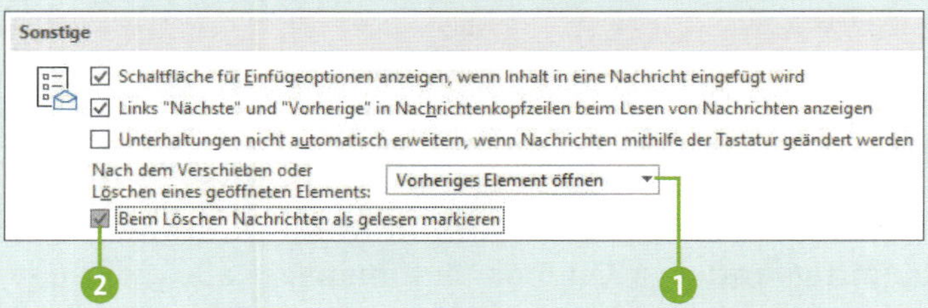

Die Schnellzugriffsleiste für häufig genutzte Befehle

Um manche Funktionen in den Office-Programmen, also z. B. in Outlook oder auch Word, zu erreichen, sind einige Mausklicks erforderlich. Einen schnellen Weg zu häufig benötigten Befehlen bietet die Schnellzugriffsleiste, die Sie in der linken oberen Ecke des jeweiligen Programmfensters finden. Diese Leiste lässt sich individuell anpassen.

Eigene Befehle der Schnellzugriffsleiste hinzufügen

Tipp 059

Benötigen Sie bestimmte Befehle häufiger, bietet es sich an, diese in der Schnellzugriffsleiste zu ergänzen.

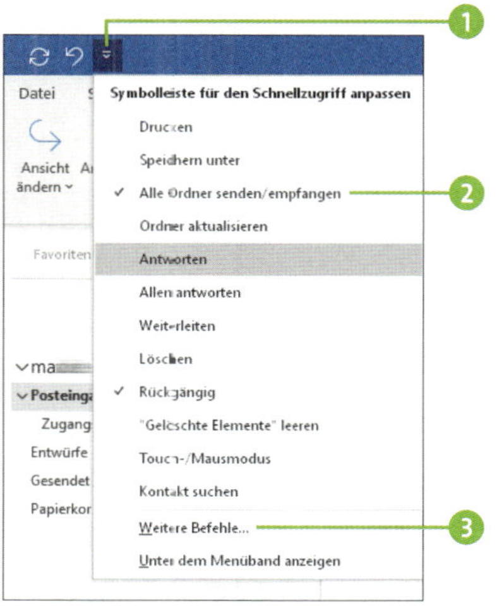

1. Klicken Sie im linken oberen Bereich des Programmfensters auf das Symbol **Symbolleiste für den Schnellzugriff anpassen** ❶.
2. Ist in der aufklappenden Liste der Befehl, den Sie sich in der Schnellzugriffsleiste zusätzlich wünschen, bereits aufgeführt, versehen Sie ihn einfach per Mausklick mit einem Häkchen ❷. Wird der Befehl hier nicht aufgeführt, klicken Sie auf **Weitere Befehle** ❸.
3. Im Dialog **Outlook-Optionen** finden Sie in der Spalte ganz rechts alle Befehle, die bereits über den Schnellzugriff erreichbar sind ❹. Damit auch in der Spalte links davon

alle Befehle eingeblendet werden, klicken Sie in das Feld **Befehle auswählen** 5 und markieren in der nun aufklappenden Liste **Alle Befehle**. Wissen Sie genau, in welchem Register sich der gesuchte Befehl befindet, können Sie auch die entsprechende Registerkarte direkt auswählen. Damit wird die Liste der Befehle unterhalb des Feldes etwas übersichtlicher.

4. Blättern Sie in der Liste, bis Sie zum gewünschten Befehl gelangen, markieren Sie ihn 6, und klicken Sie auf **Hinzufügen** 7. Wiederholen Sie den Schritt mit weiteren Befehlen, die Sie in der Schnellzugriffsleiste ergänzen möchten.
5. Bestätigen Sie den Dialog mit **OK**.

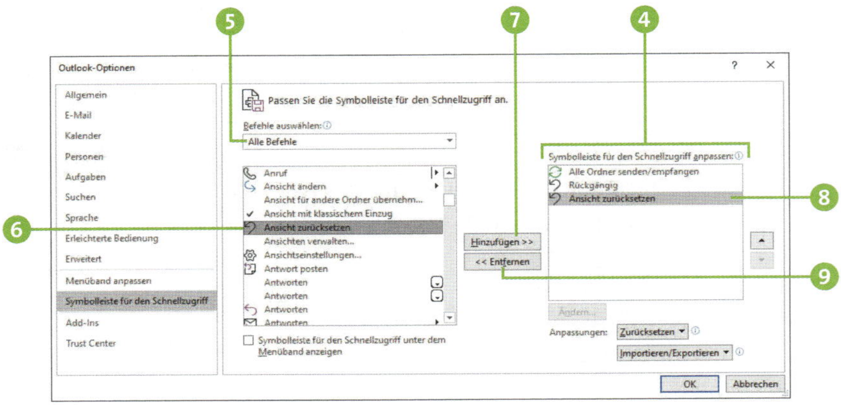

Tipp 060 Befehle aus der Schnellzugriffsleiste entfernen

Enthält die Schnellzugriffsleiste zu viele Befehle, wird es auch hier recht unübersichtlich. Um nicht benötigte Befehle auszublenden, klicken Sie auf das Symbol **Symbolleiste für den Schnellzugriff anpassen**. In der aufklappenden Liste entfernen Sie nun einfach das Häkchen vor dem überflüssigen Befehl. Wenn der Befehl zukünftig auch in dieser Liste nicht mehr erscheinen soll, klicken Sie auf **Weitere Befehle**. Nachdem Sie im Dialog **Outlook-Optionen** in der Spalte ganz rechts den gewünschten Befehl markiert haben 8, klicken Sie auf **Entfernen** 9. Schließen Sie den Dialog mit **OK**.

Kontakte übersichtlich in Ordnern gruppieren

In den bisherigen Abschnitten dieses Kapitels haben wir uns vor allem mit den E-Mails beschäftigt. Als Nächstes werfen wir einen Blick auf die Outlook-Kontakte. Je mehr Kontakte Sie speichern, desto unübersichtlicher wird mit der Zeit auch das Adressbuch. Mithilfe von Ordnern können Sie hier aber schnell für Ordnung sorgen.

Ordner für Kontakte erstellen

Tipp 061

Geben Sie nichts anderes vor, finden Sie alle gespeicherten Kontakte im Modul **Personen** im Ordner **Kontakte**. In manchen Situationen ist es gar nicht so einfach, den gewünschten Kontakt beim Blättern in der großen Adressliste ausfindig zu machen. Ist z. B. Herr Erwin Schneider nun der gesuchte Kunde oder doch ein Lieferant? Durch Ordner, sortiert etwa nach Kollegen, Kunden oder eben auch Lieferanten, sorgen Sie schnell für die nötige Struktur. Um einen Ordner anzulegen, gehen Sie folgendermaßen vor:

1. Wechseln Sie in Outlook z. B. über die Tastenkombination `Strg` + `3` in das Modul **Personen**. Alternativ können Sie unten links auch auf das Symbol klicken.

2. Öffnen Sie mit einem rechten Mausklick auf **Kontakte** in der linken Spalte das Kontextmenü, und wählen Sie hier **Neuer Ordner** aus.

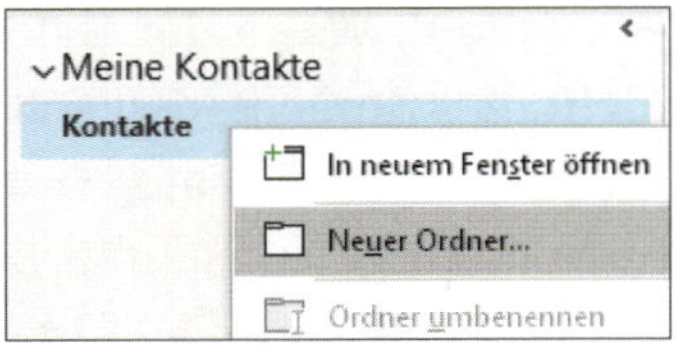

3. Geben Sie einen aussagekräftigen Namen für den Ordner ein, und übernehmen Sie diesen mit **OK**. Der neue Ordner wird nun unterhalb von **Kontakte** eingeblendet.

Tipp 062

Kontakte in den neuen Ordner verschieben

Noch befinden sich alle bisher gespeicherten Kontakte im Ordner **Kontakte**. Per Drag & Drop lassen sich Kontakte blitzschnell in den neu angelegten Ordner verschieben. Dabei ist es unerheblich, welche Ansicht – **Personen**, **Visitenkarte** (wie in der Abbildung rechts zu sehen) oder auch **Liste** – Sie zur Anzeige Ihrer Kontakte gewählt haben. Das Vorgehen funktioniert bei allen gleich.

1. Klicken Sie auf den Ordner, in dem Sie Ihre Kontakte bisher abgelegt haben, also etwa auf **Kontakte** (1).
2. Markieren Sie rechts den Kontakt (2), den Sie in den neuen Ordner verschieben möchten. Wollen Sie weitere Kontakte auswählen, halten Sie die Taste `Strg` gedrückt, während Sie nacheinander alle anderen Kontakte per Mausklick markieren.
3. Ziehen Sie den Mauszeiger nun mit gedrückter linker Maustaste nach links auf den neuen Ordner (3).

Wem das Ziehen mit der Maus zu riskant ist, findet im Register **Start** in der Gruppe **Aktionen** die Schaltfläche **Verschieben** (4). Ein Klick hierauf, und Sie können direkt den Ordner auswählen, in den die zuvor markierten Kontakte verschoben werden sollen.

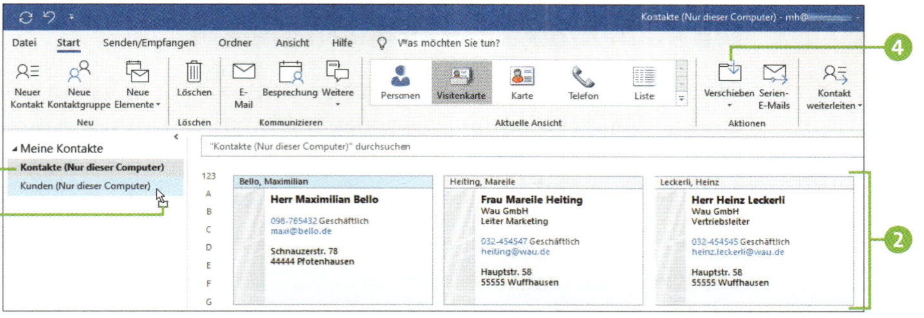

Ordner für spezielle Aktionen anlegen

Planen Sie eine Aktion wie etwa einen Serienbrief, für den Sie nur eine bestimmte Auswahl an Adressen benötigen? Statt die Kontaktdaten mühselig bei der Erstellung des Serienbriefes von Hand zusammenzustellen, können Sie vorab auch schnell einen eigenen Ordner anlegen. Unser Tipp: Kopieren Sie die gewünschten Adressen in dieses Verzeichnis, können Sie den Ordner nach erledigter Aktion einfach wieder löschen. Denn im Gegensatz zum Verschieben bleibt beim Kopieren, wie der Name bereits sagt, eine Kopie der Adressen im Originalordner verfügbar. Behalten Sie den Ordner mit den Kopien der Adressdaten für spätere Aktionen bei, müssen Sie allerdings aufpassen: Denn ändern sich Daten, wie etwa die Telefonnummer oder E-Mail-Adresse, müssen Sie die Kontaktadressen in jedem Ordner einzeln auf den neuesten Stand bringen. Zum Kopieren von Kontaktdaten können Sie fast wie beim Verschieben vorgehen. Statt der linken Maustaste halten Sie einfach die rechte Maustaste gedrückt. Befindet sich der Mauszeiger über dem Ordner, in dem Sie die Kontaktdaten ablegen wollen, lassen Sie die Taste los und wählen im aufklappenden Dialog **Kopieren**.

Tipp 063

Die Reihenfolge von Ordnern ändern

Die selbst angelegten Ordner zeigt Outlook zunächst in alphabetischer Reihenfolge an. Sie können die Anordnung aber auch selbst bestimmen. Am schnellsten lässt sich die Reihenfolge ändern, indem Sie einen Ordner mit gedrückter linker Maustaste an die gewünschte neue Position ziehen. Während des Ziehens wird im Ordnerbereich eine horizontale Linie eingeblendet (1). Befindet sich die Linie dort, wo Sie den Ordner platzieren möchten, lassen Sie die Taste los. Das Anpassen der Reihenfolge funktioniert übrigens nicht nur mit den Ordnern im Modul **Personen**, sondern z. B. auch mit den Ordnern im Modul **E-Mail**. Sollten Sie mehrere E-Mail-Konten in Outlook angelegt haben, können Sie auf diese Weise sogar die Reihenfolge Ihrer Konten ändern.

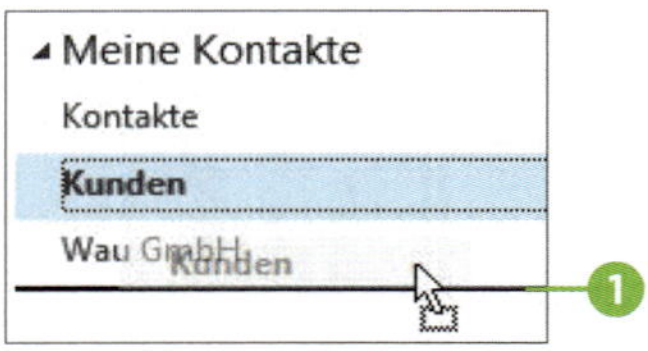

Eigene Ansichten für Kontaktdaten erstellen

Wählen Sie im Modul **Personen** im Register **Start** in der Gruppe **Aktuelle Ansicht** die Darstellung **Liste** aus, werden alle Kontakte in tabellarischer Form angezeigt. Diese Darstellung bietet viel Potenzial, um sie Ihren eigenen Bedürfnissen anzupassen. Die einmal eingestellte Ansicht können Sie dann speichern und so jederzeit wieder aufrufen.

Die Listenansicht von Kontakten individuell anpassen

Tipp 064

Die Listendarstellung enthält viele Spalten, die Sie womöglich nie nutzen werden. Umgekehrt fehlen Ihnen aber eventuell wichtige Informationen.

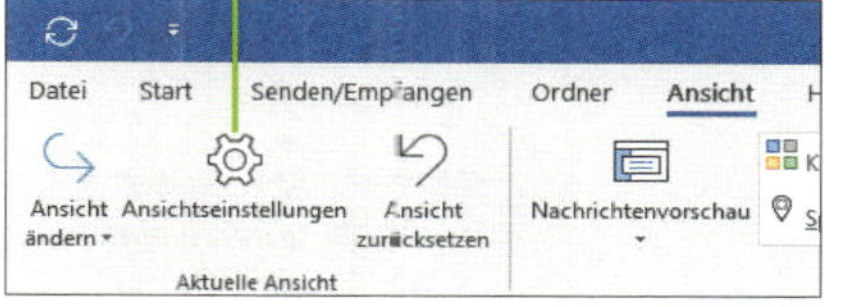

1. Um die Liste nach Ihren Bedürfnissen anzupassen, klicken Sie im Register **Ansicht** in der Gruppe **Aktuelle Ansicht** auf **Ansichtseinstellungen** (1).
2. Im Dialog **Erweiterte Ansichtseinstellungen: Liste** klicken Sie auf **Spalten**. Es wird der Dialog **Spalten anzeigen** geöffnet.
3. Im rechten Feld des Dialogs werden alle Spalten aufgeführt, die derzeit in der Listendarstellung zu sehen sind. Befindet sich eine Spalte darunter, die Sie nicht benötigen, markieren Sie diese (2). Mit einem Klick auf **Entfernen** (3) wird diese Spalte aus der Liste gelöscht.
4. Im linken Feld des Dialogs finden Sie zunächst alle Spalten, die Ihnen Outlook als **Häufig verwendete Felder** zur Verfügung stellt. Werden hier die von Ihnen gesuchten Felder (z. B. **PLZ** und **Adresse geschäftlich: Ort**) nicht angezeigt, probieren Sie im Feld **Verfügbare Spalten auswählen aus** z. B. die Einstellung **Adressfelder** (4) aus. Mit der Einstellung **Namensfelder** wiederum können Sie Spalten wie **Anrede** hinzufügen. Im Feld **Verfügbare Spalten** (5) reicht ein Klick auf den gewünschten Spaltennamen, dann auf **Hinzufügen** (6), und die Spalte wird im rechten Feld aufgenommen.

5. Der Eintrag zu Beginn des rechten Feldes wird in der Listendarstellung der Kontakte ganz links angezeigt, der letzte Eintrag wiederum ganz rechts. Um die Reihenfolge der Spalten in der Listendarstellung anzupassen, markieren Sie im rechten Feld eine Spalte. Über die Schaltflächen **Nach oben** und **Nach unten** 7 können Sie sie nun innerhalb des Feldes verschieben.

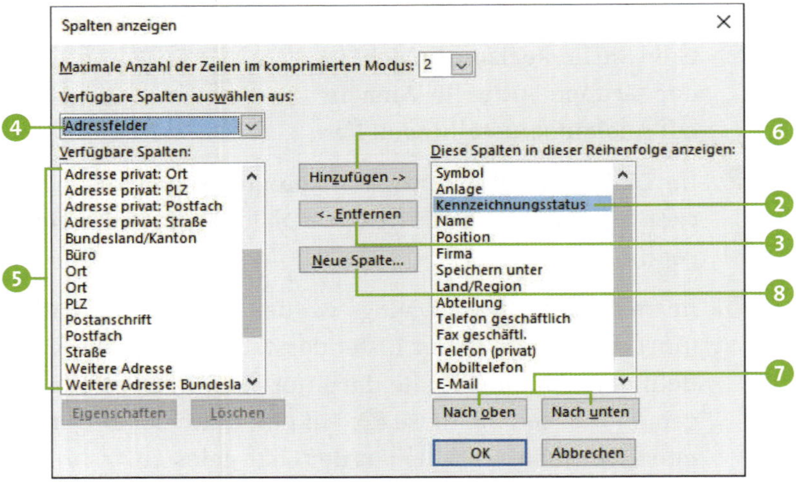

6. Ihnen fehlt eine wichtige Information, die Sie gerne in der Liste ergänzen würden? Nach einem Klick auf **Neue Spalte** 8 können Sie auch eine eigene Spalte definieren. Geben Sie einen Namen für die Spalte ein. Im Feld **Typ** legen Sie fest, welche Art von Information Sie in der Spalte erfassen möchten. Zur Auswahl stehen z.B. Text, Währung oder auch Stichworte. Anschließend bestimmen Sie noch im gleichnamigen Feld das **Format**.

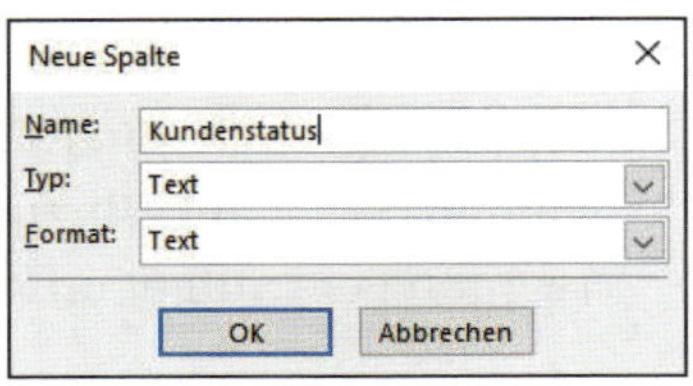

7. Schließen Sie alle geöffneten Dialoge mit **OK**. Die Listendarstellung wird sofort entsprechend Ihren Vorgaben angepasst.

Aktuelle Ansicht speichern

Tipp 065

Benötigen Sie die gerade angepasste Listendarstellung nicht immer, sondern nur für bestimmte Aktionen, sollten Sie sie unter einem eigenen Namen speichern. Der Vorteil: Alle Standardeinstellungen z. B. der Ansichten **Visitenkarte**, **Liste** oder auch **Personen** bleiben Ihnen unverändert erhalten (lesen Sie hierzu auch den Kasten »Ansicht zurücksetzen« auf der nächsten Seite).

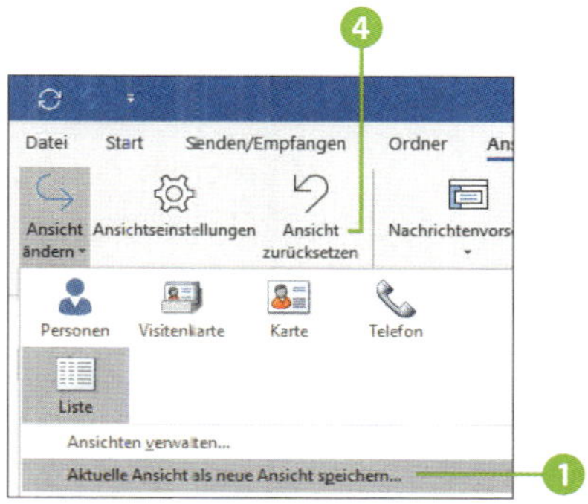

1. Zum Speichern Ihrer Ansicht klicken Sie im Register **Ansicht** in der Gruppe **Aktuelle Ansicht** auf **Ansicht ändern ▸ Aktuelle Ansicht als neue Ansicht speichern** 1.
2. Geben Sie im Dialog **Ansicht kopieren** einen Namen 2 für die Ansicht an, und bestätigen Sie mit **OK**.

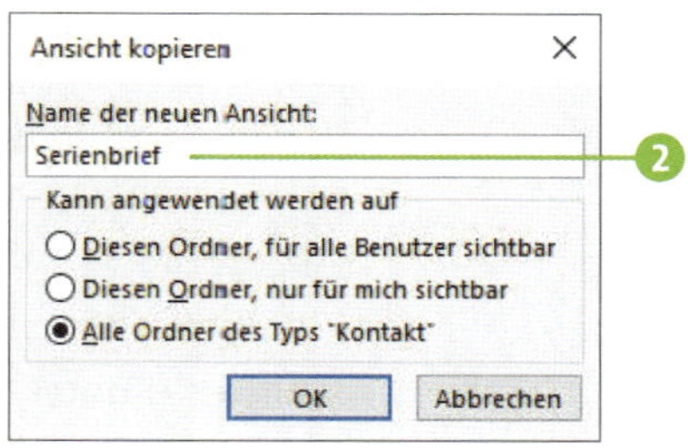

3. Wechseln Sie nun in das Register **Start** und werfen einen Blick in die Gruppe **Aktuelle Ansicht**, finden Sie hier die gerade erstellte eigene Ansicht 3. Ein Klick hierauf, und Outlook zeigt die Kontakte nach Ihren Vorgaben an.

Ansicht zurücksetzen

Sie haben die in den Tipps 064 und 065 vorgestellten Anpassungen nur ausprobiert, möchten aber lieber bei der von Outlook angebotenen Listendarstellung bleiben? Dann klicken Sie im Register **Ansicht** in der Gruppe **Aktuelle Ansicht** auf die Schaltfläche **Ansicht zurücksetzen** (4 auf Seite 109). Die folgende Frage, ob Sie zu den ursprünglichen Einstellungen zurückkehren möchten, bestätigen Sie mit **Ja**.

Kontaktdaten in der Listendarstellung korrigieren

Die Telefonnummer eines Kontakts hat sich geändert? Um die Kontaktdaten entsprechend zu korrigieren, wählt man in Outlook klassischerweise den gewünschten Kontakt im Modul **Personen** per Doppelklick aus. Im folgenden Dialog werden die Daten korrigiert, und der Dialog wird dann mit **Speichern & schließen** beendet. Wenn Sie die Listendarstellung (oder auch die Telefondarstellung) als Ansicht eingestellt haben, gibt es allerdings einen einfacheren Weg: Klicken Sie in das Feld, in dem Sie den Wert (also z. B. die Telefonnummer) korrigieren oder ergänzen möchten. Setzen Sie mit einem nochmaligen Klick die Einfügemarke in das Feld, und geben Sie dann die gewünschten Informationen ein. Durch Drücken der Taste ↵ werden diese gespeichert. Die Listendarstellung eignet sich damit hervorragend, um die Kontaktdaten etwa für einen Serienbrief auf Korrektheit und Vollständigkeit zu überprüfen. Informationen zum Serienbrief erhalten Sie im Abschnitt »Outlook-Kontakte für Serienbriefe nutzen« ab Seite 74.

E-Mails, Ordner und Kontaktlisten zu Papier bringen

Eigentlich sollte man in der heutigen Zeit auf das Ausdrucken von E-Mails und dergleichen verzichten, doch manchmal lässt es sich einfach nicht vermeiden.

Eine einzelne E-Mail ausdrucken

Tipp 066

Eine E-Mail ist schnell ausgedruckt: Klicken Sie mit der rechten Maustaste auf die Nachricht, und wählen Sie dann im Kontextmenü den Befehl **Schnelldruck**. Die Nachricht wird sofort zu Papier gebracht. Wer zuvor noch diverse Druckereinstellungen vornehmen möchte, geht nicht den Weg über das Kontextmenü, sondern ruft den Befehl **Drucken** über das Register **Datei** auf.

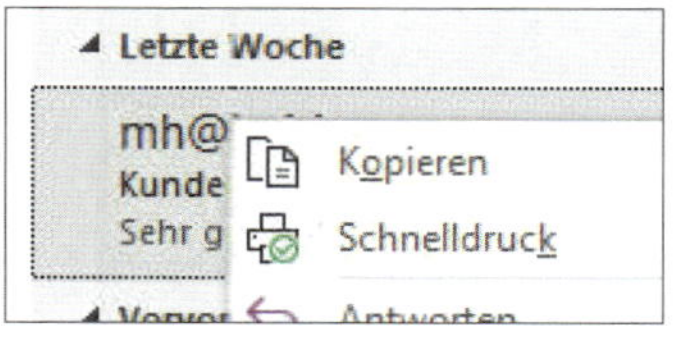

Den Inhalt eines E-Mail-Ordners ausdrucken

Tipp 067

Benötigen Sie eine Übersicht über den gesamten Inhalt eines E-Mail-Ordners? Auch diese lässt sich schnell zu Papier bringen.

1. Markieren Sie im Modul **E-Mail** im Ordnerbereich links den gewünschten Ordner (z.B. **Posteingang**). Rufen Sie dann im Register **Datei** den Befehl **Drucken** auf.
2. Rechts ist im Bereich **Einstellungen** zunächst das **Memoformat** ① ausgewählt. Damit wird die im ausgewählten Ordner markierte E-Mail ausgedruckt, die in der Vorschau entsprechend rechts zu sehen ist. Um eine Übersicht über den gesamten Ordnerinhalt zu erhalten, ak-

tivieren Sie das **Tabellenformat** 2. Die Vorschau zeigt nun entsprechend den Ordnerinhalt. Über die Pfeiltasten links unterhalb der Vorschau blättern Sie bei einer mehrseitigen Liste von einer Seite zur nächsten.

3. Wenn Sie z. B. nicht alle Seiten der Ordnerübersicht ausdrucken möchten, klicken Sie auf **Druckoptionen** 3. Im Dialog **Drucken** können Sie im Bereich **Seitenbereich** nun die Seiten festlegen, die zu Papier gebracht werden sollen.

4. Mit einem Klick auf **Drucken** starten Sie den Druckvorgang.

Tipp 068 Eine Liste mit Kontaktdaten drucken

Sie benötigen eine Übersicht über Ihre Kontaktdaten? Auch diese lässt sich bequem zu Papier bringen. Welche Formate Ihnen angeboten werden, hängt von der zuvor ausgewählten Ansicht ab. Wählen Sie z. B. die Listendarstellung 1, und rufen Sie dann über **Datei ► Drucken**

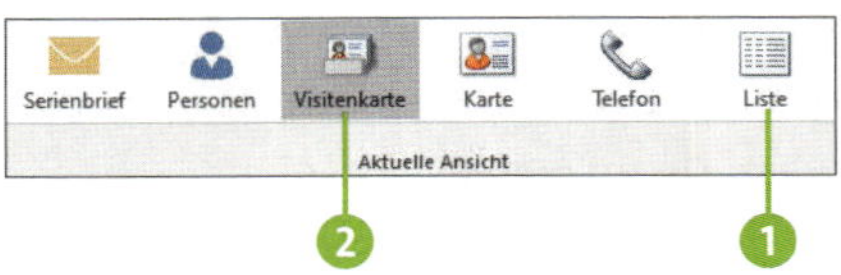

den Dialog **Drucken** auf. Nach Auswahl des Tabellenformats werden Ihre Kontaktdaten nun zwar sauber als Tabelle dargestellt, besteht Ihre Kontaktliste allerdings aus vielen Spalten, werden diese nicht übersichtlich auf einer Seite, sondern auf mehreren Seiten angezeigt. Für den Ausdruck umfangreicher Listen eignet sich die Ansicht **Liste** somit nicht.

Eine bessere Übersicht erhalten Sie mit der Ansicht **Visitenkarte** ②. Rufen Sie dann **Datei ► Drucken** auf. Mit der Einstellung **Kartenformat** ③ werden alle Kontakte mit den entsprechenden Adressdaten alphabetisch sortiert dargestellt und lassen sich so übersichtlich ausdrucken.

Dokument hängt in der Warteschlange – was nun?

Sie haben einen Druckauftrag gestartet, und trotzdem spuckt der Drucker nicht Ihre Seiten aus, sondern die mehrseitigen Dokumente der Kollegen? Oder haben Sie selbst versehentlich den Druck eines fast 100 Seiten umfassenden Dokuments gestartet, obwohl Sie doch nur eine einzige Seite davon zu Papier bringen wollten? Wie hält man nun solch einen Druckvorgang wieder an?

Tipp 069

Druckvorgänge abbrechen oder löschen

Haben Sie selbst versehentlich den Druckauftrag gestartet, besteht die Lösung zum Abbruch keineswegs darin, den Drucker auszuschalten. Denn sobald Sie ihn wieder einschalten, wird der Druckvorgang brav fortgesetzt. Es gibt aber trotzdem eine Möglichkeit, das Ausdrucken zu beenden bzw. – falls Ihnen die Warterei zu lange wird, bis die Kollegen fertig sind – den schon erteilten Druckauftrag gar nicht erst starten zu lassen. Die folgende Anleitung gilt für Windows 10:

1. Öffnen Sie per Klick auf die Taste [Win] das Startmenü, und rufen Sie dort die **Einstellungen** auf.
2. Wechseln Sie in die Kategorie **Geräte**, und markieren Sie links **Drucker & Scanner** (1).
3. Wählen Sie in der rechten Fensterhälfte per Mausklick den Drucker (2) aus, den Sie für Ihren Druckauftrag vorgesehen haben. Klicken Sie auf die nun sichtbare Schaltfläche **Warteschlange öffnen** (3). Es werden in der sog. *Warteschlange* alle Druckaufträge angezeigt, die an diesen Drucker geschickt wurden.

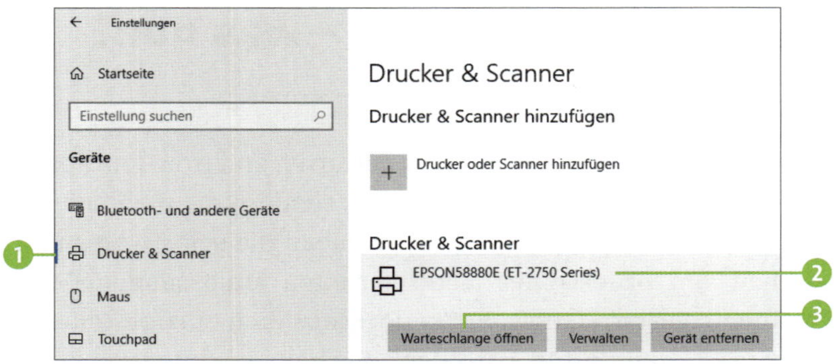

4. Markieren Sie Ihren Druckauftrag. Klicken Sie dann auf **Dokument ► Abbrechen** (4), und bestätigen Sie mit **Ja**. Wenn sich mehrere Druckaufträge in der Warteschlange befinden und Sie die Administratorrechte besitzen, können Sie alle Aufträge in einem Rutsch beenden. In diesem Fall wählen Sie **Drucker ► Alle Druckaufträge abbrechen**. Verfügen Sie jedoch nicht über diese Rechte, lassen sich Druckaufträge der Kollegen auch nicht abbrechen.

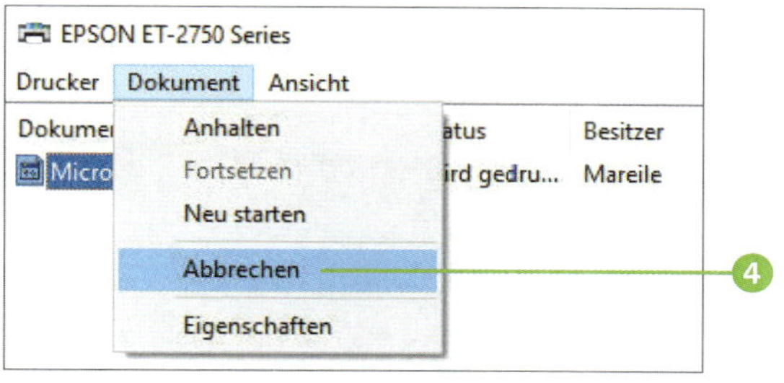

Alle Termine im Blick

Sich mit einer einzelnen Person zu verabreden ist meist kein großes Problem. Muss man hingegen mehrere Personen unter einen Hut bringen, kann es schnell nervenaufreibend werden, bis man einen Termin gefunden hat, an dem alle Zeit haben. Die folgenden Tipps helfen Ihnen dabei, Terminabstimmungen zukünftig entspannter vorzunehmen und wichtige Termine dabei nicht aus den Augen zu verlieren.

Zeitskala und Zeitzone im Kalender anpassen

Per Standardeinstellung ist der Kalender von Outlook mit einem 30-Minuten-Zeitraster versehen. Als Zeitzone sieht das Programm zunächst nur die Ortszeit vor, die Sie auf Ihrem PC eingestellt haben. Sowohl die Zeitskala als auch Zeitzonen lassen sich individuell anpassen.

So ändern Sie die Zeitskala des Kalenders

Tipp 070

Beginnen Ihre Termine immer zur vollen bzw. halben Stunde, passt das Zeitraster von 30 Minuten sehr gut. Für einen Konferenzbeginn um 10:15 Uhr oder auch einen Abfahrtstermin um 13:35 Uhr ist es hingegen recht ungenau. Kommen bei Ihnen derartige Termine häufiger vor, stellen Sie einfach die Zeitskala um.

1. Stellen Sie sicher, dass Sie sich im Modul **Kalender** befinden. Für den schnellen Wechsel aus anderen Modulen drücken Sie einfach die Tastenkombination Strg + 2. Im Kalender blenden Sie das Register **Ansicht** ein.

2. Klicken Sie in der Gruppe **Anordnung** auf **Zeitskala**. In der aufklappenden Liste markieren Sie das gewünschte Zeitraster, etwa **5 Minuten**. Im Kalender wird eine Stunde nun entsprechend in Abschnitten zu jeweils fünf Minuten aufgeteilt, sprich in zwölf Felder.

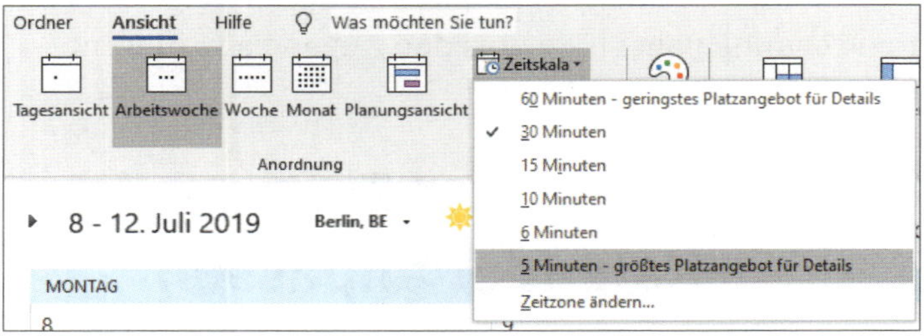

Tipp 071

Termine mit gewünschter Zeitdauer eintragen

Um einen neuen Termin im Kalender einzutragen, können Sie entweder auf die Schaltfläche **Neuer Termin** im Register **Start** klicken oder auch direkt in das entsprechende Feld im Kalender, das den Beginn des Termins kennzeichnet. In beiden Fällen öffnet sich hierdurch der Dialog **Termin**. Wenn Sie die Zeitskala des Kalenders angepasst haben, wie im vorherigen Tipp gezeigt, wird das gewählte Zeitraster, also etwa **5 Minuten**, automatisch auch als Termindauer übernommen. Ist es Ihnen lästig, nun jeweils das Ende des Termins manuell anzupassen, können Sie die Dauer durch einen Trick bereits vor Aufruf des Dialogs festlegen.

1. Klicken Sie einmal in das Feld, das den Beginn des Termins markiert ①. Halten Sie dann die linke Maustaste gedrückt, während Sie den Mauszeiger nach unten ziehen, bis Sie beim Ende des Termins angelangt sind ②. Haben Sie die gesamte Termindauer auf diese Weise blau markiert, lassen Sie die Taste los.

2. Rufen Sie nun den Dialog **Termin** über die Schaltfläche **Neuer Termin** im Register **Start** auf. Alternativ können Sie auch mit der rechten Maustaste auf den blau markierten Bereich klicken und im Kontextmenü **Neuer Termin** ③ wählen.

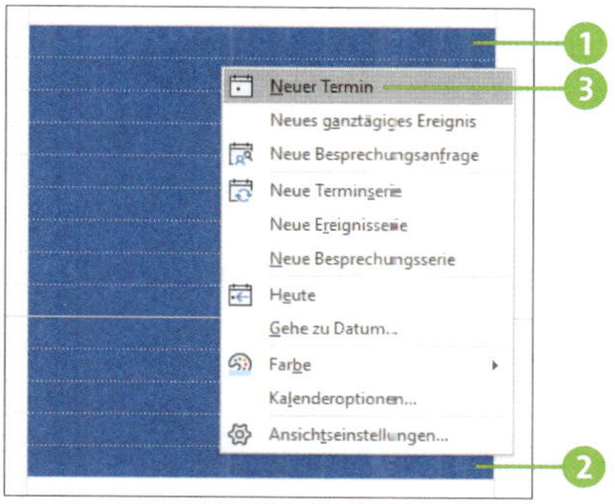

Im Dialog **Termin** werden nun Beginn und Ende des Termins entsprechend der Markierung angezeigt. Vergessen Sie nicht, den Kalendereintrag mit **Speichern & schließen** zu sichern, sobald Sie alle weiteren Daten eingegeben haben.

Mehrere Zeitzonen anzeigen

Tipp 072

Kommunizieren Sie häufig mit Kollegen oder auch Kunden in Ländern mit einer anderen Zeitzone? Um z. B. einen Telefontermin zu vereinbaren und diesen im Kalender einzutragen, sollten beide Seiten die Ortszeit des jeweiligen Gesprächspartners berücksichtigen. Wenn Sie nicht jedes Mal mit dem Kopfrechnen beginnen möchten, lassen Sie sich in Outlook am besten die entsprechende Zeitzone der anderen Person anzeigen.

1. Rufen Sie in Outlook **Datei ▸ Optionen** auf. Markieren Sie in der linken Spalte des sich nun öffnenden Dialogs **Kalender**.
2. Blättern Sie in der rechten Spalte nach unten bis zum Bereich **Zeitzonen**.
3. Nach einem Klick in das erste Feld **Beschriftung** geben Sie einen Namen für die eigene Zeitzone an, etwa »D« für Deutschland.

4. Versehen Sie das Kästchen **Zweite Zeitzone anzeigen** per Klick mit einem Häkchen. Tragen Sie in das Feld **Beschriftung** einen Namen für diese Zeitzone ein, z. B. »USA« für Nordamerika.

5. Klicken Sie in das Feld **Zeitzone**, und wählen Sie in der aufklappenden Liste die gewünschte Zeitzone aus. Schließen Sie den Dialog **Outlook-Optionen** mit **OK**.

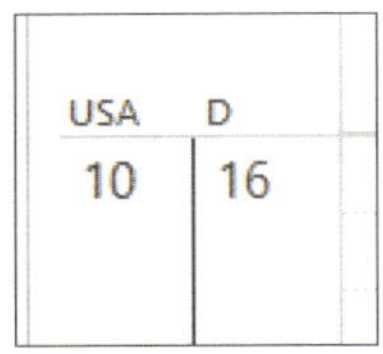

Werfen Sie nun einen Blick auf den Kalender in Outlook. Mit Ausnahme der Ansicht **Monat** finden Sie bei der Zeitangabe nun zwei Spalten. Die eine trägt in unserem Beispiel die Überschrift **USA**, die andere **D**.

Weitere Zeitzonen im Windows-Kalender anzeigen

Nicht nur im Outlook-Kalender können Sie sich eine zusätzliche Zeitzone anzeigen lassen, sondern auch im Windows-Kalender.

Klicken Sie hierzu mit der rechten Maustaste unten rechts auf die Uhrzeitangabe im Infobereich der Taskleiste. Wählen Sie im Kontextmenü den Befehl **Datum/Uhrzeit ändern**. Im Dialog **Einstellungen** klicken Sie auf den Link **Uhren für unterschiedliche Zeitzonen hinzufügen**. Je nach Fenstergröße finden Sie diesen Link am rechten oder unteren Fensterrand. Es wird der Dialog **Datum und Uhrzeit** mit dem Register **Zu-**

sätzliche Uhren geöffnet. Sie können hier nun maximal zwei weitere Uhren hinzufügen, indem Sie jeweils das Kästchen vor **Diese Uhr anzeigen** mit einem Häkchen versehen und dann im Feld darunter die gewünschte Zeitzone auswählen. Zur besseren Übersicht sollten Sie außerdem einen Anzeigenamen eingeben, bevor Sie diesen Dialog mit **OK** schließen. Den Dialog **Einstellungen** schließen Sie mit einem Klick auf das Symbol × oben rechts. Positionieren Sie nun den Mauszeiger über der Uhrzeit in der Taskleiste, wird in der QuickInfo nicht nur die eigene Ortszeit angezeigt, sondern auch die ausgewählte weitere Zeitzone.

Die passende Termindarstellung

Tage, Woche, Arbeitswoche und Monat, das sind die klassischen Ansichten im Kalender, die wohl jeder kennt. Outlook bietet darüber hinaus aber noch andere interessante Varianten an, die bei der Terminplanung sehr nützlich sind.

Einzelne Tage in einer Übersicht zusammenstellen

Tipp 073

Ein Kollege schlägt für eine Veranstaltung vier verschiedene Tage vor. Um nun zu prüfen, an welchem dieser Tage Sie Zeit haben, können Sie jeden Tag einzeln im Kalender aufrufen. Oder Sie lassen sich die vier Tage parallel im Kalender anzeigen. Und das geht so:

1. Wählen Sie im Modul **Kalender** im Register **Ansicht** in der Gruppe **Anordnung** zunächst die **Tagesansicht** aus.

2. Klicken Sie jetzt links in der kleinen Kalenderübersicht im Ordnerbereich den ersten Tag an.

3. Halten Sie nun die Taste `Strg` gedrückt, während Sie nacheinander alle weiteren drei Tage per Mausklick markieren.

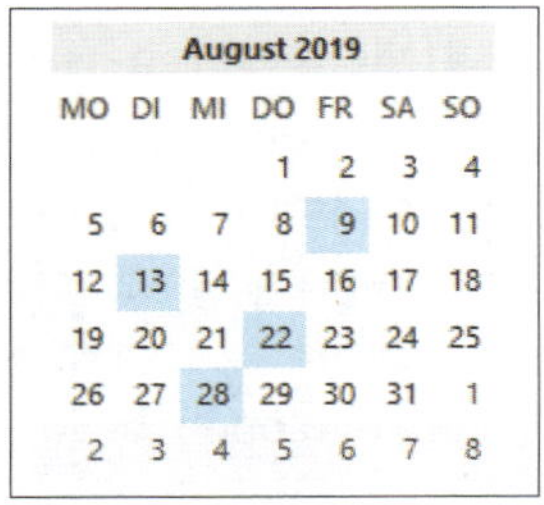

Im Kalender werden nun alle vier Tage nebeneinander angezeigt. Um die Anzeige wieder aufzuheben, ist es ausreichend, z.B. eine neue Darstellung in der Gruppe **Anordnung** des Registers **Ansicht** zu wählen.

Erinnerung an vergangene Termine deaktivieren

Outlook erinnert Sie mit einem kleinen Hinweisfenster an anstehende Termine. Sofern Sie nicht den Lautsprecher am PC ausgeschaltet haben, ertönt zusätzlich ein kurzer Sound. Wenn Sie nun einige Tage geschäftlich unterwegs oder im Urlaub waren, werden Sie beim ersten Start von Outlook an jeden einzelnen Termin erinnert, der während Ihrer Abwesenheit stattgefunden hat. In Office 365 haben Sie nun die Möglichkeit, diese überflüssigen Benachrichtigungen zu unterbinden. Rufen Sie **Datei** ► **Optionen** ► **Erweitert** auf. Blättern Sie bis zum Bereich **Erinnerungen**. Versehen Sie das Kästchen **Erinnerungen für vergangene Kalenderereignisse automatisch schließen** mit einem Häkchen. Schließen Sie den Dialog mit **OK**.

Tipp 074 Wichtige Termine hervorheben

Manch ein Termin lässt sich leicht verschieben, andere wiederum sind nahezu in Stein gemeißelt. Um z.B. wichtige Besprechungen mit dem Chef nicht zu vergessen, können Sie sich den entsprechenden Kalendereintrag farbig anzeigen lassen. Hierzu legen Sie eine entsprechende Regel an. Outlook prüft Ihre Kalendereinträge anhand der in der Regel festgelegten Bedingungen. Sind diese erfüllt, wird ein Termin entsprechend gefärbt. Und so legen Sie die Regel an:

1. Rufen Sie im Modul **Kalender** das Register **Ansicht** auf. Klicken Sie in der Gruppe **Aktuelle Ansicht** auf **Ansichtseinstellungen**.

2. Im Dialog **Erweiterte Ansichtseinstellungen** klicken Sie auf **Bedingte Formatierung**. Der gleichnamige Dialog wird geöffnet.

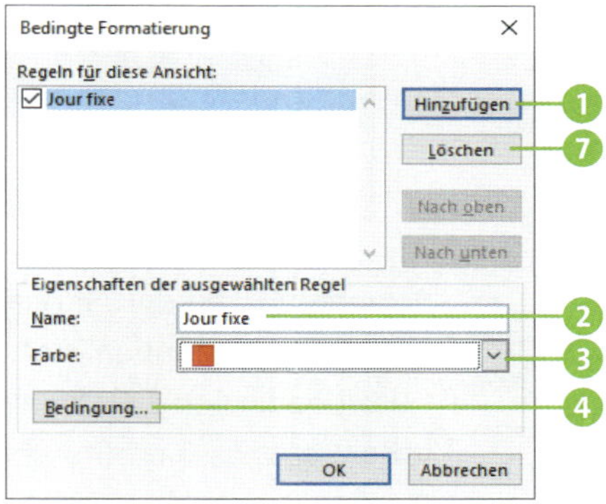

3. Nach einem Klick auf **Hinzufügen** ① geben Sie im Dialog unten im Feld **Name** ② eine Bezeichnung für die Regel ein.
4. Wählen Sie im Feld **Farbe** ③ den gewünschten Farbton aus. Klicken Sie dann auf **Bedingung** ④, um zum Dialog **Filtern** zu gelangen.

5. Im Register **Termine und Besprechungen** ist im Feld **In** bereits **Nur im Feld "Betreff"** ⑤ eingestellt. Tragen Sie im Feld **Suchen nach** ⑥ nun den Namen ein, unter dem Sie einen Termin im Kalender gespeichert haben. Schließen Sie alle geöffneten Dialoge mit **OK**.

Outlook färbt sofort alle Termine, die den gerade angegebenen Namen tragen. Wenn Sie die Hervorhebung irgendwann nicht mehr benötigen, wiederholen Sie die Schritte 1 und 2. Markieren Sie die Formatierung, und klicken Sie dann auf **Löschen** 7.

Terminänderungen schnell erfassen

Ein Termin verschiebt sich um eine Stunde nach hinten? Oder müssen Sie eine Geschäftsreise um einen Tag verlängern? Statt nun umständlich den Termin per Doppelklick im Kalender zu öffnen und die neuen Zeiten in den Feldern **Beginn** und **Ende** einzutragen, gibt es einen einfacheren Weg: Markieren Sie den Termin im Kalender. Bei ganztägigen Terminen finden Sie am linken und rechten Rand der Markierung eine kleine Kerbe, bei kürzeren Terminen befinden sich die Kerben oben und unten. Diese Kerben lassen sich mit gedrückter linker Maustaste verschieben, sodass Sie blitzschnell die Dauer eines Termins anpassen können. Verschiebt sich ein Termin um einen oder auch mehrere Tage, markieren Sie den Kalendereintrag ebenfalls. Positionieren Sie den Mauszeiger dann in der Mitte des Eintrags. Mit gedrückter linker Maustaste können Sie den Eintrag nun beliebig im Kalender verschieben.

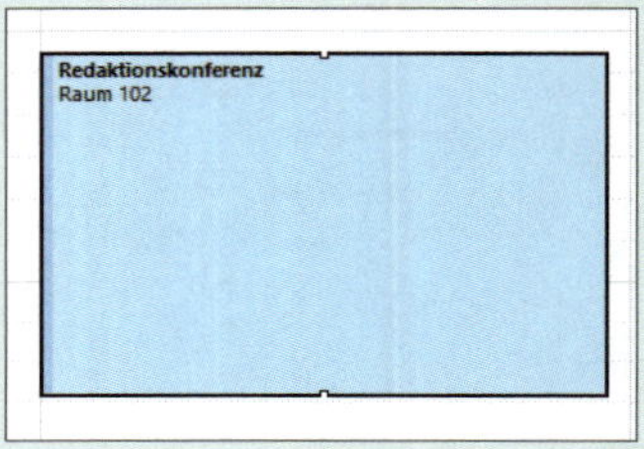

Termine schneller finden

Wann war denn noch der Termin mit der Beratungsgesellschaft? Und wann müssen Sie das nächste Mal zum Zahnarzt? Je mehr Termine im Kalender eingetragen sind, desto schwieriger kann es sein, eine bestimmte Verabredung wiederzufinden. Bevor Sie selbst lange suchen, überlassen Sie diese Aufgabe doch einfach Outlook.

Gezielt nach Terminen suchen

Tipp 075

Ob Arzttermin oder auch Besprechungen mit bestimmten Kollegen: Outlook findet alle Kalendereinträge für Sie. Die Suchanfrage ist schnell gestellt:

1. Klicken Sie im Modul **Kalender** in das Suchfeld rechts unterhalb des Menübands. Damit wird automatisch das Register **Suchen** angezeigt.
2. Um z. B. gezielt nach dem Namen eines Termins oder einer Besprechung zu suchen, klicken Sie in der Gruppe **Verfeinern** auf **Betreff** ①. Outlook ergänzt im Suchfeld automatisch **betreff:** ②. Überschreiben Sie den blau markierten Text **Schlüsselwörter** nun mit dem Namen, unter dem Sie den Kalendereintrag gespeichert haben, also etwa »Zahnarzt« oder auch »Konferenz«. Die ersten Suchergebnisse werden Ihnen bereits während der Eingabe angezeigt, das Schlüsselwort ist gelb markiert ③.
3. Wenn Sie sich Besprechungen mit bestimmten Personen anzeigen lassen möchten, klicken Sie im Register **Suchen** in der Gruppe **Verfeinern** auf **Weitere** ④. In der aufklappenden Liste markieren Sie z. B. **Erforderliche Teilnehmer**. Tragen Sie nun den Namen der Person im Suchfeld ein ⑤. Auch hier werden die Ergebnisse sofort angezeigt.
4. Alle Suchkriterien, die Sie im Register **Suchen** auswählen können, lassen sich wunderbar miteinander kombinieren, indem Sie einfach nacheinander die Kriterien auswählen und die nötigen Informationen angeben. Outlook verfeinert bei jedem neu eingetragenen Kriterium automatisch die Trefferliste.

5. Um die Suche zu beenden, klicken Sie im Register **Suchen** auf **Suche schließen** 6.

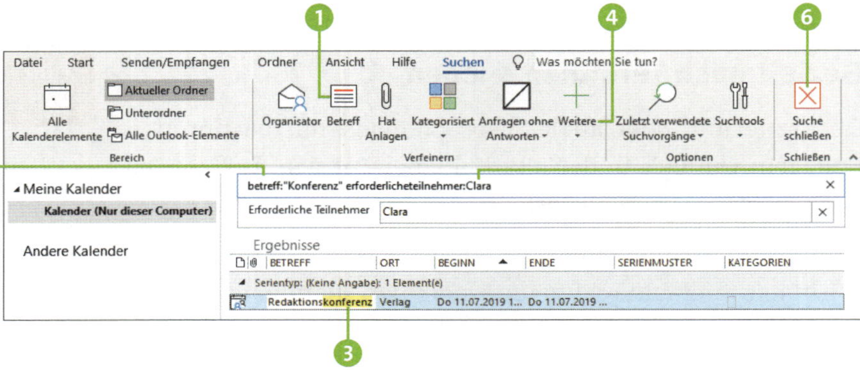

Tipp 076 Schnelle Navigation zu einem bestimmten Datum

Sie möchten einen Termin im Kalender eintragen, der erst in einigen Wochen oder gar Monaten stattfindet? Statt im Kalender selbst oder im Terminformular mühselig über die Pfeiltasten 1 zum gewünschten Termin zu blättern, können Sie auch blitzschnell zum gewünschten Datum springen:

1. Klicken Sie im Outlook-Kalender im Register **Start** in der rechten unteren Ecke der Gruppe **Gehe zu** auf das kleine Pfeilsymbol 2.

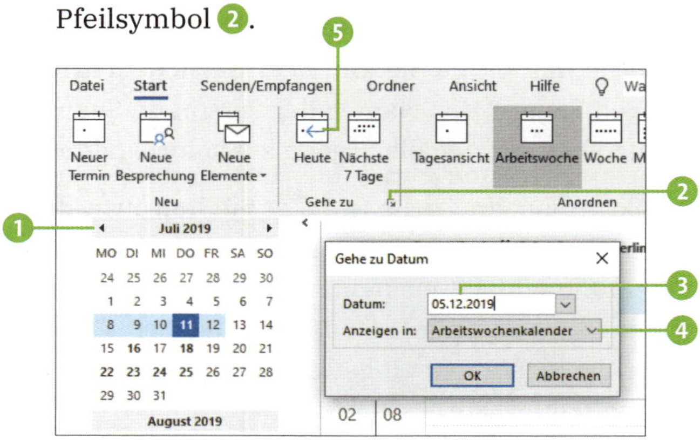

2. Im Dialog **Gehe zu Datum** tragen Sie im Feld **Datum** das Datum in der Form »tt.mm.jjjj« ein, also etwa »05.12.2019« ③. Im Feld **Anzeigen in** ④ können Sie noch die Darstellung des Kalenders auswählen (z.B. **Wochenkalender**), bevor Sie den Dialog mit **OK** schließen.
3. Im Kalender wird nun der gewünschte Tag angezeigt. Um nach der Termineingabe schnell wieder zum heutigen Tag zurückzukehren, reicht ein Klick auf **Heute** ⑤ in der Gruppe **Gehe zu** im Register **Start**.

Terminübersicht zu Papier bringen

Die digitale Form des Kalenders ist zwar praktisch, aber ab und an benötigt man doch einen ganz klassischen Ausdruck auf Papier. Outlook bietet Ihnen verschiedene Möglichkeiten, Kalenderauszüge auszudrucken.

Kalenderübersicht ausdrucken

Tipp 077

Möchten Sie gerne eine Kalenderübersicht über die folgende Woche oder auch den kompletten Monat ausdrucken? Dann gehen Sie folgendermaßen vor:

1. Rufen Sie aus dem Modul **Kalender** heraus über **Datei ▸ Drucken** den Dialog **Drucken** auf.
2. Markieren Sie rechts im Bereich **Einstellungen** das gewünschte Format ①. In der Vorschau rechts ② können Sie sofort überprüfen, ob Ihnen die Darstellung gefällt.

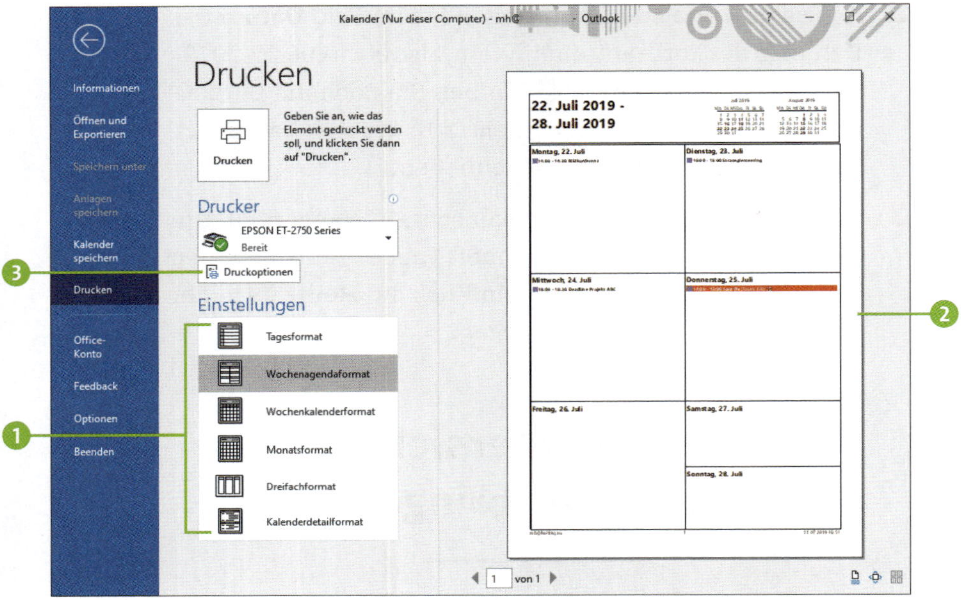

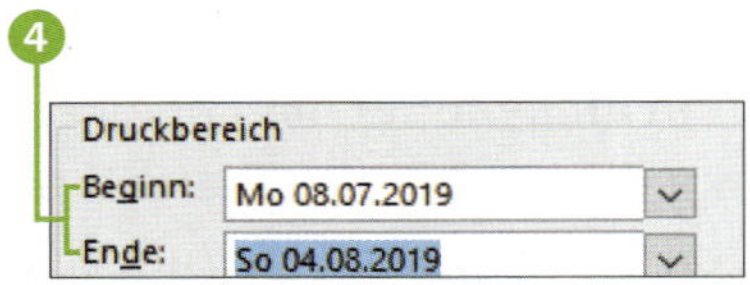

3. Klicken Sie auf **Druckoptionen** ❸. Im folgenden Dialog legen Sie im Bereich **Druckbereich** in den Feldern **Beginn** und **Ende** den Zeitraum fest, den Sie ausdrucken möchten ❹.

4. Sollen im Ausdruck nicht nur Termine und Besprechungen aufgeführt werden, sondern auch Ihre Aufgaben, klicken Sie im Bereich **Druckformat** auf **Seite einrichten**.

5. Im Register **Format** des Dialogs **Seite einrichten** klicken Sie nun in das Feld **Aufgaben** ❺. Wählen Sie den gewünschten Eintrag aus, etwa **Aufgabenliste**.

6. Soll die Kalenderübersicht im Quer- und nicht im Hochformat ausgedruckt werden, wechseln Sie in das Register **Papier** ❻ und markieren die gewünschte Option. Schließen Sie den Dialog mit **OK**.

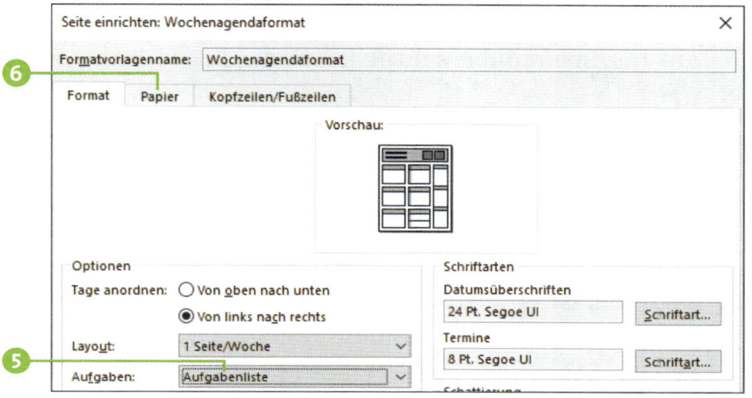

7. Mit einem Klick auf **Drucken** starten Sie den Druckvorgang.

Alle anstehenden Termine ausdrucken

Tipp 078

Möchten Sie nicht wie im vorherigen Tipp eine Kalenderübersicht, sondern lediglich eine Liste mit allen anstehenden Terminen ausdrucken? In diesem Fall müssen Sie vor dem Aufruf der Druckfunktion eine andere Ansicht einstellen.

1. Wechseln Sie im Modul **Kalender** in das Register **Ansicht**. Klicken Sie in der Gruppe **Aktuelle Ansicht** nacheinander auf **Ansicht ändern ► Liste** (1).

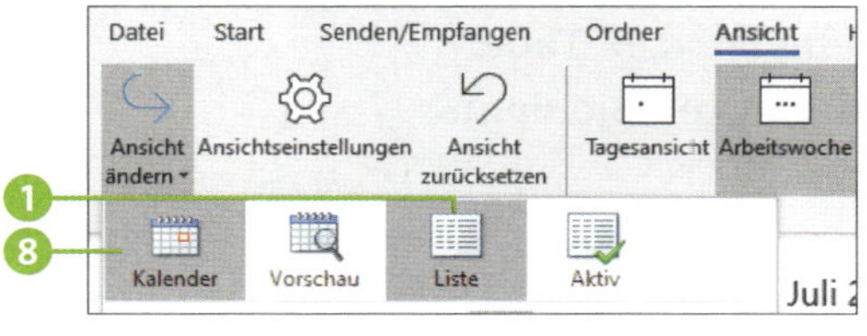

2. Sie erhalten nun eine tabellarische Übersicht über alle Termine und Besprechungen. Die Einträge werden automatisch dem Datum nach sortiert. Klicken Sie auf eine der Spaltenüberschriften (2), wird die Liste entsprechend nach diesem Kriterium neu sortiert. Ein erneuter Klick auf die Spaltenüberschrift kehrt die Sortierreihenfolge um.

3. Wenn Sie nur einzelne Termine ausdrucken möchten, markieren Sie den ersten per Mausklick. Halten Sie dann die Taste [Strg] gedrückt, während Sie alle weiteren Termine anklicken. Handelt es sich um aufeinanderfolgende Termine, ist es ausreichend, den ersten Termin zu markieren 3. Halten Sie dann die Taste [⇧] statt [Strg] gedrückt, während Sie den letzten Termin markieren 4.

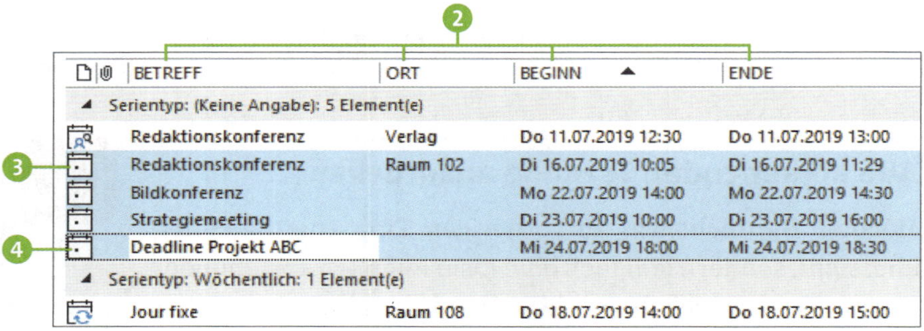

4. Um die Terminübersicht zu Papier zu bringen, klicken Sie im Register **Datei** auf **Drucken**.

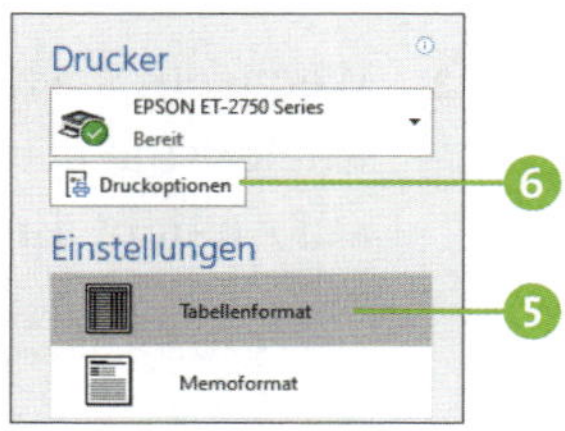

5. Im Dialog **Drucken** stellen Sie im Bereich **Einstellungen** das **Tabellenformat** 5 ein. Klicken Sie dann auf **Druckoptionen** 6.

6. Wenn Sie nur die zuvor markierten Termine ausdrucken möchten, aktivieren Sie im Bereich **Druckbereich** die Option **Nur markierte Zeilen** 7. Nach einem Klick auf die Schaltfläche **Seitenansicht** unten werden in der Vorschau nun nur noch die zuvor markierten Termine aufgelistet.

7. Mit einem Klick auf **Drucken** starten Sie den Druckvorgang.

Um nach dem Drucken im Kalender wieder die klassische Kalenderansicht einzustellen, klicken Sie im Register **Ansicht** in der Gruppe **Aktuelle Ansicht** auf **Ansicht ändern** und wählen dann den **Kalender** (8 auf Seite 129).

Kalenderdateien in Outlook übernehmen

Heutzutage werden Flugreservierungen, Hotelbuchungen oder die Bestellung von Konzertkarten meist online vorgenommen. Die Reservierungsbestätigung wird Ihnen per E-Mail zugeschickt. Im Anhang finden Sie häufig eine sog. *Kalenderdatei* mit der Dateiendung *.ics*. Diese Datei enthält alle wichtigen Daten rund um den Termin, sodass Sie den Termin schnell und bequem in Outlook übernehmen können.

Termine aus einer E-Mail in Outlook einfügen

Tipp 079

Enthält eine Reservierungsbestätigung eine Kalenderdatei, müssen Sie nicht selbst alle Daten rund um die Reservierung in Outlook eintragen. Stattdessen übernehmen Sie einfach die in der Kalenderdatei enthaltenen Informationen in Outlook. Es versteht sich von selbst, dass Sie eine solche Datei im E-Mail-Anhang nur dann öffnen, wenn Sie dem Absender vertrauen. Haben Sie keinerlei Reservierung vorgenommen, löschen Sie die E-Mail am besten sofort. Ist der Absender seriös, gehen Sie folgendermaßen mit der Kalenderdatei vor:

1. Klicken Sie in der E-Mail doppelt auf die *.ics*-Datei. Wenn Sie dem Absender vertrauen, bestätigen Sie den folgenden Hinweis mit **Ja**.

2. In Outlook öffnet sich nun ein Terminformular, wie Sie es sicherlich bereits vom Erstellen eigener Termine kennen. Prüfen Sie die Details in den Feldern **Betreff**, **Ort**, **Beginn** und **Ende** (1). Sind die Daten hier nicht korrekt, sollten Sie sich mit dem Absender der E-Mail nochmals in Verbindung setzen.
3. Meistens finden sich auch im Notizfeld wichtige Angaben zur Reservierung, die Sie natürlich um eigene Anmerkungen ergänzen können.
4. Waren die Angaben nicht korrekt, beenden Sie das Nachrichtenfenster mit **Löschen** (2). Wenn Sie jedoch den Termin in Ihren Kalender übernehmen möchten, klicken Sie stattdessen auf **Speichern & schließen** (3).

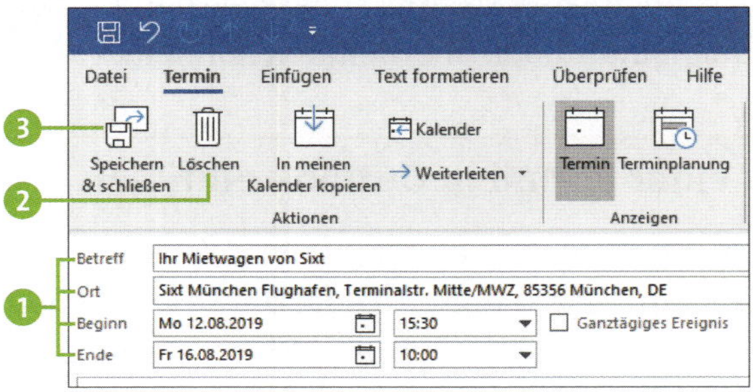

Vorsicht bei der Terminübernahme von einer Webseite

Auch auf Webseiten (z. B. von Konzertveranstaltern) wird immer häufiger das Angebot unterbreitet, einen Termin automatisch in Outlook zu übernehmen. Die entsprechende Kalenderdatei ließe sich per Klick auf einen Link ganz einfach auf den PC herunterladen. Doch auch hier ist unbedingt Vorsicht geboten! Die Gefahr, dass Sie sich auf diese Weise eine infizierte Datei auf Ihren Computer laden, ist sehr groß. Hier ist es meist doch sicherer, den Termin selbst manuell in Outlook einzutragen.

Eigene Kalenderdatei zum Versenden erstellen

Tipp 080

Im vorherigen Tipp haben Sie gesehen, wie einfach es sein kann: Kalenderdatei öffnen, auf **Speichern & schließen** klicken, und schon ist der Termin in Outlook eingetragen. Solch eine praktische Datei mit Hinweisen zu einem anstehenden Event können Sie natürlich auch selbst erstellen und z. B. Ihren Kunden zur Verfügung stellen.

1. Haben Sie den Termin, der als Kalenderdatei verschickt werden soll, bereits in Ihrem Outlook-Kalender eingetragen, öffnen Sie ihn einfach per Doppelklick. Für Sie geht es anschließend mit Schritt 4 weiter.

   Müssen Sie den Termin erst erstellen, gehen Sie folgendermaßen vor:

2. Klicken Sie im Register **Start** des Moduls **Kalender** auf **Neuer Termin**.

3. Tragen Sie im Terminformular alle wichtigen Details des Termins ein. Nicht fehlen sollten z. B. der Betreff, Ortsangaben sowie Angaben dazu, wann der Termin beginnt und wann er endet 1. Im Notizfeld können Sie weitere Hintergrundinformationen zum Termin angeben.

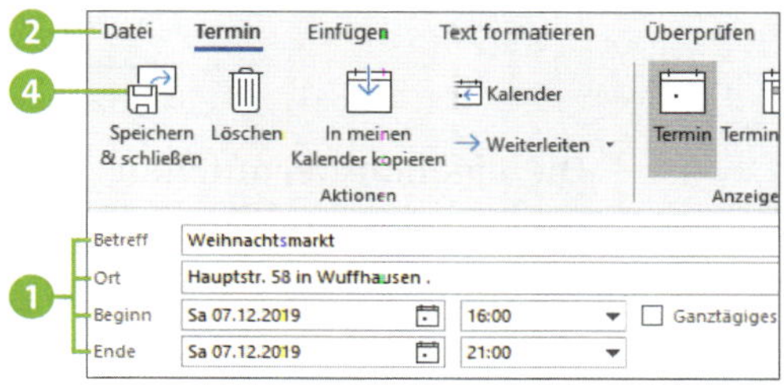

4. Wechseln Sie in das Register **Datei** ②, und rufen Sie den Befehl **Speichern unter** auf.

5. Markieren Sie im Dialog **Speichern unter** den Ordner, in dem die Kalenderdatei zunächst gespeichert werden soll ③. Bestätigen Sie die Auswahl mit **Speichern**.

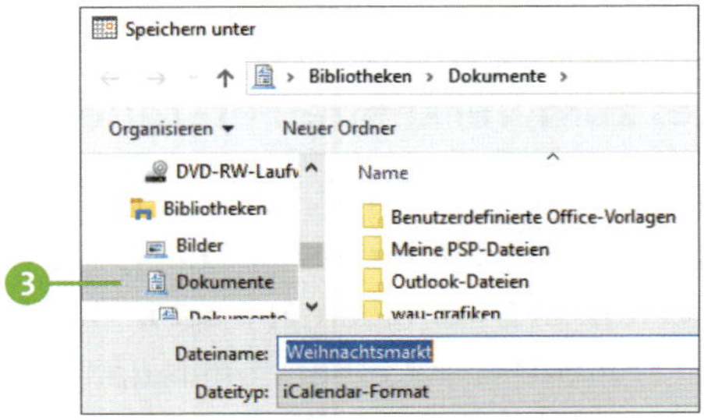

6. Die gesicherte Datei können Sie nun wie jede andere Datei auch z. B. per E-Mail verschicken. Im noch geöffneten Terminformular klicken Sie auf **Speichern & schließen** ④, um den Termin – falls Sie ihn neu erstellt haben – auch in Ihrem Kalender einzutragen.

Im Abschnitt »Termine mit Personen außerhalb der Firma planen« ab Seite 143 erfahren Sie, wie Sie einen Ausschnitt Ihres Kalenders per E-Mail versenden können.

Mehr Übersicht dank eigener Kalender

Die eigenen beruflichen Termine zu organisieren ist schon schwierig genug. Muss man zusätzlich noch die familiären Vereinbarungen im Blick behalten, wird es schnell kompliziert. Hier wäre es praktisch, wenn man alle Verpflichtungen in Outlook sehen könnte. Sie können natürlich Ihre privaten Termine im Kalender eintragen, und, damit Kollegen sie nicht lesen können, als privat markieren. Die entsprechende Schaltfläche **Privat** finden Sie im Terminformular im Register **Termin** in der Gruppe **Kategorien**. Eine Alternative hierzu ist das Anlegen eines eigenen Kalenders für Ihre privaten Termine. Solche Kalender eignen sich auch hervorragend für Ihre Planungen, die ebenfalls nicht für die Augen Dritter gedacht sind.

Einen neuen Kalender anlegen

Tipp 081

Ein neuer Kalender ist in Outlook schnell angelegt. Klicken Sie im Ordnerbereich des Moduls **Kalender** mit der rechten Maustaste auf **Kalender** ①. Sollte dieser nicht angezeigt werden, klicken Sie zuvor auf den weißen Pfeil links von **Meine Kalender**. Im Kontextmenü wählen Sie den Befehl **Neuer Kalender** ②. Geben Sie im Dialog **Neuen Ordner erstellen** einen Namen für den Kalender ein, und bestätigen Sie mit **OK**. Der neue Kalender ist damit zwar angelegt, wird aber noch nicht angezeigt.

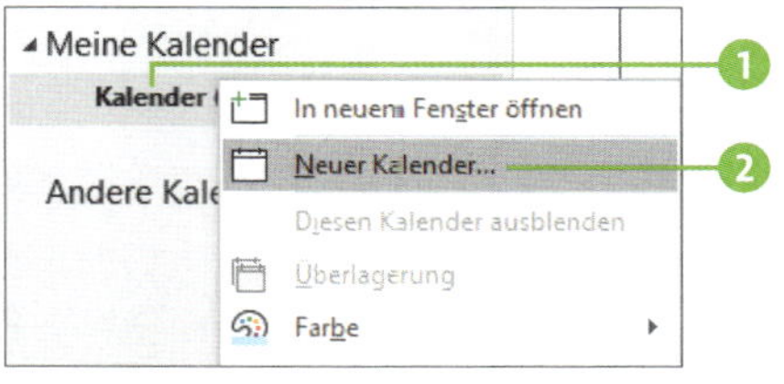

Mehrere Kalender einblenden

Tipp 082

Um sowohl die beruflichen als auch die privaten Termine auf einen Blick zu sehen, sollten beide Kalender in Outlook angezeigt werden. Auch das ist schnell erledigt.

1. Für den gerade selbst erstellten Kalender finden Sie im Ordnerbereich unterhalb von **Kalender** einen eigenen Eintrag. Der **Kalender** ist bereits mit einem Häkchen versehen. Aktivieren Sie nun auch Ihren privaten Kalender ③. Beide Kalender werden jetzt nebeneinander angezeigt.

2. Wählen Sie im Register **Start** in der Gruppe **Anordnen** 4 eine andere Ansicht aus, wird diese automatisch für beide Kalender übernommen. Auch ein Blättern im Kalender über die Pfeiltasten 5 wirkt sich auf beide aus.
3. Um einen der beiden Kalender auszublenden, klicken Sie entweder auf das Kreuzsymbol im Registerreiter des Kalenders 6 oder entfernen das entsprechende Häkchen 3 im Ordnerbereich. Um ihn wieder einzublenden, aktivieren Sie das entsprechende Kästchen im Ordnerbereich erneut.

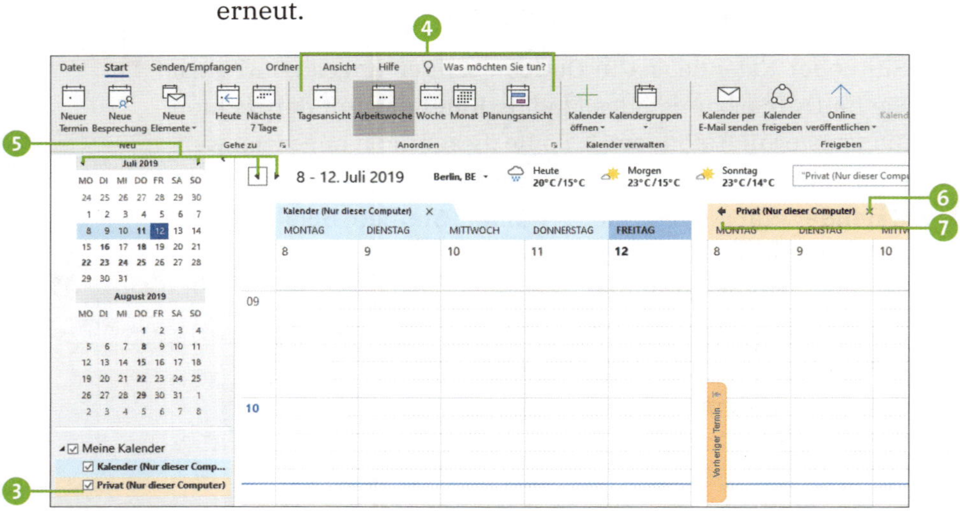

Tipp 083 Anordnung der Kalender ändern

Beide Kalender nebeneinander zu sehen ist für die Terminplanung noch nicht perfekt. Hier bietet Outlook eine bessere Variante an.

1. Klicken Sie im rechten Kalender im Registerreiter auf den nach links weisenden Pfeil 7, werden die beiden geöffneten Kalen-

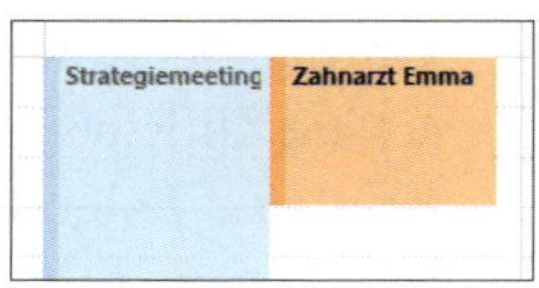

der überlappend angezeigt. Nun sehen Sie die Termine beider Kalender in der Farbe des jeweiligen Kalenders. Das ist vor allem bei sich überschneidenden Terminen sehr praktisch, da diese direkt nebeneinander angezeigt werden.

2. Wenn Sie bei der überlappenden Darstellung einen neuen Termin in einem der Kalender eintragen möchten, stellen Sie zuvor sicher, dass sich das Register des gewünschten Kalenders im Vordergrund befindet. Klicken Sie hierzu zur Sicherheit den entsprechenden Registerreiter 8 an.

3. Wenn die Kalender wieder nebeneinander angezeigt werden sollen, reicht ein Klick auf einen der beiden nach rechts weisenden Pfeile 9.

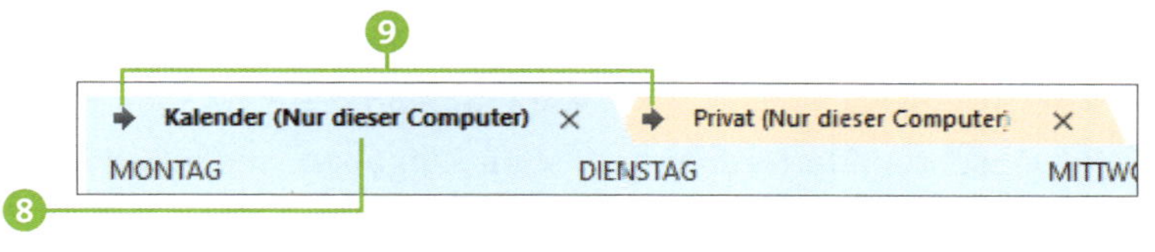

Die Kalenderfarbe anpassen

Tipp 084

Jeder Kalender wird in Outlook in einer anderen Farbe angezeigt. Diese Farbe wird sowohl für den Registerreiter als auch für die Termine, aber auch links im Ordnerbereich gewählt. Sie können den Farbton eines Kalenders jederzeit ändern. Klicken Sie hierzu einfach im Ordnerbereich mit der rechten Maustaste auf den gewünschten Kalendereintrag. Im Kontextmenü markieren Sie nun **Farbe** und wählen in der Farbpalette den Farbton aus 1. Im Kontextmenü finden Sie auch

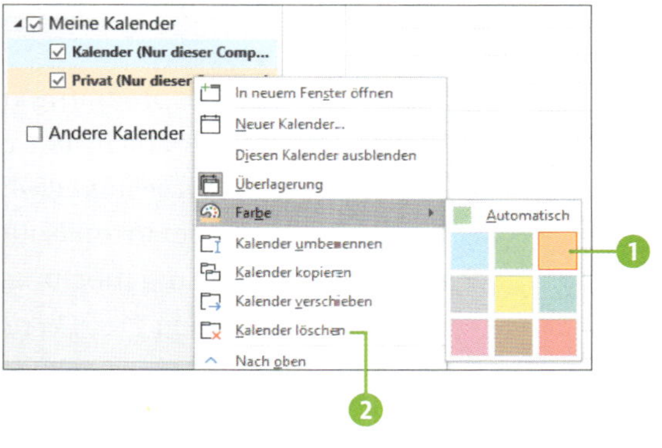

den Befehl zum Löschen eines Kalenders 2. Dies sollten Sie natürlich nur mit dem privaten Kalender tun, den Sie selbst erstellt haben, und nicht mit dem offiziellen Firmenkalender.

Den Startordner von Outlook ändern

Wenn Sie morgens ins Büro kommen und Outlook starten, wird automatisch das Modul **E-Mail** geöffnet. Die meisten von uns beschäftigen sich deshalb auch sofort mit den neu eingegangenen Nachrichten. Das nimmt meist einige Zeit in Anspruch, die man womöglich für wichtigere Aufgaben benötigt. Der erste Blick nach dem Start von Outlook sollte daher besser auf den Kalender oder alternativ die Aufgabenübersicht fallen. Um den Startordner zu ändern, rufen Sie in Outlook **Datei ► Optionen** auf. Markieren Sie im folgenden Dialog links **Erweitert**. Blättern Sie bis zum Bereich **Starten und Beenden von Outlook**. Nach einem Klick auf **Suchen** markieren Sie den gewünschten Startordner, also etwa **Aufgaben**. Schließen Sie alle geöffneten Dialoge mit **OK**. Beim nächsten Start von Outlook gilt Ihr erster Blick nun den anstehenden Aufgaben.

Besprechungen innerhalb einer Firma planen

Wenn Sie eine Besprechung innerhalb Ihres Unternehmens planen müssen, steht Ihnen eine pfiffige Funktion zur Verfügung: der *Terminplanungs-Assistent*. Er zeigt Ihnen sofort, welche Termine bei Ihren Kollegen noch frei sind und welche nicht. Voraussetzung hierfür ist, dass in Ihrem Unternehmen die entsprechenden *Frei/Gebucht-Zeiten* über einen Exchange Server oder Ähnliches bereitgehalten werden. Für Terminvereinbarungen mit Personen außerhalb der Firma steht der Assistent leider nicht zur Verfügung. Wie Sie in einem solchen Fall vorgehen, erfahren Sie im Abschnitt »Termine mit Personen außerhalb der Firma planen« ab Seite 143.

Teilnehmer zu einer Besprechung einladen

Tipp 085

Die Bedingungen sind erfüllt, Sie können innerhalb der Firma also auf die Frei/Gebucht-Zeiten Ihrer Kollegen zugreifen? Um eine Besprechungsanfrage zu verschicken, gehen Sie folgendermaßen vor:

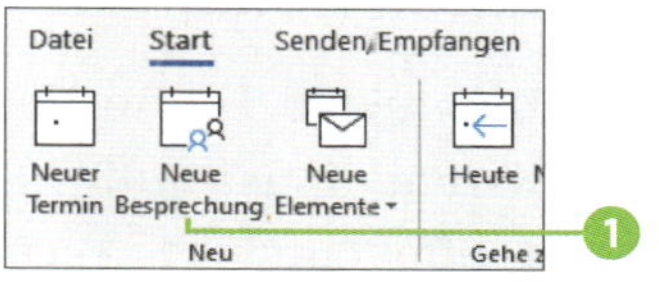

1. Klicken Sie im Modul **Kalender** im Register **Start** auf **Neue Besprechung** (1).

2. Im Besprechungsformular klicken Sie im Register **Besprechung** auf **Terminplanung** (2) (in älteren Outlook-Versionen: **Terminplanungs-Assistent**).

3. In der linken Spalte unterhalb von **Alle Teilnehmer** wird Ihre E-Mail-Adresse oder auch Ihr Name bereits aufgeführt (3). Klicken Sie in das Feld darunter, und geben Sie den Namen des ersten Kollegen ein, den Sie zur Besprechung einladen möchten. Wenn Sie eine Kontaktgruppe angelegt haben, können Sie auch diese auswählen.

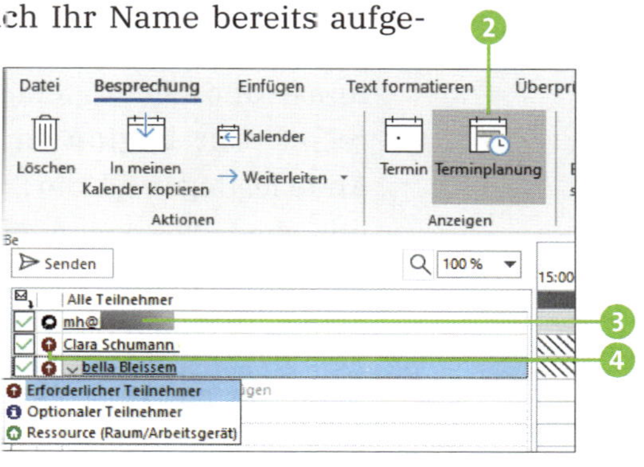

4. Ist die Anwesenheit der Person in der Besprechung erforderlich oder nur optional? Die entsprechende Auswahl nehmen Sie nach einem Klick auf das Symbol (4) links vom Namen des gerade ausgewählten Kollegen vor.

5. Wiederholen Sie Schritt 3 und 4 für alle weiteren Kollegen, die Sie zur Besprechung einladen möchten.

6. Sofern Ihr Unternehmen diese Möglichkeit zur Verfügung stellt, können Sie noch einen Besprechungsraum auswählen. Klicken Sie hierzu auf **Räume hinzufügen**, um die Verfügbarkeit zu prüfen, einen freien Raum auszuwählen und mit **OK** der Besprechungsanfrage hinzuzufügen.

Tipp 086

Einen freien Termin finden

Die rechte Hälfte des Besprechungsformulars zeigt einen Kalenderausschnitt. Sofern die Kollegen ihre Kalender gut gepflegt und ihre Termine eingetragen haben, werden im Kalenderausschnitt bereits gebuchte Termine mit dunkelblau gefärbten Balken angezeigt. Findet sich bei einer Person eine gestrichelte Linie, konnten die Informationen zu den verfügbaren Zeiten nicht abgerufen werden.

1. Den Zeitraum, in dem Sie einen passenden Besprechungstermin suchen, können Sie zunächst über die Datums- und Uhrzeitfelder rechts von **Beginn** und **Ende** festlegen ❶, die Sie unterhalb des Kalenders finden. Der gewählte Bereich wird im Kalenderausschnitt mit einem vertikalen hellblauen Balken markiert.

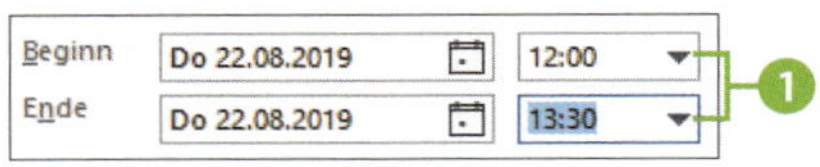

2. Befinden sich innerhalb des hellblauen Balkens gebuchte Termine von Kollegen, ist der gewählte Termin noch nicht der geeignete. Sowohl der linke als auch der rechte Rand des hellblauen Balkens lässt sich mit gedrückter linker Maustaste verschieben ❷. Auf diese Weise können Sie nun einen Termin auswählen, der mit keinem anderen kollidiert.

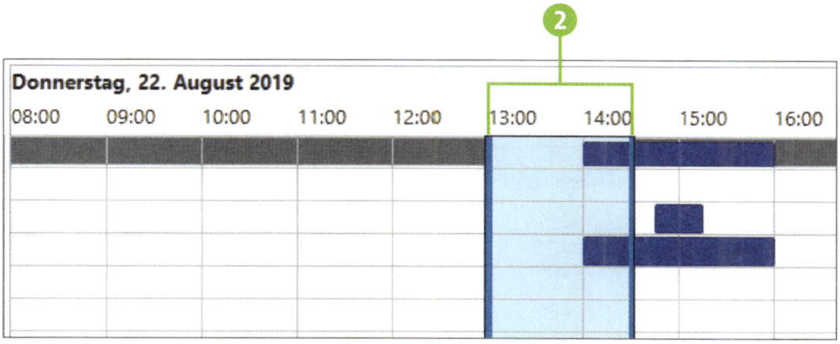

3. Wem die Auswahl des Termins über den hellblauen Balken zu kompliziert ist, kann auch ausprobieren, ob Outlook einen besseren Termin findet. Klicken Sie hierzu in der linken unteren Ecke des Besprechungsformulars auf **AutoAuswahl**. In älteren Outlook-Versionen müssen Sie zuvor auf **Optionen** klicken. Outlook überprüft für Sie die Frei/Gebucht-Zeiten der Kollegen, sofern diese die Informationen freigegeben haben. Wird Outlook fündig, schlägt es Ihnen den nächsten freien Termin vor.

Besprechungsanfrage verschicken

Tipp 087

Sie haben einen passenden Termin gefunden? Dann steht der Einladung der Kollegen nichts mehr im Weg.

1. Klicken Sie im Register **Besprechung** in der Gruppe **Anzeigen** auf **Termin**.
2. Im nun sichtbaren Nachrichtenfenster (siehe die Abbildung auf der folgenden Seite) geben Sie im Feld **Betreff** einen kurzen Titel für die Besprechung ein. Ergänzen Sie außerdem den Einladungstext für die Besprechung sowie weitere Hinweise, die die Kollegen ggf. benötigen.
3. Mit einem Klick auf **Senden** schicken Sie die Besprechungsanfrage ab.

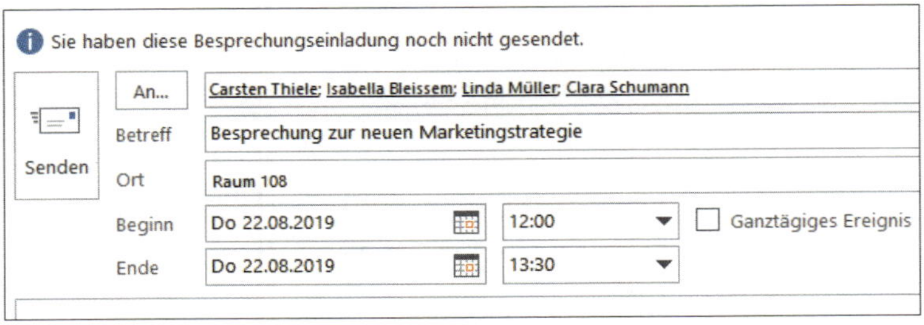

Kalenderfreigabe in Unternehmen erteilen

Innerhalb eines Unternehmens können sich Mitarbeiter normalerweise die Frei-/Gebucht-Zeiten von Kollegen anzeigen lassen, was vor allem im Zusammenhang mit Besprechungsanfragen sehr praktisch ist. Details zu den Terminen (z. B. der Ort oder auch der Besprechungsgrund) bekommt man allerdings nicht zu sehen. Um den Kollegen den Zugriff auf diese Details zu ermöglichen, klicken Sie im Ordnerbereich des Moduls **Kalender** mit der rechten Maustaste auf den gewünschten Kalender. Im Kontextmenü wählen Sie **Freigeben ► Kalenderberechtigungen** aus. Im Dialog **Kalender: Eigenschaften** rufen Sie im Register **Berechtigungen** über die Schaltfläche **Hinzufügen** das Adressbuch auf und wählen entsprechende Kollegen oder Gruppen aus, denen Sie erweiterte Berechtigungen erteilen wollen. Im Bereich **Berechtigungen** legen Sie nun individuell fest, ob die ausgewählten Personen z. B. nur die Frei/Gebucht-Zeiten lesen dürfen, zusätzlich auch den Betreff und Ort oder gar alle Details. Im Abschnitt **Schreiben** bestimmen Sie, ob die Personen in Ihrem Kalender Elemente erstellen oder auch alles bearbeiten dürfen. Mit **Übernehmen** und **OK** schließen Sie den Dialog **Kalender: Eigenschaften** und übernehmen die Einstellungen.

Termine mit Personen außerhalb der Firma planen

Besprechungen mit Kollegen innerhalb eines großen Unternehmens zu planen ist, wie Sie im vorherigen Abschnitt erfahren konnten, gar nicht so schwer. Doch wie lassen sich Termine koordinieren, wenn man keinen Zugriff auf den Kalender der anderen Personen hat? Auch hierfür bietet Outlook eine pfiffige Lösung: Sind Sie der Organisator des Termins, lassen Sie sich von den anderen Teilnehmern einfach per E-Mail einen Kalenderausschnitt schicken, in dem Sie die freien und belegten Zeiten sehen können. Plant eine andere Person den Termin, schicken Sie ihr umgekehrt den Schnappschuss Ihres Kalenders. Die Kalenderdatei, die hierbei erzeugt wird, haben Sie übrigens bereits im Zusammenhang mit Terminbestätigungen im Abschnitt »Kalenderdateien in Outlook übernehmen« ab Seite 131 kennengelernt. In unserem jetzigen Beispiel enthält die Datei im Unterschied dazu keinen einzelnen Termin, sondern einen ganzen Kalenderausschnitt. Das Dateiformat ist ebenfalls *.ics*.

Einen Kalenderausschnitt festlegen

Tipp 088

Um einen Ausschnitt des Kalenders an eine andere Person zu schicken, gehen Sie folgendermaßen vor:

1. Klicken Sie im Ordnerbereich des Moduls **Kalender** mit der rechten Maustaste auf den Kalender, von dem Sie einen Schnappschuss verschicken möchten. Wählen Sie anschließend im Kontextmenü **Freigeben ► Kalender per E-Mail senden** ①.

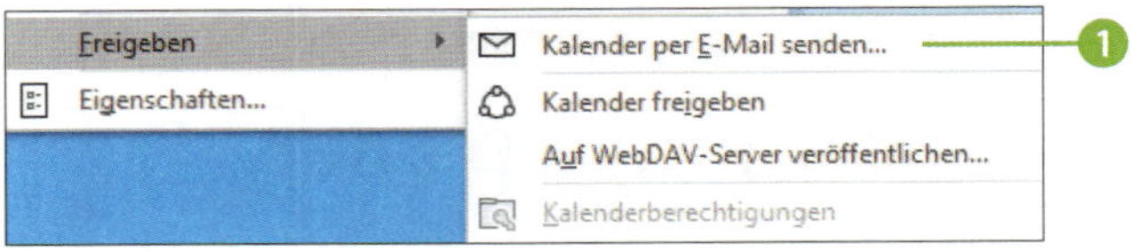

2. Outlook öffnet nun ein Nachrichtenfenster sowie den Dialog **Kalender über E-Mail senden**. Klicken Sie in diesem Dialog auf **Datumsbereich** (2).

3. Wählen Sie das gewünschte Zeitfenster aus. Entscheiden Sie sich für **Datum angeben**, können Sie in den anschließend eingeblendeten Feldern **Beginn** und **Ende** ein konkretes Datum festlegen (3).

4. Nach einem Klick in das Feld **Detail** bestimmen Sie, welche Informationen der Kalenderausschnitt beinhalten darf. Soll der E-Mail-Empfänger lediglich erfahren, wann Sie Zeit haben und wann bereits Termine vorliegen, wählen Sie **Nur Verfügbarkeit** (4). Für die Terminplanung reicht dies vollkommen aus.

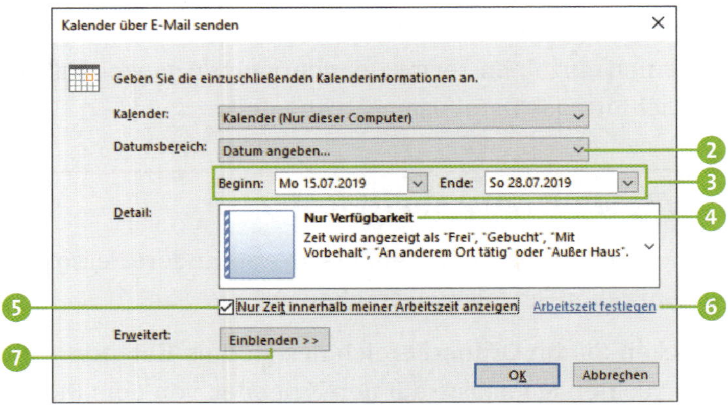

5. Aktivieren Sie außerdem **Nur Zeit innerhalb meiner Arbeitszeit anzeigen** (5), zeigt der Kalenderausschnitt nur den Zeitraum Ihrer Arbeitszeit an. Nach einem Klick auf **Arbeitszeit festlegen** (6) können Sie zur Sicherheit einen

Blick in die **Outlook-Optionen** werfen und prüfen, welche Zeitangaben dort hinterlegt sind. Nehmen Sie hier ggf. Änderungen vor, und bestätigen Sie mit **OK**.

6. Im Dialog **Kalender über E-Mail senden** klicken Sie im Bereich **Erweitert** auf **Einblenden** (7). Klicken Sie in das Feld **E-Mail-Layout**, und wählen Sie **Liste der Ereignisse**. Damit werden im Kalenderausschnitt alle Ihre Termine übersichtlich als Liste dargestellt.
7. Schließen Sie den Dialog **Kalender über E-Mail senden** mit **OK**.

Den Kalenderausschnitt per E-Mail versenden

Tipp 089

Outlook erzeugt anhand der angegebenen Daten nun eine Kalenderdatei, die einen Schnappschuss Ihres Kalenders enthält. Eine kleine Vorschau auf Ihre Termine wird bereits im Textfeld des Nachrichtenfensters angezeigt. Ergänzen Sie für den Empfänger noch ein paar Zeilen, geben Sie die Adresse des Empfängers ein, und verschicken Sie die E-Mail mit einem Klick auf **Senden**.

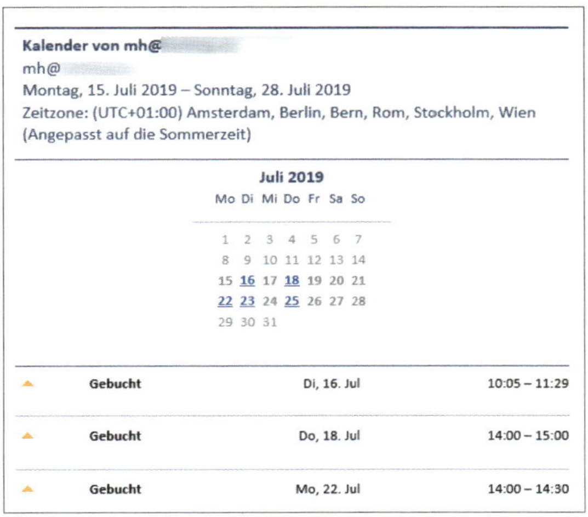

Tipp 090 Per E-Mail versendeten Kalender öffnen

Wurde Ihnen eine E-Mail mit einer Kalenderdatei geschickt, ist das weitere Vorgehen für die Terminplanung nicht mehr schwierig.

1. Öffnen Sie in Outlook per Doppelklick die E-Mail mit der Kalenderdatei.
2. Im Register **Nachricht** klicken Sie in der Gruppe **Öffnen** auf **Diesen Kalender öffnen**. Kennen Sie den Absender der E-Mail und vertrauen ihm, können Sie den folgenden Hinweis mit **Ja** bestätigen.
3. Der Kalender wird nun in Outlook zusätzlich zu Ihrem eigenen angezeigt. Im Ordnerbereich wird außerdem unter **Andere Kalender** die E-Mail-Adresse des Absenders angezeigt, der Ihnen den Kalender geschickt hat. Sie können hier beliebig viele weitere Kalender öffnen und sich anzeigen lassen.

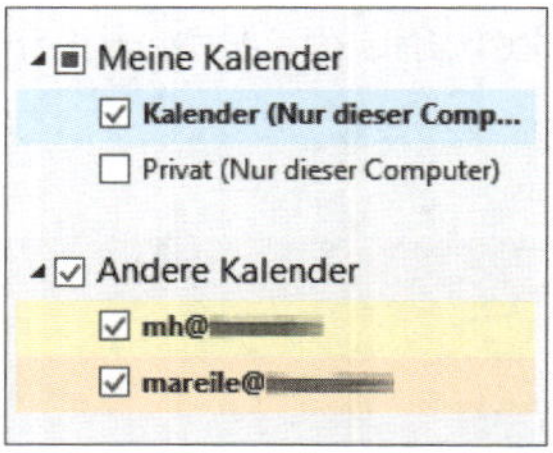

4. Um nun gemeinsame freie Termine schneller zu finden, sollten Sie die Kalender überlagern. Hierzu klicken Sie im Registerreiter des gerade geöffneten Kalenders auf den nach links weisenden Pfeil .

Das weitere Vorgehen zum Ein- und Ausblenden verschiedener Kalender sowie zum Anpassen der Farbe etc. haben Sie bereits im Abschnitt »Mehr Übersicht dank eigener Kalender« ab Seite 134 kennengelernt.

Aufgaben gekonnt planen

Termine und Besprechungen sind an ein ganz bestimmtes Datum und eine feste Uhrzeit gebunden. Aufgaben hingegen müssen zwar auch irgendwann erledigt sein, wann Sie sich damit beschäftigen, bleibt aber ganz Ihnen überlassen. Outlook bietet ein eigenes Modul, mit dem Sie alle anstehenden Aufgaben organisieren können. Mit den folgenden Tipps behalten Sie wichtige Aufgaben immer im Blick.

Das Wichtigste zuerst: So versehen Sie Ihre Aufgaben mit Prioritäten

Manchmal weiß man vor lauter Arbeit nicht mehr, wo einem der Kopf steht. In solchen Phasen hilft es, sich eine Liste mit allen anstehenden Aufgaben zu erstellen. Outlook bietet hierfür das Modul **Aufgaben** an. Viele Anwender nutzen es auch, allerdings schöpft kaum jemand sein volles Potenzial aus. Das beginnt bereits beim Eintragen der Aufgaben, wie Sie gleich im nächsten Tipp sehen.

Schnell eine Aufgabe erfassen

Tipp 091

Wer im Modul **Aufgaben** eine Aufgabe erfassen will, klickt meist einfach nur in das Feld **Hier klicken, um Aufgabe zu erstellen** 1. Anschließend wird eine kurze Aufgabenbeschreibung ergänzt, die Taste [↵] gedrückt, und fertig ist die Aufgabenerfassung. Als Ergebnis erhält man zwar eine nette Liste aller Aufgaben, wichtige Informationen, etwa zum Fälligkeitsdatum, fehlen aber. Wie Sie diese ergänzen, erfahren Sie im nächsten Tipp.

Tipp 092

Eine neue Aufgabe mit Details anlegen

Wenn Sie beim Erstellen der Aufgabe etwas mehr Zeit investieren, werden Sie mit einer detaillierten Aufgabenliste belohnt, mit der Sie all Ihre Aufgaben immer im Blick haben. Und so gehen Sie vor:

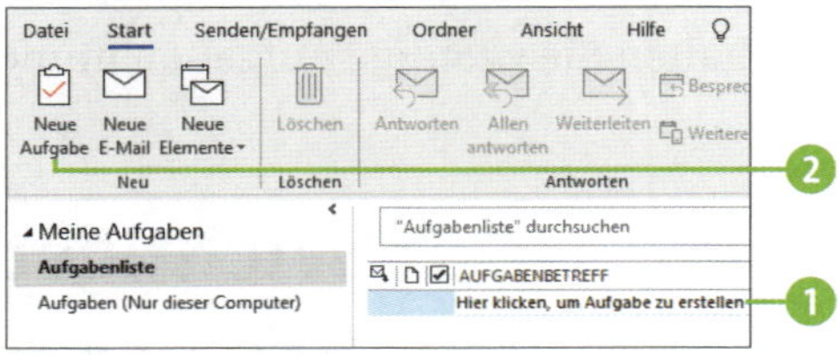

1. Klicken Sie im Modul **Aufgaben** im Register **Start** in der Gruppe **Neu** auf **Neue Aufgabe** (2). Das Modul lässt sich übrigens schnell über die Tastenkombination `Strg` + `4` aufrufen.
2. Im Aufgabenformular geben Sie im Feld **Betreff** eine kurze Bezeichnung für die Aufgabe ein (3).
3. Klicken Sie auf das Kalendersymbol am rechten Rand des Feldes **Startdatum** (4), und markieren Sie im aufklappenden Kalender das Datum, an dem Sie mit der Aufgabe beginnen werden.
4. Analog legen Sie im Feld **Fälligkeitsdatum** (5) den Termin fest, an dem die Aufgabe abgeschlossen sein muss. Speziell diese Angabe ist wichtig, um später die Aufgaben nach Fälligkeit sortieren zu können.
5. Wenn Sie sich an die Aufgabe erinnern lassen möchten, aktivieren Sie das Kästchen **Erinnerung** und geben dann das gewünschte Datum und die Uhrzeit an (6).
6. Haben Sie mit der Aufgabe bereits begonnen? Nachdem Sie im Feld **Status** den Eintrag **In Bearbeitung** (7) ausgewählt haben, können Sie im Feld **% erledigt** angeben, wie viel Prozent der Aufgabe bereits erledigt sind (8).
7. Im Feld **Priorität** (9) stehen Ihnen **Hoch**, **Normal** und **Niedrig** zur Auswahl.

8. Geben Sie im Notizfeld ⑩ ein paar Informationen rund um die Aufgabe ein. Dabei kann es sich um Text, Bilder, Tabellen, Dateien oder auch Outlook-Elemente, sprich E-Mails, handeln. Lesen Sie hierzu auch den folgenden Kasten »E-Mails in Aufgaben einfügen« .

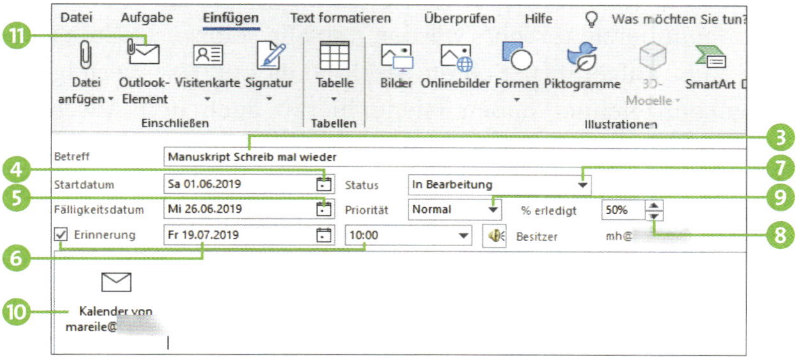

9. Sichern Sie die Aufgabe abschließend mit einem Klick auf **Speichern & schließen** im Register **Aufgabe**.

E-Mails in Aufgaben einfügen

Ihr Chef hat Ihnen eine Liste mit Themen oder auch Terminen geschickt, die Sie beim Erledigen der Aufgabe berücksichtigen müssen. Damit Sie diese nicht vergessen, fügen Sie die entsprechende E-Mail am besten im Notizfeld des Aufgabenformulars ein. Klicken Sie hierzu im Register **Einfügen** in der Gruppe **Einschließen** auf **Outlook-Element** ⑪. Im folgenden Dialog markieren Sie im Feld **Suchen in** den Ordner, in dem sich die Nachricht befindet (z. B. **Posteingang**), und im Feld **Elemente** dann die E-Mail. Schließen Sie den Dialog mit **OK**. Wenn Sie die Aufgabe später per Doppelklick auf den entsprechenden Eintrag in der Aufgabenliste öffnen, können Sie ebenfalls per Doppelklick die eingefügte E-Mail öffnen. Analog können Sie eine E-Mail übrigens auch an einen Termin hängen.

Tipp 093

Übersicht über anstehende Aufgaben

Welche Aufgabe sollten Sie als Erstes erledigen, welche haben durchaus noch etwas Zeit? Um eine Übersicht über alle anstehenden Aufgaben zu erhalten, klicken Sie im Ordnerbereich des Moduls **Aufgaben** auf **Aufgaben** ❶. In der Aufgabenübersicht rechts werden nun alle selbst erstellten Aufgaben aufgeführt. Sollten Sie E-Mails zur Nachverfolgung gekennzeichnet haben (siehe hierzu auch den Abschnitt »Auch Aufgaben: E-Mails zur Nachverfolgung kennzeichnen« ab Seite 161), fehlen diese in dieser Übersicht. Damit auch die gekennzeichneten Nachrichten ❷ in der Aufgabenübersicht rechts eingeblendet werden, müssen Sie im Ordnerbereich links stattdessen die **Aufgabenliste** ❸ wählen.

Im Register **Start** finden Sie in der Gruppe **Aktuelle Ansicht** diverse Filter. Klicken Sie auf das kleine Symbol ▾ ❹, klappt eine Übersicht über alle Filter auf. Wollen Sie sich z. B. alle in den nächsten sieben Tagen fälligen Aufgaben anzeigen lassen, klicken Sie auf **Nächste 7 ...**. Eine Übersicht über Aufgaben, die Sie laut Fälligkeitsdatum bereits längst hätten erledigen müssen, erhalten Sie nach einem Klick auf **Überfällig**. Um wieder alle Aufgaben in der Aufgabenübersicht zu sehen, wählen Sie z. B. die Ansicht **Detailliert** ❺.

Das Fälligkeitsdatum einer Aufgabe ändern

Ein Projekt wurde um ein paar Tage oder gar Wochen verschoben? Um das Fälligkeitsdatum entsprechend anzupassen, markieren Sie im Modul **Aufgaben** die **Aufgabenliste**. Stellen Sie sicher, dass im Register **Start** in **Aktuelle Ansicht** die Ansicht **Detailliert** ausgewählt ist. Doppelklicken Sie im Ansichtsbereich rechts auf die gewünschte Aufgabe, um das entsprechende Aufgabenformular zu öffnen. Nehmen Sie nun die nötigen Korrekturen vor, indem Sie z.B. das Fälligkeitsdatum ändern. Die überarbeiteten Angaben sichern Sie mit **Speichern & schließen**.

Gut gegen Vergesslichkeit: Überfällige Aufgaben hervorheben

Tipp 094

Überfällige Aufgaben sollten sofort ins Auge fallen. Damit sie in der Aufgabenübersicht farbig hervorgehoben werden, reicht eine kleine Einstellung in den Outlook-Optionen. Diese legen Sie so fest:

1. Rufen Sie im Register **Datei** die **Optionen** auf. Markieren Sie in der linken Spalte des Dialogs **Outlook-Optionen** die **Aufgaben**.
2. Klicken Sie auf das Symbol rechts von **Farbe für überfällige Aufgaben** (1), und markieren Sie in der Farbpalette den gewünschten Farbton. Analog können Sie auch die **Farbe für erledigte Aufgaben** festlegen (2).
3. Wollen Sie sich an den Tagen, an denen Aufgaben fällig sind, extra an die Aufgabe erinnern lassen, setzen Sie vor **Erinnerungen für Aufgaben mit Fälligkeitsdatum aktivieren** ein Häkchen (3).
4. Mit **OK** übernehmen Sie Ihre Einstellungen.

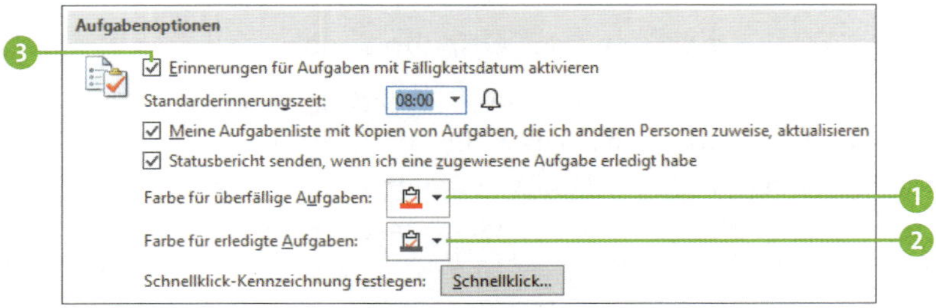

Tipp 095

Aufgabe als erledigt markieren oder ganz löschen

Sie haben eine Aufgabe erfolgreich erledigt? Um dies auch in der Aufgabenverwaltung entsprechend zu hinterlegen, markieren Sie im Modul **Aufgaben** in der Aufgabenübersicht rechts die gewünschte Aufgabe. Klicken Sie im Register **Start** in der Gruppe **Aufgabe verwalten** auf **Als erledigt markieren** 1. Die Aufgabe erscheint zwar weiterhin in der Aufgabenübersicht, nun allerdings durchgestrichen 2. Das Kästchen am linken Rand der Aufgabe ist außerdem mit einem Häkchen versehen.

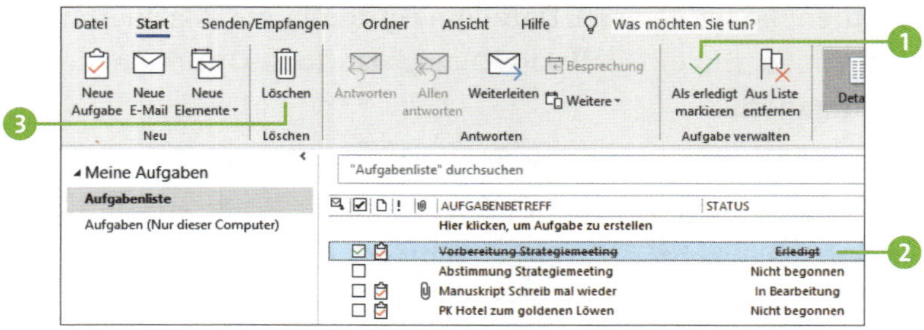

Wollen Sie die Aufgabe ganz entfernen, markieren Sie sie und klicken dann im Register **Start** auf **Löschen** 3. Was Sie beim Löschen von E-Mails, die zur Nachverfolgung gekennzeichnet sind und damit ebenfalls in der Aufgabenliste erscheinen, beachten sollten, erfahren Sie in Tipp 102 auf Seite 165.

Aufgaben delegieren oder selbst empfangen

Eine wichtige Aufgabe steht an, für die Sie selbst keine Zeit haben? Oder verfügt ein Kollege bzw. eine Kollegin über die hierfür nötigen Informationen? Dann reichen Sie die Aufgabe am besten weiter.

Eine Aufgabe anderen zuweisen

Tipp 096

Möchten Sie eine Aufgabe an eine andere Person delegieren, gehen Sie folgendermaßen vor:

1. Stellen Sie sicher, dass in Outlook das Modul **Aufgaben** angezeigt wird. Existiert die Aufgabe bereits in Ihrer Aufgabenliste, doppelklicken Sie in der Aufgabenübersicht darauf. Hierdurch wird das Aufgabenformular geöffnet. Müssen Sie die Aufgabe erst neu anlegen, klicken Sie im Register **Start** auf **Neue Aufgabe**.
2. Geben Sie im Aufgabenformular nun alle wichtigen Informationen an, die die Person, an die Sie die Aufgabe gleich weiterleiten, zum Bearbeiten benötigt. Vergessen Sie dabei nicht, das Fälligkeitsdatum (1) sowie den Bearbeitungsstatus (2) einzutragen. Letzteres ist vor allem wichtig, falls Sie selbst schon mit der Aufgabe begonnen haben und ein Kollege sie nur fortsetzen soll. Nähere Angaben hierzu können Sie im Notizfeld eintragen (3).
3. Als Nächstes geben Sie die Person an, an die Sie die Aufgabe delegieren möchten. Klicken Sie hierzu im Register **Aufgabe** in der Gruppe **Aufgabe verwalten** auf **Aufgabe zuweisen** (4).

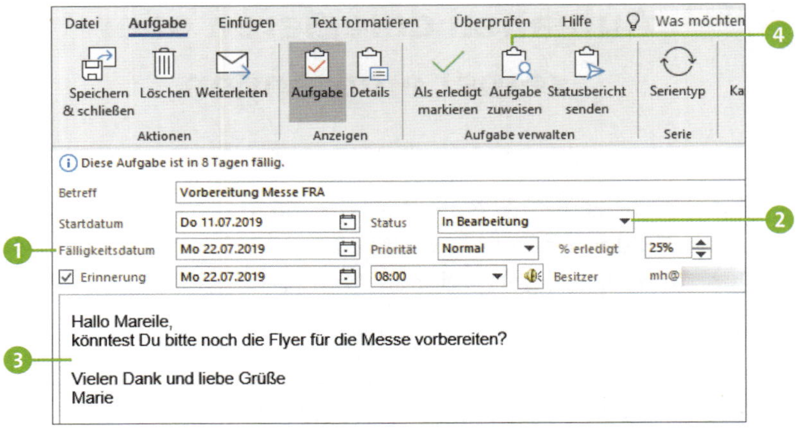

4. Klicken Sie in das nun sichtbare Feld **An** (5), und wählen Sie in Ihren Outlook-Kontakten die Person aus, an die Sie die Aufgabe weiterreichen möchten. Falls nötig, können Sie die Aufgabe natürlich auch an mehrere Personen weiterleiten.

5. Um den Bearbeitungsstand der Aufgabe weiter verfolgen zu können, sollten Sie die beiden Kästchen **Aktualisierte Kopie dieser Aufgabe in meiner Aufgabenliste speichern** sowie **Statusbericht an mich senden, sobald die Aufgabe erledigt ist** jeweils aktivieren (6).

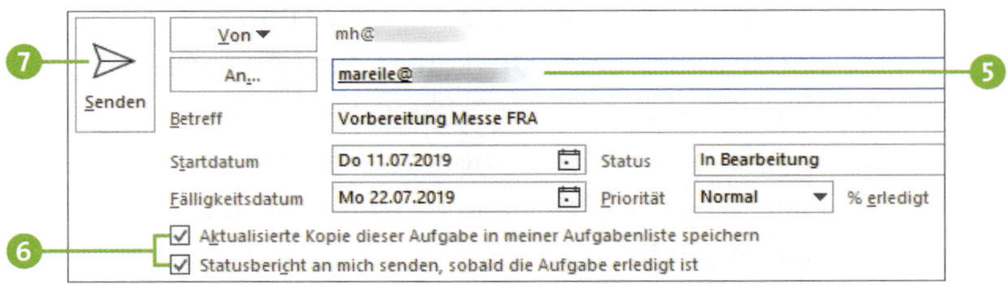

6. Mit einem Klick auf **Senden** (7) leiten Sie die Aufgabe an die ausgewählte(n) Person(en) weiter.

7. In Ihrer Aufgabenliste finden Sie nun eine Kopie der Aufgabe, die mit dem Symbol gekennzeichnet ist. Doppel-

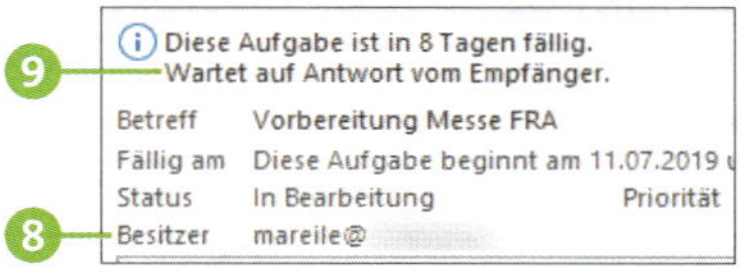

klicken Sie auf die Aufgabe, ist im folgenden Dialog als **Besitzer** 8 die Person aufgeführt, der Sie die Aufgabe zugeschickt hatten. Wenn Ihr Kollege bzw. die Kollegin noch nicht reagiert hat, erscheint außerdem der Hinweis **Wartet auf Antwort vom Empfänger** 9.

Aufgabenliste um Spalte »Zugewiesen an« erweitern

Wenn man häufiger Aufgaben an andere delegiert, kann man schnell die Übersicht verlieren. Damit Sie bereits nach einem Blick in die Aufgabenliste sehen, wem Sie welche Aufgabe zugewiesen haben, sollten Sie der Liste eine entsprechende Spalte hinzufügen. Klicken Sie hierzu im Register **Ansicht** in der Gruppe **Anordnung** auf **Spalten hinzufügen**. Blättern Sie in der linken Spalte des Dialogs **Spalten anzeigen** nach unten. Markieren Sie den Eintrag **Zugewiesen an**, und klicken Sie auf **Hinzufügen**. Sobald Sie den Dialog mit **OK** schließen, finden Sie in der Aufgabenliste die gewünschte Spalte.

Delegierte Aufgabe wird angenommen

Tipp 097

Es steht natürlich jedem frei, eine zugewiesene Aufgabe anzunehmen oder auch abzulehnen. Die Entscheidung der Person wird Ihnen automatisch per E-Mail zugesendet. Für den positiven Fall, dass die Person die Aufgabe übernimmt, ist die E-Mail mit dem Symbol  gekennzeichnet. Per Doppelklick auf die Nachricht können Sie sich die E-Mail ansehen. Sobald Sie das Nachrichtenfenster schließen, verschwindet die E-Mail aus dem Posteingang.

Über die Aufgabenkopie in Ihrer Aufgabenübersicht können Sie sich weiterhin über den Status der Aufgabe informieren.

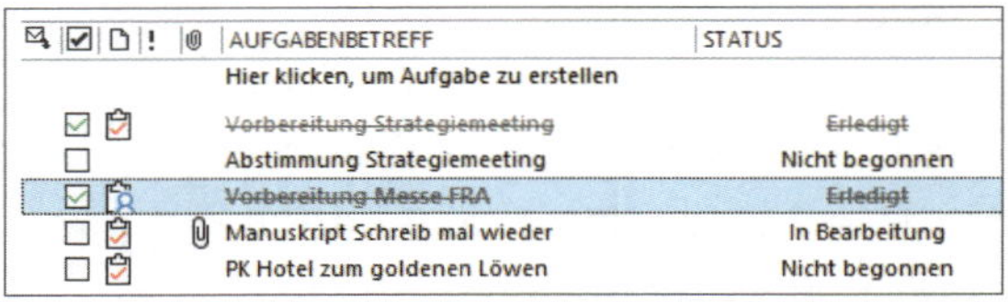

Eine Bearbeitung der Aufgabe ist Ihrerseits nun allerdings nicht mehr möglich. Alle Änderungen, die der Kollege bzw. die Kollegin an der Aufgabe vornehmen, werden automatisch in Ihrer Kopie der Aufgabe angezeigt. Dies gilt auch für den Moment, in dem die Person die Aufgabe als erledigt markiert. Hierüber informiert Sie Outlook automatisch per E-Mail. Die Kopie der Aufgabe wird in Ihrer Aufgabenübersicht nun ebenfalls als erledigt gekennzeichnet.

Tipp 098

Delegierte Aufgabe wird abgewiesen

Es wäre zu schön gewesen, um wahr zu sein. Doch leider hat die Person, an die Sie die Aufgabe delegieren wollten, keine Zeit. Die Ablehnung der Aufgabe wird Ihnen wieder per E-Mail mitgeteilt. Die Mail ist mit dem Symbol  gekennzeichnet.

In Ihrer Aufgabenliste im Modul **Aufgaben** erscheint die Aufgabe weiterhin als zugewiesen. Sie können sich somit zwar die Aufgabenbeschreibung ansehen, aber keine Änderungen an der Aufgabe vornehmen. Um die Bearbeitung der Aufgabe selbst zu übernehmen oder an eine andere Person zu delegieren, doppelklicken Sie auf die Aufgabe.

Klicken Sie im Register **Aufgabe** in der Gruppe **Aufgabe verwalten** auf **Zur Aufgabenliste zurückkehren**. Die Aufgabe erscheint nun wieder im gewohnten Aufgabenformular, das Sie selbst bearbeiten können. Vergessen Sie auch hier nicht, die Anpassungen mit **Speichern & schließen** zu sichern.

Selbst eine Aufgabenanfrage erhalten

Tipp 099

Ihr Chef hat Sie für eine besondere Aufgabe vorgesehen und Ihnen diese gleich in Outlook zugewiesen. Die Information hierüber erhalten Sie per E-Mail. Dass es sich bei der Nachricht um eine Aufgabenanfrage handelt, ist an dem Symbol zu erkennen. Um die Aufgabe anzunehmen bzw. abzulehnen, gehen Sie folgendermaßen vor:

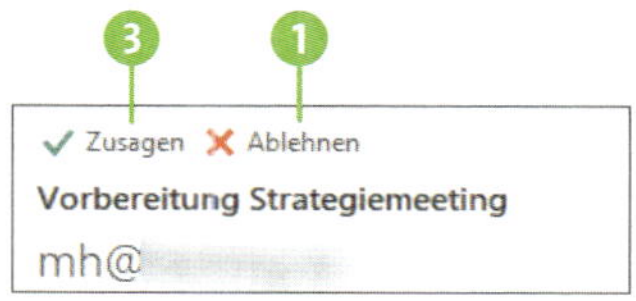

1. Öffnen Sie die E-Mail per Doppelklick. Im Nachrichtenfenster finden Sie nun die beiden Schaltflächen **Zusagen** und **Ablehnen**.
2. Wenn Sie die Aufgabe nicht übernehmen können oder wollen, klicken Sie auf **Ablehnen** ①.
3. Um nicht ganz unhöflich zu erscheinen, sollten Sie vor dem Absenden Ihrer Antwort der Nachricht eine kurze Erklärung hinzufügen. Aktivieren Sie hierzu die Option **Antwort vor dem Senden bearbeiten** ②. Sobald Sie den Dialog **Aufgabe ablehnen** mit **OK** geschlossen haben, können Sie im nun sichtbaren Nachrichtenfenster eine kurze Information ergänzen. Schicken Sie die Antwort dann mit **Senden** ab.

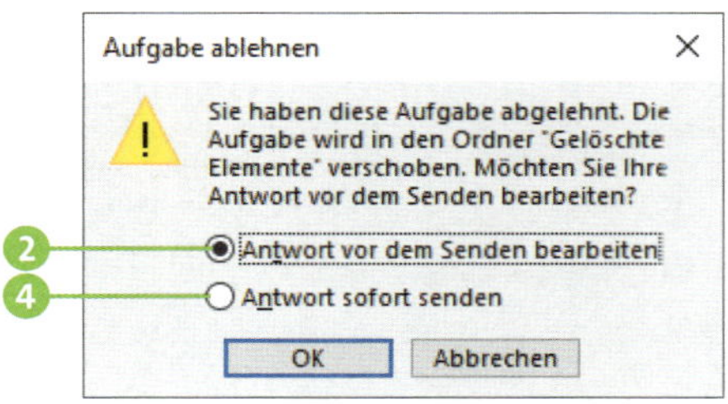

4. Können Sie die Bearbeitung der Aufgabe übernehmen, klicken Sie in der E-Mail mit der Aufgabenanfrage auf **Zusagen** ③.
5. Auch hier haben Sie wieder die Möglichkeit, der Nachricht, die Outlook automatisch generiert, ein paar eigene Zeilen hinzuzufügen. Bei einer positiven Antwort können

Sie natürlich auch die Option **Antwort sofort senden** 4 beibehalten. In diesem Fall schickt Outlook die Nachricht ab, sobald Sie den Dialog mit **OK** geschlossen haben.

Die E-Mail mit der Aufgabenanfrage verschwindet aus Ihrem Postfach. Dafür finden Sie im Modul **Aufgaben** nun die gerade angenommene Aufgabe. Nach einem Doppelklick auf die Aufgabe können Sie z. B. den Fortschritt der Aufgabe dokumentieren oder auch eigene Informationen ergänzen. Wenn die Person, die Ihnen die Aufgabe zugewiesen hat, eine Kopie der Aufgabe beibehalten hat, erhält sie automatisch per E-Mail einen Statusbericht, sobald Sie Ihre Aktualisierungen mit **Speichern & schließen** 5 sichern. Über die Schaltfläche **Statusbericht senden** 6 können Sie ihr aber auch gesondert einen Hinweis schicken, etwa wenn Sie den Chef über Details zur Aufgabe informieren möchten, die im Aufgabenformular selbst nicht erfasst wurden. Solche Hinweise geben Sie einfach im Nachrichtenfenster ein, das sich nach dem Klick auf die Schaltfläche **Statusbericht senden** öffnet. Die Nachricht verschicken Sie dann wie gewohnt mit **Senden**.

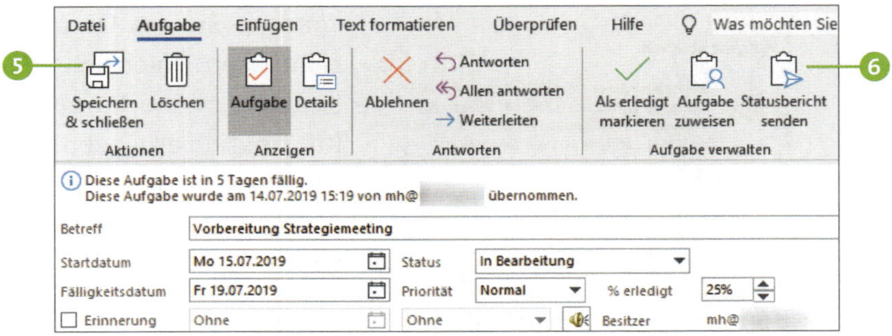

Aufgaben im Kalender anzeigen

Um Aufgaben, Termine und Besprechungen gleichzeitig im Blick zu behalten, können Sie sich Ihre Aufgaben im Kalender anzeigen lassen. Wechseln Sie hierzu im Modul **Kalender** in das Register **Ansicht**. In der Gruppe **Layout** klicken Sie auf **Aufgabenleiste ► Aufgaben**. Rechts vom Kalender wird eine weitere Spalte eingeblendet, in der alle anstehenden Aufgaben nach Fälligkeitsdatum sortiert aufgelistet werden.

Auch Aufgaben: E-Mails zur Nachverfolgung kennzeichnen

Nicht immer werden Aufgaben so offiziell delegiert, wie im vorherigen Abschnitt gezeigt. Häufig erhält man vom Chef oder von einem Kollegen auch nur eine einfache E-Mail mit der Bitte um Erledigung einer Aufgabe. Wenn Sie sich nicht sofort damit beschäftigen können, sollten Sie die Nachricht zur Nachverfolgung kennzeichnen. Die E-Mail wird damit in der Nachrichtenübersicht mit einem kleinen Fähnchen versehen. Noch wichtiger aber: Die Nachricht erscheint außerdem in Ihrer Aufgabenliste, sodass Sie ihre Bearbeitung nicht vergessen können. Eine solche Nachverfolgung lässt sich aber nicht nur für erhaltene E-Mails einrichten, sondern auch für die Nachrichten, die Sie selbst verschicken.

Erhaltene E-Mails kennzeichnen

Tipp 100

Damit die Bearbeitung einer E-Mail, die Sie erhalten haben, nicht in Vergessenheit gerät, kennzeichnen Sie sie am besten zur Nachverfolgung.

1. Markieren Sie in der Nachrichtenübersicht des Moduls **E-Mail** die E-Mail, die Sie zur Nachverfolgung kennzeichnen möchten.

2. Im Register **Start** klicken Sie nun in der Gruppe **Kategorien** auf **Zur Nachverfolgung** ①.

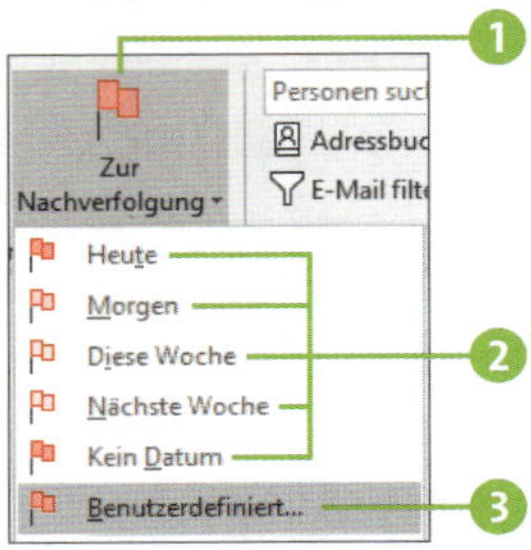

3. Wählen Sie in der aufklappenden Liste eine der Optionen **Heute**, **Morgen**, **Diese Woche** oder **Nächste Woche** ② aus. Entspricht keine dieser Optionen Ihren Wünschen, markieren Sie **Benutzerdefiniert** ③.

4. Im Dialog **Benutzerdefiniert** legen Sie in den entsprechenden Feldern das **Startdatum** und das **Fälligkeitsdatum** fest ④.

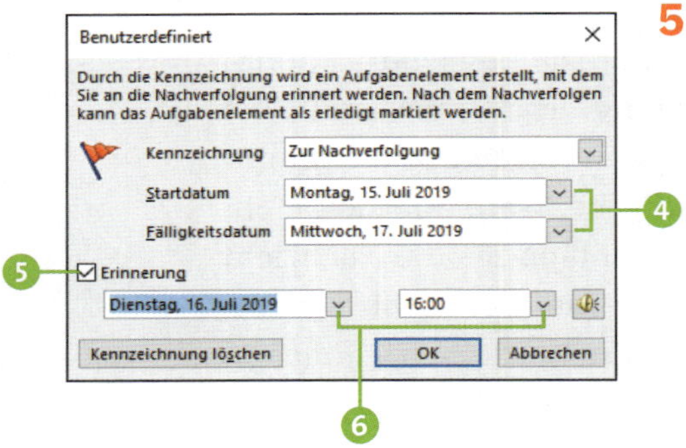

5. Um die Bearbeitung der E-Mail keinesfalls zu vergessen, aktivieren Sie die **Erinnerung** ⑤ und bestimmen den Zeitpunkt, zu dem Sie erinnert werden möchten ⑥. An diesem Termin klappt dann ein Erinnerungsfenster auf dem Bildschirm auf. Übernehmen Sie Ihre Einstellungen mit **OK**.

Die zur Nachverfolgung gekennzeichnete E-Mail finden Sie in der Nachrichtenübersicht sofort anhand des kleinen Fähnchens. Außerdem erscheint die Nachricht in der Aufgabenliste im Modul **Aufgaben**. Wie Sie die Kennzeichnung aufheben, erfahren Sie in Tipp 102 auf Seite 165.

Tipp 101 E-Mail vor dem Senden zur Nachverfolgung kennzeichnen

Nicht nur bereits erhaltene Nachrichten lassen sich zur Nachverfolgung kennzeichnen, sondern auch E-Mails, die Sie gerade selbst schreiben. Wenn Sie möchten, können Sie sogar für den Empfänger eine Kennzeichnung und Erinnerung ergänzen. Ob dieser sie übernimmt, bleibt ihm allerdings selbst überlassen. Um eine E-Mail noch vor dem Versenden zur Nachverfolgung zu kennzeichnen, gehen Sie folgendermaßen vor:

1. Öffnen Sie im Modul **E-Mail** per Klick auf **Neue E-Mail** im Register **Start** ein neues Nachrichtenformular. Geben Sie wie gewohnt die E-Mail-Adresse des Empfängers ein, ergänzen Sie einen Betreff, und schreiben Sie den Nachrichtentext.

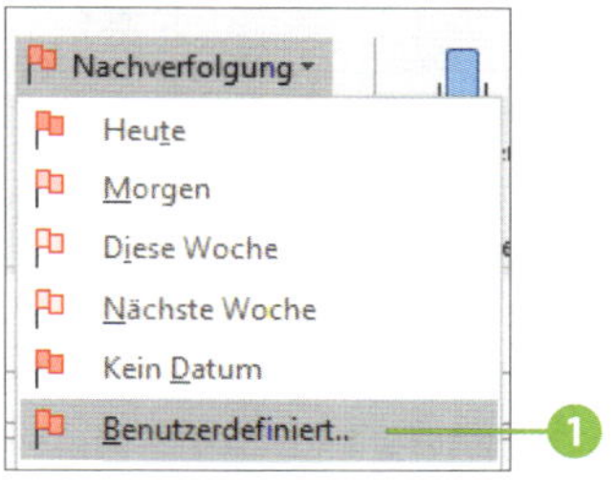

2. Um die E-Mail zur Nachverfolgung zu kennzeichnen, klicken Sie im Register **Nachricht** in der Gruppe **Markierungen** auf **Nachverfolgung**. Um die E-Mail auch für den Empfänger kennzeichnen zu können, müssen Sie in der aufklappenden Liste die Option **Benutzerdefiniert** (1) wählen.
3. Stellen Sie sicher, dass **Für mich kennzeichnen** (2) mit einem Häkchen versehen ist. Legen Sie dann das **Startdatum** und das **Fälligkeitsdatum** fest (3). Wollen Sie rechtzeitig erinnert werden, versehen Sie **Erinnerung** mit einem Häkchen und geben den gewünschten Zeitpunkt an (4).
4. Soll die Nachricht auch für den Empfänger gekennzeichnet und mit einer Erinnerung versehen werden, aktivieren Sie die beiden entsprechenden Kästchen (5).
5. Schließen Sie den Dialog mit **OK**, und senden Sie die E-Mail mit einem Klick auf **Senden**.

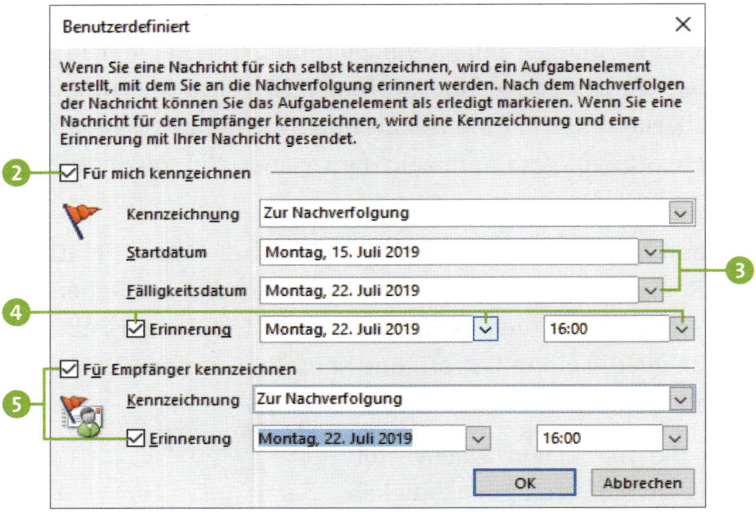

Die gerade verschickte E-Mail wird bei Ihnen im Ordner **Gesendete Elemente** mit dem Symbol versehen. Außerdem wird sie in der **Aufgabenliste** im Modul **Aufgaben** aufgeführt.

Was tun, wenn man selbst eine gekennzeichnete E-Mail erhält?

Eine E-Mail, die der Absender gekennzeichnet hat, wird in Ihrem Posteingang mit dem Symbol versehen. Eine kleine Glocke deutet wiederum die Erinnerung an, die ggf. festgelegt wurde. Möchten Sie dem Ratschlag des Absenders folgen und die Nachricht ebenfalls zur Nachverfolgung kennzeichnen, klicken Sie das Symbol mit der rechten Maustaste an und markieren die gewünschte Option zur Nachverfolgung. Erst jetzt erscheint die E-Mail auch bei Ihnen in Ihrer Aufgabenliste. Wünschen Sie hingegen weder eine Erinnerung noch eine Kennzeichnung zur Nachverfolgung, wählen Sie nach dem rechten Mausklick auf das Symbol im Kontextmenü **Kennzeichnung löschen**.

Kennzeichnung von E-Mails aufheben

Tipp 102

Sie haben eine E-Mail erfolgreich bearbeitet? Um sie als erledigt zu kennzeichnen, klicken Sie einfach in der Nachrichtenübersicht auf das Fähnchen. Die Nachricht wird nun mit einem grünen Häkchen gekennzeichnet. Im Modul **Aufgaben** wird sie in der **Aufgabenliste** durchgestrichen. Sollten Sie die erledigte Aufgabe aus der Liste entfernen wollen, sollten Sie sie keineswegs einfach löschen. Denn hierdurch wird automatisch auch die E-Mail gelöscht. Wenn Sie zwar die Aufgabe entfernen, die Nachricht aber beibehalten möchten, haben Sie zwei Möglichkeiten:

- Klicken Sie im Modul **E-Mail** mit der rechten Maustaste auf die E-Mail. Wählen Sie dann **Zur Nachverfolgung ► Kennzeichnung löschen**. Damit wird die E-Mail automatisch in der Aufgabenliste entfernt.

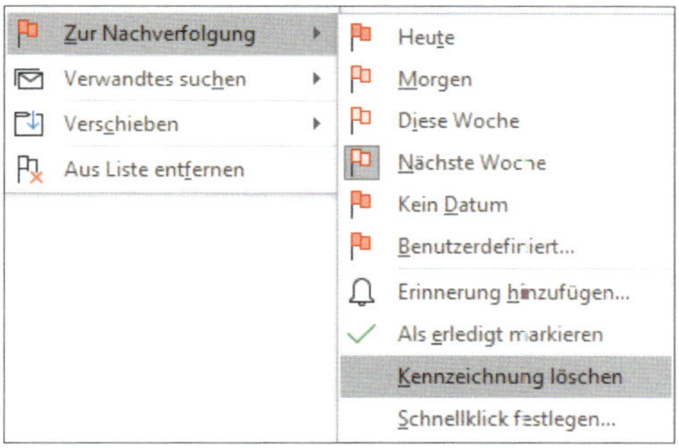

- Befinden Sie sich im Modul **Aufgaben**, markieren Sie im Ordnerbereich links die **Aufgabenliste**. Klicken Sie dann in der Aufgabenübersicht mit der rechten Maustaste auf die E-Mail, und wählen Sie **Zur Nachverfolgung ► Kennzeichnung löschen**. Die E-Mail verschwindet nun ebenfalls aus der Aufgabenliste, bleibt aber im Modul **E-Mail** weiterhin bestehen.

Notizen und mehr digital erfassen mit OneNote

Wünschen Sie sich eine Anwendung, mit der Sie schnell eigene Notizen erfassen und alle wichtigen Fakten, Dokumente und Links rund um die Projektplanung im Blick behalten? Ganz gleich, ob es sich um Bilder handelt, Excel-Kalkulationen, Word-Dokumente, in Outlook gespeicherte Termine, Ausschnitte von Webseiten oder Ähnliches? Solch ein digitales Notizbuch gibt es bereits seit Langem. Sein Name: OneNote. In diesem und dem folgenden Kapitel ab Seite 209 zeigen wir Ihnen, welche Vorteile Ihnen OneNote bei der täglichen Büroarbeit bietet. Wer einmal angefangen hat, seine Projekte mit diesem praktischen Tool zu planen und zu organisieren, wird es so schnell nicht mehr missen wollen.

OneNote effektiv verwenden

OneNote ist in den unterschiedlichsten Versionen verfügbar: als eigenständige OneNote-App für Windows 10, als Desktop-Version, als App für das Smartphone und als Online-Version, die Sie über den Browser öffnen.

Welche Version darf es denn sein?

Tipp 103

Drücken Sie die Taste ⊞ und werfen einen Blick in das Startmenü von Windows 10, kann es sein, dass Sie hier gleich zwei Versionen von OneNote entdecken: die OneNote-App ❶ und OneNote 2016 ❷. Letzteres ist die Desktop-Version von OneNote und Bestandteil von Microsoft Office 2016. Mit Office 2019 verabschiedet sich Microsoft von der Desktop-Version. Bei der Weiterentwicklung von OneNote liegt der Fokus nun auf der OneNote-App, die auf jedem Windows-10-PC vorin-

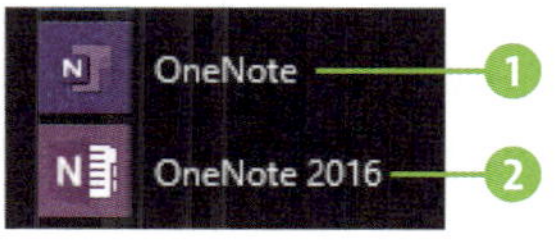

stalliert ist. Sowohl für Android-Smartphones als auch für iPhones sowie Windows Phones gibt es ebenfalls eine mobile OneNote-App, die Sie über den jeweiligen Store beziehen können. Zusätzlich lässt sich OneNote auch über die Webseite *www.onenote.com* im Browser (z. B. Firefox, Edge, Safari oder auch Google Chrome) nutzen.

So holen Sie sich OneNote 2016 zurück

Wer früher Office 2016 auf dem PC installiert hatte und nun auf Office 2019 bzw. Office 365 umgestiegen ist, wird OneNote 2016 nicht mehr im Startmenü finden. Diejenigen, die OneNote 2016 bereits genutzt und eine gültige Version von Office 2019 oder Office 365 auf dem Computer installiert haben, können sich OneNote 2016 über *www.onenote.com/download* zurückholen. Allen anderen wird beim Aufruf der Webseite die OneNote-App zum Download angeboten.

Tipp 104 Microsoft-Konto erforderlich – ja oder nein?

Um die OneNote-App nutzen zu können, müssen Sie sich nach dem ersten Start der App mit einem persönlichen Microsoft-Konto ❶ bzw. einem **Geschäfts-, Schul- oder Unikonto** ❷ anmelden. Sind Sie sich unsicher, welches Konto Sie in Ihrem Unternehmen verwenden dürfen, fragen Sie zur Sicherheit den Systemadministrator. Wer OneNote über einen Browser oder eine der mobilen Apps für Smartphones öffnen will, kommt ebenfalls nicht ohne ein entsprechendes Konto aus. Lediglich die Desktop-Version OneNote 2016 lässt sich zunächst auch ohne

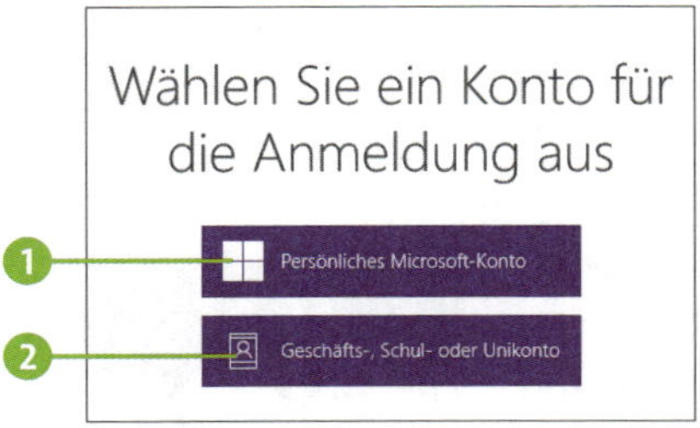

Microsoft-Konto nutzen. Hier ist die Anmeldung mit einem Microsoft-Konto erst dann nötig, wenn Sie Ihre Notizbücher in der Cloud *OneDrive* speichern wollen, um auch von unterwegs, z. B. via Smartphone oder Browser, darauf zugreifen zu können. Weitere Informationen zur Synchronisation der Notizbücher, aber auch zur Möglichkeit, Notizbücher gemeinsam mit Kollegen zu bearbeiten, erhalten Sie im Kapitel »Outlook, OneNote und OneDrive im Team« ab Seite 209.

Wie und wo werden Notizbücher gespeichert?

Tipp 105

Das Wichtigste zuerst: SIE speichern das Notizbuch gar nicht, denn dies übernimmt OneNote für Sie ganz automatisch. Somit finden Sie in OneNote auch keinerlei Schaltfläche oder Symbol zum Speichern. Sie legen lediglich den Speicherort fest. Wo das Notizbuch abgelegt wird, hängt von der verwendeten Version ab: Nutzen Sie die OneNote-App, ist dies ausschließlich die Cloud OneDrive, es sei denn, in Ihrem Unternehmen wurde ein anderer Speicherort (z. B. *SharePoint*) festgelegt. Lediglich mit der Desktop-Version OneNote 2016 haben Sie zusätzlich zu **OneDrive** 1 die Möglichkeit, Ihre Notizbücher auf der Festplatte 2, einem Netzwerklaufwerk oder auch einem USB-Stick zu sichern. Den Speicherort wählen Sie beim Erstellen des neuen Notizbuchs aus. Den in der Abbildung rechts dargestellten Dialog rufen Sie in OneNote 2016 über **Datei ► Neu** auf. Wie Sie in der OneNote-App ein neues Notizbuch anlegen, erfahren Sie im folgenden Abschnitt.

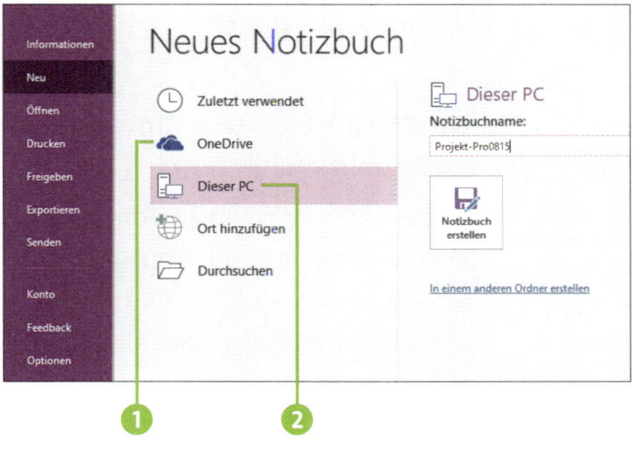

So erstellen Sie Ihr eigenes Notizbuch

Sie können sich den Aufbau eines OneNote-Notizbuchs ganz einfach wie einen Aktenordner vorstellen: Der Aktenordner selbst ist das Notizbuch. Solch ein Ordner wird klassischerweise mithilfe von Registern in Abschnitte aufgeteilt. Auch das Notizbuch verfügt über solche Abschnitte, die Sie wiederum gruppieren können, um für noch mehr Übersicht zu sorgen. Jeder Abschnitt besteht aus Seiten, die wiederum Unterseiten enthalten können. Die Seiten enthalten die eigentlichen Informationen. Hier fügen Sie also Ihre Notizen ein, Bilder, Informationen zu Besprechungsterminen, Verknüpfungen zu Präsentationen und Ähnliches mehr.

Wenn Sie OneNote das erste Mal starten, finden Sie bereits ein persönliches Notizbuch vor. So, wie Sie mehrere Aktenordner anlegen können, lassen sich in OneNote natürlich auch mehrere Notizbücher erstellen, z. B. für jedes Ihrer Projekte ein eigenes. Wie Sie hierzu vorgehen und wie Sie das Notizbuch mit Inhalt füllen, zeigen wir größtenteils am Beispiel der OneNote-App. Lesen Sie hierzu auch den folgenden Kasten »OneNote-Versionen: Unterschiede in der Oberfläche und Funktionsvielfalt«.

OneNote-Versionen: Unterschiede in der Oberfläche und Funktionsvielfalt

Bedienung per Touchscreen, Dateiablage im Online-Speicher: Microsoft passt seine Apps immer mehr dem Wandel der Zeit an. Das zeigt sich auch bei OneNote. Während die Oberfläche der Desktop-Version OneNote 2016 mit ihrer Vielzahl an kleinen Symbolen und Schaltflächen im Menüband stark an Office-Programme wie Word oder Excel erinnert (siehe die untere Abbildung), wirkt die Oberfläche der OneNote-App für Windows 10 mit ihren wenigen, dafür großen Symbolen sehr übersichtlich (siehe die folgende Abbildung).

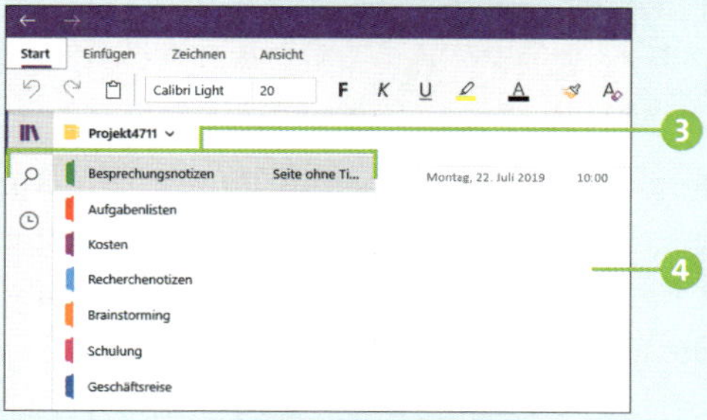

Die Anordnung der Abschnitte und Seiten wurde in der App leicht geändert. Während die Abschnitte in OneNote 2016 über Registerreiter am oberen Fensterrand zu erreichen sind **1** und die Seiten über eine eigene Spalte am rechten Fensterrand **2**, wird in der App nun beides in einer Navigationsspalte links angezeigt **3**. Rechts von der Navigationsspalte (in OneNote 2016 unterhalb der Registerreiter) befindet sich der Inhaltsbereich, in dem Sie Ihre Notizen ergänzen, Bilder einfügen etc. **4**.

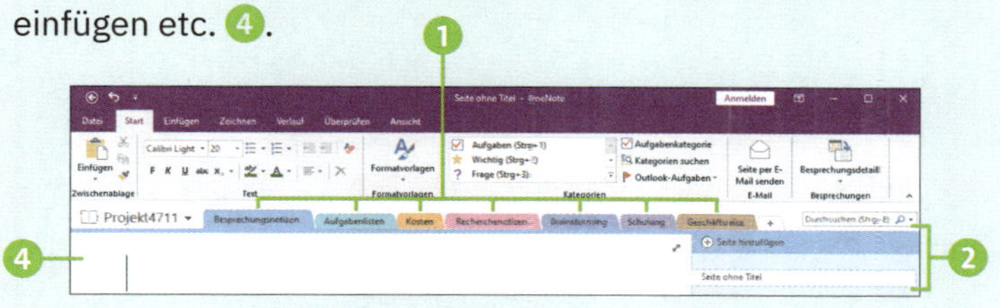

Ein neues Notizbuch anlegen

Tipp 106

Wenn Sie für ein Projekt ein neues Notizbuch anlegen möchten, gehen Sie nach dem Start der OneNote-App folgendermaßen vor:

1. Klicken Sie in der Navigationsspalte auf den Pfeil rechts von **Notizbuch von ...** ①. Wird die Schaltfläche nicht angezeigt, blenden Sie die Navigation mit einem Klick auf das Symbol [II\] ② ein.

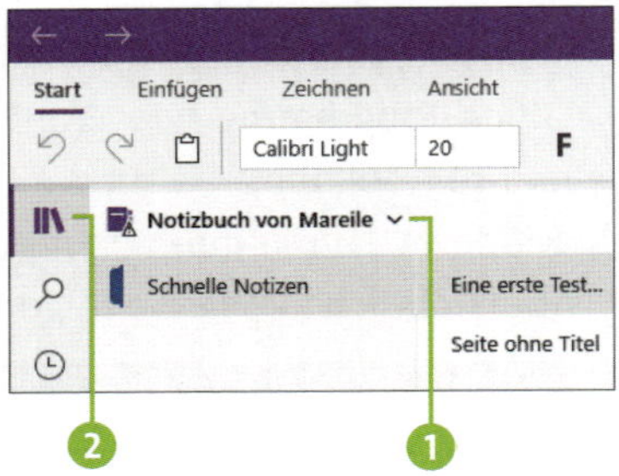

2. Im nun eingeblendeten Menü werden Ihnen alle Ihre Notizbücher angezeigt, sofern Sie denn bereits entsprechende angelegt haben. Um ein neues Notizbuch zu erstellen, klicken Sie auf **Notizbuch hinzufügen**.

3. Im Dialog **Notizbuch erstellen** bietet Ihnen OneNote einige vorbereitete Notizbuchtypen ③ an. Meist ist es aber sinnvoller, die Struktur des Notizbuchs mit Abschnitten und Seiten selbst festzulegen. Belassen Sie daher die Markierung beim Notizbuchtyp **Leer** ④. Geben Sie im Feld **Notizbuchname** einen Namen für Ihr Notizbuch an, etwa die Bezeichnung Ihres Projekts ⑤.

4. Bestätigen Sie die Eingabe mit **Notizbuch erstellen** ⑥.

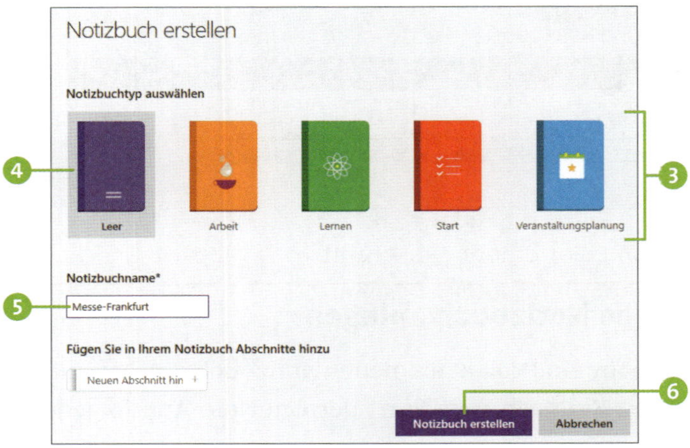

Zwischen den Notizbüchern wechseln

Im Laufe der Zeit werden Sie immer mehr eigene Notizbücher anlegen. Nach dem Start von OneNote wird jeweils das zuletzt geöffnete Notizbuch angezeigt. Um ein anderes zu öffnen, klicken Sie in der Navigationsspalte auf den Pfeil rechts vom Namen des geöffneten Notizbuchs (1 auf Seite 172). Im aufklappenden Menü markieren Sie dann das Notizbuch, das Sie als Nächstes bearbeiten möchten.

Abschnitte erzeugen und gestalten

Tipp 107

Als Nächstes legen Sie die Struktur des Notizbuchs in Form von Abschnitten fest. Dabei kann jeder Abschnitt z. B. für eine Projektphase stehen.

1. Um dem Notizbuch einen neuen Abschnitt hinzuzufügen, klicken Sie am unteren Rand der Navigationsspalte auf **Abschnitt hinzufügen**.

2. Der erste Abschnitt wird in der Navigationsspalte unterhalb des Notizbuchnamens eingeblendet. Überschreiben Sie den markierten Namen **Neuer Abschnitt** mit einer eigenen Bezeichnung 1. Die Eingabe schließen Sie durch Drücken der Taste ↵ ab.
3. Wiederholen Sie Schritt 1 und 2 für weitere Abschnitte.
4. Sollten Sie einem Abschnitt versehentlich einen falschen Namen gegeben haben, klicken Sie ihn mit der rechten Maustaste an 2.

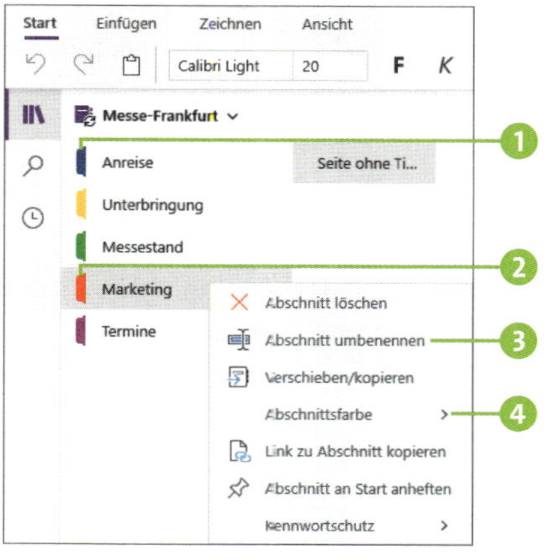

Wählen Sie im Kontextmenü den Befehl **Abschnitt umbenennen** 3, und überschreiben Sie den nun markierten Namen mit der korrekten Bezeichnung.

5. Jeder Abschnitt wird in einem anderen Farbton gefärbt. Gefällt Ihnen die Farbe eines Abschnitts nicht, können Sie über den Befehl **Abschnittsfarbe** 4 im Kontextmenü einen neuen Farbton auswählen.

6. Die Abschnitte werden zunächst in der Reihenfolge angezeigt, in der Sie sie erzeugt haben. Um einen Abschnitt zu verschieben, ziehen Sie ihn einfach mit gedrückter linker Maustaste an die gewünschte neue Position.

Abschnitte thematisch gruppieren

Benötigen Sie für ein umfangreiches Projekt recht viele Abschnitte, können Sie für mehr Übersicht sorgen, indem Sie die Abschnitte nach Themen zusammenfassen. Um eine Abschnittsgruppe zu erzeugen, klicken Sie in der Navigationsspalte unten mit der rechten Maustaste auf **Abschnitt hinzufügen**. Wählen Sie im Kontextmenü **Neue Abschnittsgruppe**. Überschreiben Sie in der Navigationsspalte den markierten Namen **Abschnittsgruppe** mit einem Oberbegriff für die Abschnitte. Um einen bereits vorhandenen Abschnitt in die Gruppe zu verschieben, ziehen Sie ihn mit gedrückter linker Maustaste auf den Gruppennamen. Das ist beim ersten Abschnitt nicht immer ganz einfach. Unser Tipp: Achten Sie darauf, dass sich der Farbbalken des Abschnittsnamens auf dem Pfeil links vom Gruppennamen befindet, bevor Sie die Maustaste loslassen. Über die Pfeiltaste (1 auf Seite 175) blenden Sie die Abschnitte innerhalb einer Gruppe aus und wieder ein.

Seiten hinzufügen und benennen

Tipp 108

Abschnitte dienen in einem Notizbuch der Struktur. Den eigentlichen Inhalt fügen Sie auf Seiten ein. Jeder Abschnitt, den Sie neu erzeugen, verfügt bereits über eine Seite mit dem Namen **Seite ohne Titel** 2. Bevor Sie dem Abschnitt weitere Seiten hinzufügen, sollten Sie diese Seite umbenennen.

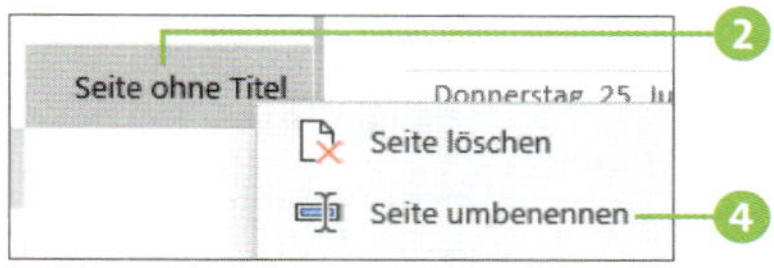

1. Markieren Sie den ersten Abschnitt in der Navigationsspalte 3. Klicken Sie in der Navigationsspalte dann mit der rechten Maustaste auf die erste Seite mit der Bezeichnung **Seite ohne Titel**, und wählen Sie im Kontextmenü den Befehl **Seite umbenennen** 4. Geben Sie nun eine Bezeichnung für die Seite ein. Der Name erscheint nicht nur in der Navigationsspalte 5, sondern auch am oberen Rand des Inhaltsbereichs 6 rechts von der Navigationsspalte.
2. Um im markierten Abschnitt eine weitere Seite hinzuzufügen, klicken Sie am unteren Rand der Navigationsspalte auf + **Seite**. Die Einfügemarke blinkt bereits am oberen Rand des Inhaltsbereichs, sodass Sie sofort einen Namen für die Seite eingeben können.
3. Fügen Sie analog innerhalb des markierten Abschnitts sowie innerhalb aller weiteren Abschnitte Seiten hinzu.

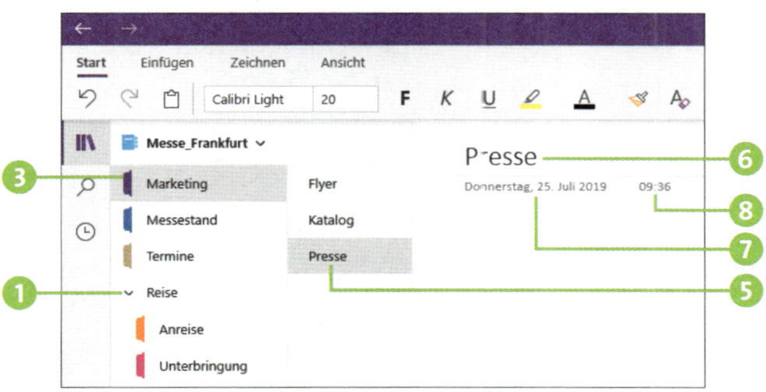

Unterhalb eines jeden Seitentitels 6 fügt OneNote übrigens automatisch den Zeitpunkt ein, an dem Sie die Seite erzeugt haben. Benötigen Sie die Informationen nicht, klicken Sie einmal auf das Datum 7, um es zu markieren. Drücken Sie dann die Taste [←], und schon wird das Datum gelöscht. Analog lässt sich die Uhrzeit 8 entfernen.

Seiten verschieben und Unterseiten erzeugen

Die Reihenfolge der Seiten eines Notizbuchs lässt sich beliebig ändern, indem Sie eine Seite einfach mit gedrückter linker Maustaste verschieben. Um die Seiten noch besser zu strukturieren, können Sie Unterseiten anlegen. Diese werden unterhalb einer Seite etwas eingerückt aufgelistet und können über ein vor dem Seitentitel angezeigtes Pfeilsymbol ein- und wieder ausgeblendet werden 1. Um eine bereits erstellte Seite als Unterseite festzulegen, klicken Sie sie in der Navigationsspalte mit der rechten Maustaste an und wählen im Kontextmenü den Befehl **Als Unterseite verwenden** 2. Um eine Unterseite wieder eine Ebene höher zu setzen, rufen Sie erneut das Kontextmenü auf und wählen **Unterseite höherstufen**. Über den Befehl **Seite an Start anheften** 3 können Sie übrigens im Startmenü eine Verknüpfung auf diese Seite anlegen. Ein Klick auf die entsprechende Kachel, und es wird das Notizbuch direkt mit dieser Seite geöffnet. Analog können Sie auch einen Abschnitt an das Startmenü heften. Der Befehl hierfür wird Ihnen nach einem Rechtsklick auf einen Abschnittsnamen angeboten.

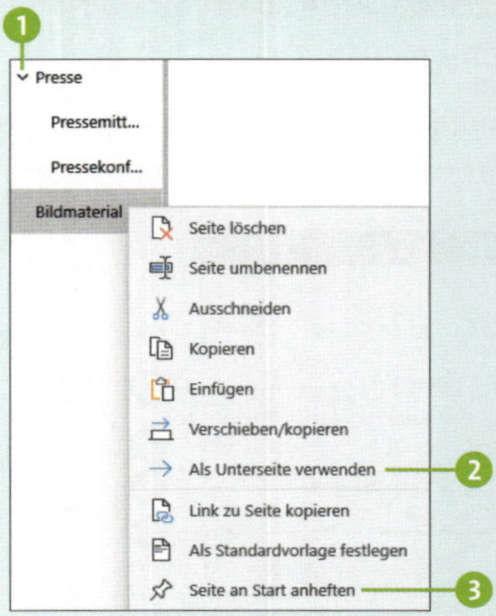

Ideen geschickt notieren

Steht die Struktur in Form von Abschnitten und Seiten, können Sie das Notizbuch nun mit Inhalt füllen. Am schnellsten ist natürlich Text eingegeben. Bereits hier zeigt sich, warum OneNote zum Erfassen von schnellen Notizen so beliebt ist.

Notizen eingeben

Tipp 109

Ihnen fällt gerade etwas Wichtiges zur Projektplanung ein, das Sie sofort in OneNote notieren wollen? Nichts leichter als das. Nachdem Sie in OneNote das gewünschte Notizbuch geöffnet und den Abschnitt sowie die Seite ausgewählt haben, steht Ihnen im Inhaltsbereich rechts eine – abgesehen vom Seitentitel – leere Seite zur Verfügung. Im Gegensatz zu Word oder auch Excel können Sie hier an wirklich jeder beliebigen Stelle sofort Inhalt einfügen. Um also z. B. eine kleine Notiz zu ergänzen, klicken Sie einfach auf die Stelle, an der der Text erscheinen soll, und geben den Text ein. Der Text erscheint in einem Textcontainer, erkennbar am Rahmen rund um Ihre Eingabe (1). Die Größe des Containers passt sich automatisch dem Inhalt an. Um einen Zeilenumbruch (2) zu erzeugen, drücken Sie die Taste [↵] einmal, für einen neuen Absatz (3) zweimal.

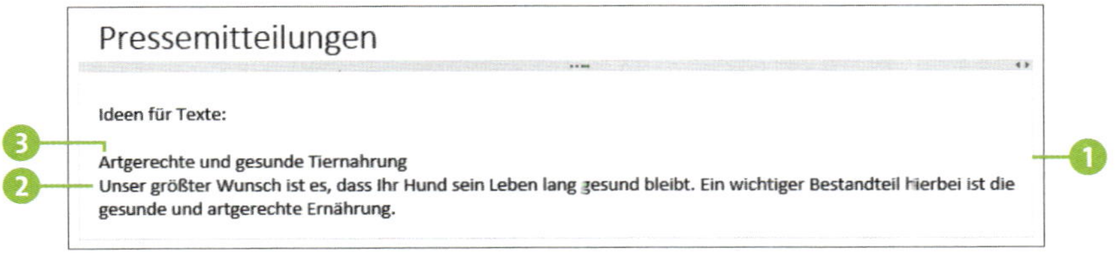

OneNote – das heimliche Rechengenie

OneNote eignet sich nicht nur als praktisches Notizbuch. Wenn Sie möchten, rechnet das Programm sogar für Sie. Müssen Sie z. B. mehrere Werte addieren, geben Sie diese einfach mit dem gewünschten Operator, hier also mithilfe des Plussymbols [+], ein. Tippen Sie dann das Gleichheitszeichen [=], und drücken Sie die Taste [↵]. Im Bruchteil einer Sekunde ergänzt OneNote das Ergebnis der kleinen Rechenaufgabe. Sie dürfen dem Programm auch gerne etwas komplexere Matheaufgaben zumuten. Wichtig ist lediglich, dass Sie das Gleichheitszeichen wie auf dem Papier am Ende einer Aufgabe einfügen und nicht wie bei Excel üblich zu Beginn. Klicken Sie im Register **Zeichnen** auf **Mathematik**, wird am rechten Seitenrand eine kleine Anleitung eingeblendet, wie Sie per Freihand (am besten funktioniert dies per Stift auf einem Touchscreen) komplexere Formeln eingeben und von OneNote berechnen lassen können.

Produkt	Netto	Brutto
Futter A - 250 g Dose	2,50	2,50+(2,50*7%)=2,675

Tipp 110 Textcontainer verschieben und Containerbreite anpassen

Weder Position noch Breite eines Containers sind in Stein gemeißelt, sondern können jederzeit geändert werden.

1. Klicken Sie den Container einmal an, um ihn zu markieren. Um die Breite eines Textcontainers zu verändern, setzen Sie den Mauszeiger auf die beiden Pfeiltasten am rechten Rand des grauen Balkens am oberen Containerrand ❶. Ziehen Sie ihn dann mit gedrückter linker Maustaste in die gewünschte Richtung.

2. Sind Sie mit der gewählten Position des Textcontainers nicht zufrieden, lässt sich der gesamte Container schnell verschieben. Hierzu positionieren Sie einfach den Mauszeiger auf dem grauen Balken **2**. Nimmt der Zeiger die Form eines Vierfachpfeils an, ziehen Sie ihn mit gedrückter linker Maustaste an die gewünschte neue Stelle.

3. Wenn Sie die Maustaste loslassen, kann es sein, dass der Container um ein kleines Stück verrutscht wird. Dies liegt daran, dass bei der Platzierung ein unsichtbares Raster zum Einsatz kommt, an dem alle Objekte auf einer Seite ausgerichtet werden. Das ist sehr praktisch, wenn Sie Textcontainer, Bilder und anderes auf der Seite exakt positionieren möchten. Wünschen Sie diese Ausrichtung nicht, sondern möchten Sie ein Objekt wirklich frei positionieren, halten Sie während des Verschiebens einfach die Taste `Alt` gedrückt.

4. Ist man mit OneNote noch nicht so vertraut, kann es schnell passieren, dass man bei der Texteingabe versehentlich zwei Textcontainer erzeugt, obwohl man vielleicht nur einen benötigt. Um den Inhalt eines Containers in einen anderen zu verschieben, positionieren Sie den Mauszeiger wieder auf dem grauen Balken des zu verschiebenden Containers. Während Sie ihn nun in den anderen Container ziehen, halten Sie die Taste ⇧ gedrückt. Drücken Sie die Taste während des Ziehens nicht, wird der verschobene Container einfach über dem anderen abgelegt.

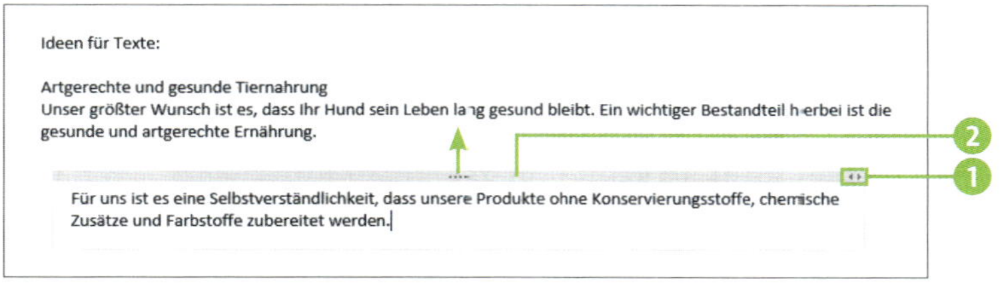

Hilfslinien einblenden zur besseren Objektausrichtung

Wenn Sie Ihre Objekte ganz exakt auf einer Seite ausrichten möchten, ist es hilfreich, Hilfslinien einzublenden. Klicken Sie hierzu im Register **Ansicht** auf **Hilfslinien.** In der aufklappenden Palette können Sie nun eine der Linierungen oder auch Gitternetzlinien auswählen. Wünschen Sie die Hilfslinien auf jeder Seite, setzen Sie in das Kästchen vor **Seiten immer mit Hilfslinien versehen** ein Häkchen. Benötigen Sie die Linien irgendwann nicht mehr, markieren Sie nach einem Klick auf **Hilfslinien** in der Palette die Option **Keine** und entfernen das Häkchen wieder.

Tipp 111

Notizen markieren und formatieren

Wie in jedem anderen Office-Programm auch können Sie den eingegebenen Text in OneNote beliebig formatieren.

1. Die entsprechenden Schaltflächen etwa zum Anpassen der Schriftgröße oder auch Schriftfarbe finden Sie im Register **Start** ❶.

2. Sollen die Formatierungen auf den gesamten Text innerhalb eines Containers angewendet werden, klicken Sie zuvor auf den grauen Balken am oberen Rand des Containers ❷. Damit ist der Inhalt des gesamten Containers markiert. Haben Sie die gewünschten Formatierungen vorgenommen, heben Sie die Markierung mit einem Klick in den Container wieder auf.

3. Wenn Sie lediglich einen Absatz innerhalb eines Textcontainers markieren möchten, bewegen Sie den Mauszeiger an den linken Rand des Containers. Sobald ein kleiner grauer Pfeil ❸ auf den gewünschten Absatz zeigt, klicken Sie diesen Pfeil an.

4. Ein markierter Absatz lässt sich innerhalb des Containers beliebig verschieben, aber auch in einen Bereich außerhalb des Containers ziehen. Ob hierbei ein neuer Container erzeugt wurde, lässt sich sehr schnell anhand des neuen Rahmens rund um den markierten Text erkennen.

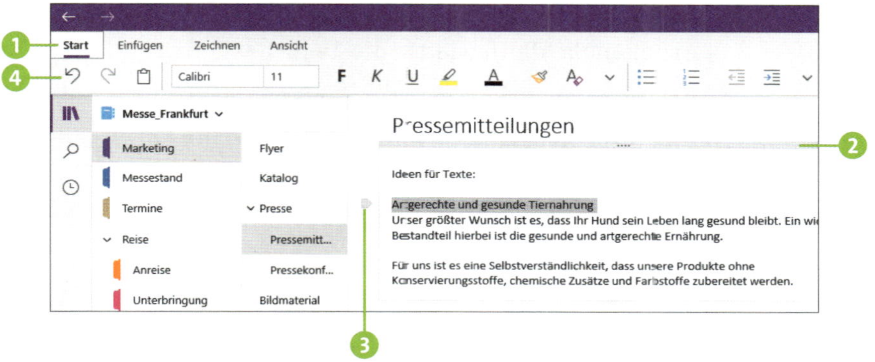

Markierte Textcontainer schnell löschen

Ein nicht mehr benötigter Textcontainer lässt sich schnell entfernen. Markieren Sie ihn hierzu, wie in Schritt 2 auf Seite 180 gezeigt. Drücken Sie dann die Taste [←]. Analog lassen sich alle auf einer Seite eingefügten Inhalte entfernen. Sollten Sie einmal ein Element versehentlich gelöscht haben: Über die Tastenkombination [Strg] + [Z] können Sie die letzte Aktion wieder rückgängig machen. Alternativ hierzu klicken Sie im Register **Start** auf das Symbol **Rückgängig** 4.

Blitzschnell Aufgabenlisten erzeugen

Tipp 112

Wohl kaum eine Projektplanung kommt ohne Checklisten aus. In OneNote ist solch eine Liste schnell angelegt. Die praktischen Kästchen zu Beginn einer jeden Aufgabe lassen sich, sobald die Aufgabe erledigt ist, per Mausklick mit einem Häkchen versehen 1. Und so legen Sie die Aufgabenliste an:

1. Geben Sie zunächst die erste Aufgabe ein. Klicken Sie dann im Register **Start** auf das Symbol ☑ ❷. OneNote ergänzt zu Beginn der Zeile ein leeres Kontrollkästchen.
2. Drücken Sie die Taste [↵], wird zu Beginn der nächsten Zeile automatisch das nächste Kontrollkästchen eingefügt. Geben Sie den nächsten Aufgabenpunkt ein, und drücken Sie dann wieder die Taste [↵].
3. Wenn Sie keine weiteren Aufgabenpunkte hinzufügen möchten, drücken Sie einfach zweimal die [↵]-Taste.

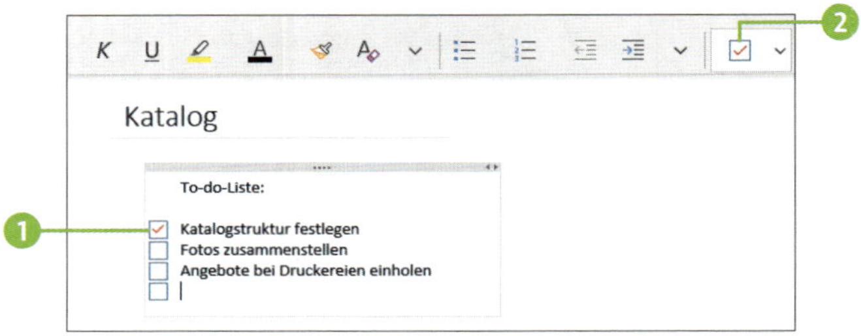

Wenn Sie bereits eine Aufgabenliste ohne die praktischen Kästchen erzeugt haben, können Sie diese natürlich auch im Nachhinein noch ergänzen. Klicken Sie hierzu einfach jeweils in die entsprechenden Zeilen mit den Aufgabenpunkten und dann auf das Symbol ☑, und schon fügt OneNote das Kontrollkästchen hinzu. Dieses lässt sich, wie bereits erwähnt, per Klick mit einem Häkchen versehen.

Texte mithilfe von Tabellen besser gliedern

Manche Informationen lassen sich am besten in Tabellen darstellen. Um auf einer OneNote-Seite eine **Tabelle** zu ergänzen, wechseln Sie in das Register **Einfügen** und klicken dort auf **Tabelle**. Markieren Sie in der aufklappenden Tabelle die gewünschte Anzahl an Zeilen und Spalten. Ein Klick in die letzte markierte Zelle ❸, und die Tabelle wird eingefügt. Befindet sie sich noch nicht an der gewünschten Position, verschieben Sie sie einfach, wie in Tipp 110 auf Seite 178 für Textcontainer gezeigt. Im Register **Tabelle** finden Sie zudem alle wichtigen Befehle zum Einfügen oder auch Löschen von Zeilen und Spalten sowie zum Hinzufügen von Schattierungen und Rahmen. In Tipp 117 auf Seite 189 erfahren Sie, wie sich z.B. eine Excel-Tabelle auf einer Seite einfügen lässt.

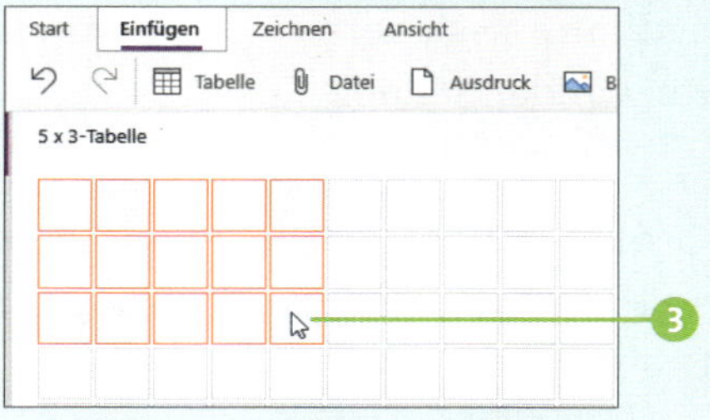

Bilder und Dateien als Gedächtnisstütze nutzen

Während einer Projektplanung sammelt sich eine Vielzahl an Informationen an, die in den unterschiedlichsten Formaten und an diversen Orten gespeichert sind. So haben Sie vielleicht eine Produktkalkulation in Excel erstellt und den Flyer für die Messe in Word. Hinzu kommen noch interessante Bilder, Videos oder auch Webseiten, die Sie im Internet gefunden haben. Alle diese Elemente lassen sich in OneNote geschickt einbetten, sodass Sie alle wichtigen Informationen kompakt zusammengefasst haben und immer schnell darauf zugreifen können. Gerade in Besprechungen, wenn kaum Zeit für langes Suchen ist, ist dies ausgesprochen praktisch. In den folgenden Tipps stellen wir Ihnen ein paar Varianten vor.

Tipp 113

Ganz klassisch: Bild einfügen

Sie möchten in Ihren Notizen ein Bild oder eine Grafik einfügen. Das ist schnell erledigt:

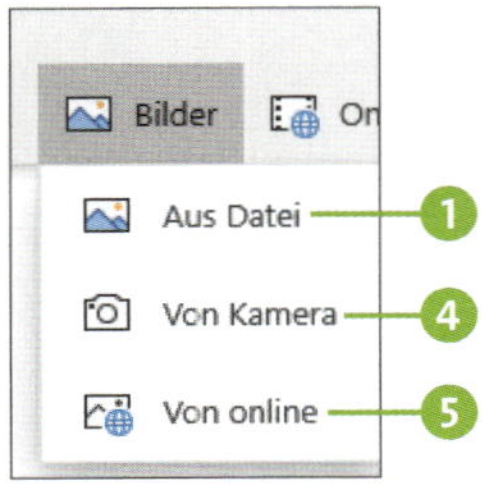

1. Klicken Sie zunächst im Register **Einfügen** auf **Bilder**. Wenn Sie die Bilder bereits auf der Festplatte oder einem anderen Speichermedium gesichert haben, wählen Sie im aufklappenden Menü **Aus Datei** ①.
2. Wechseln Sie in den Ordner, in dem sich die Bilddatei befindet, markieren Sie sie, und klicken Sie auf **Öffnen**. Das Bild wird auf der Seite eingefügt.
3. Befindet sich das Bild noch nicht an der gewünschten Position, markieren Sie es zunächst per Mausklick. Nun können Sie es mit gedrückter linker Maustaste beliebig auf der Seite verschieben.
4. Auch die Größe des Bildes lässt sich natürlich anpassen. Hierfür muss es ebenfalls markiert sein. Über die vier Markierungseckpunkte ② passen Sie die Größe bei gleichbleibendem Seitenverhältnis an, indem Sie diese mit gedrückter linker Maustaste in die gewünschte Richtung ziehen.
5. Muss das Bild noch gedreht oder gespiegelt werden? Die entsprechenden Befehle hierfür finden Sie im Register **Bild** ③. Es lässt sich nur einblenden, wenn das Bild, das Sie bearbeiten möchten, zuvor markiert wurde.

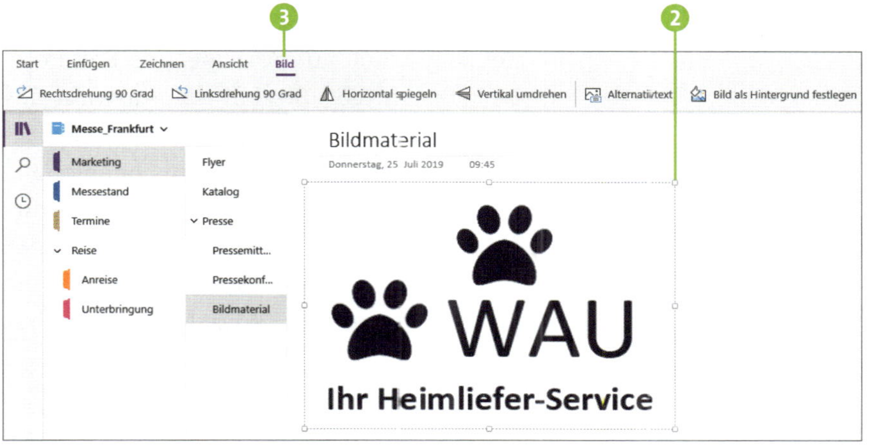

Mit der Kamera direkt aus OneNote heraus fotografieren?

Arbeiten Sie mit einem Notebook oder Tablet, das mit einer Kamera ausgestattet ist, könnten Sie ein Foto über **Einfügen ► Bilder ► Von Kamera** (4 auf Seite 184) auch mit dieser aufnehmen. Meist ist es allerdings einfacher, z. B. mit einem Smartphone zu fotografieren und das Foto dann auf den Computer zu übertragen. Im Abschnitt »Der Scanner für unterwegs: Office Lens« ab Seite 237 lernen Sie eine pfiffige App kennen, mit der Sie nicht nur fotografieren, sondern das Ergebnis auch blitzschnell in OneNote ergänzen können.

Bilder aus dem Internet wählen

Tipp 114

Wenn Sie selbst kein passendes Bild griffbereit haben, können Sie sich über **Einfügen ► Bilder ► Von online** (5 auf Seite 184) auch im Internet auf die Suche begeben. Den Suchbegriff geben Sie einfach im Suchfeld in der rechten Spalte **Onlinebilder** ein. Sobald Sie auf das Lupensymbol klicken, startet Microsofts Suchmaschine *Bing* die Suchanfrage. Gefällt Ihnen eines der Suchergebnisse, fügen Sie es

6

per Mausklick auf der OneNote-Seite ein. Berücksichtigen Sie bei der Auswahl des Fotos unbedingt die Urheber- und Nutzungsrechte. Sind Sie sich unsicher, ob Sie das Foto für Ihre Zwecke verwenden dürfen, fragen Sie bei der unterhalb des Bildes angegebenen Adresse nach (6). Wird keine Adresse angezeigt, verzichten Sie lieber auf die Nutzung des Bildes.

Tipp 115

Onlinevideos einbinden

Im Internet finden sich viele interessante Videos. Vielleicht hat Ihr Unternehmen sogar einen Marketingfilm veröffentlicht. Ein solches Video lässt sich ebenfalls in OneNote einbinden. Bitte behalten Sie auch hier die Nutzungs- und Urheberrechte im Blick.

1. Rufen Sie zunächst den Film über den Browser Ihrer Wahl auf. Markieren Sie dann die Webadresse des Videos im Adressfeld (1), und drücken Sie die Tastenkombination Strg + C.

1

2. Wechseln Sie nun zu OneNote, und rufen Sie dort **Einfügen ► Onlinevideo** auf. Im Dialog **Onlinevideo einfügen** klicken Sie in das Feld (2) und drücken die Tastenkombination Strg + V. Bestätigen Sie mit **OK**.

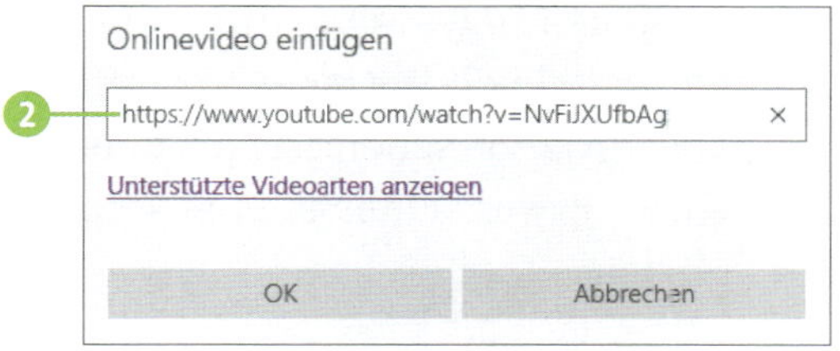

3. Der Film wird nun in einem eigenen Container 3 auf der OneNote-Seite eingefügt. Wie jedes andere Element auch können Sie den Container beliebig auf der Seite verschieben. Gegebenenfalls müssen Sie zuvor das Video per Mausklick markieren, um den Containerrahmen einzublenden. Mit einem Klick auf das Wiedergabesymbol 4 spielen Sie das Video ab.

Screenshot aus beliebiger Anwendung in OneNote einfügen

Tipp 116

Sie haben z. B. auf einer Webseite einen interessanten Artikel entdeckt, den Sie gerne schnell als Screenshot in OneNote einfügen möchten? Mithilfe einer genialen Tastenkombination ist das Erstellen einer solchen Bildschirmaufnahme ein Kinderspiel.

1. Stellen Sie zunächst sicher, dass das, was Sie als Screenshot aufnehmen und gleich in OneNote einfügen möchten, auf dem Bildschirm zu sehen ist. Im Beispiel der Webseite sollte also der gewünschte Seitenausschnitt im Browser sichtbar sein.

2. Drücken Sie nun die Tastenkombination [⇧] + [⊞] + [S]. Der Bildschirm wird ausgegraut (1), und der Mauszeiger nimmt die Form eines Plussymbols an. Ziehen Sie nun mit gedrückter linker Maustaste rund um den gewünschten Bildausschnitt einen Rahmen auf (2).

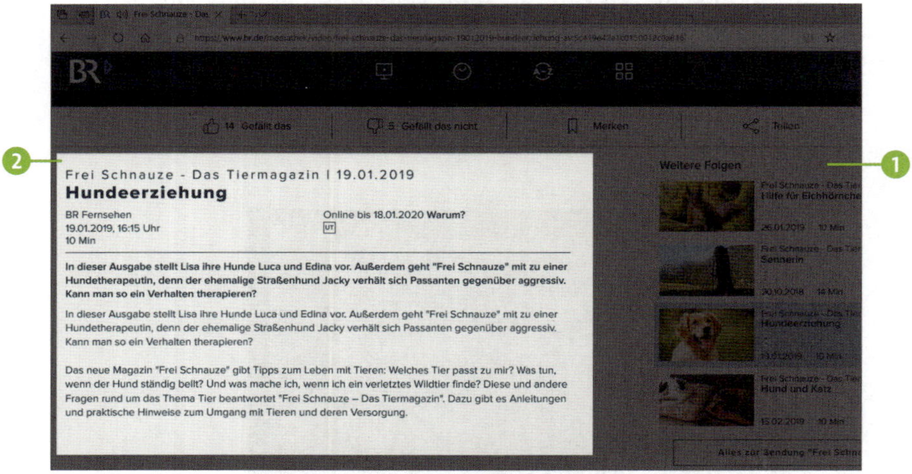

3. Sobald Sie den Mauszeiger loslassen, legt Windows den markierten Ausschnitt in der Zwischenablage ab. Wechseln Sie nun in OneNote zur gewünschten Seite, auf der Sie den Screenshot einfügen möchten, und drücken Sie die Tastenkombination [Strg] + [V].

Der eingefügte Screenshot kann nun noch verschoben werden, und auch die Größe lässt sich anpassen.

Text aus Bild kopieren

Sowohl die Desktop-Version OneNote 2016 als auch die OneNote-App verfügen über eine sehr praktische Funktion: Haben Sie z. B. einen Screenshot einer Webseite erstellt, auf dem nicht nur ein Foto zu sehen ist, sondern auch Text, können Sie diesen aus dem Bild kopieren und auf der OneNote-Seite einfügen. Dies funktioniert erstaunlich gut und erfordert meist nur geringe Nacharbeit. Möchten Sie den Text also weiterverarbeiten und sich dabei Tipparbeit sparen, klicken Sie mit der rechten Maustaste auf ein Bild und wählen im Kontextmenü den Befehl **Text aus Bild kopieren**. Der Text befindet sich anschließend in der Zwischenablage und kann von dort per `Strg` + `V` z. B. an einer beliebigen Stelle auf einer OneNote-Seite eingefügt werden.

Datei als Anlage oder Ausdruck einfügen

Tipp 117

Müssen Sie während der Projektplanung immer wieder auf bestimmte Informationen zugreifen, die Sie in Dateien wie etwa einer PowerPoint-Präsentation, einer Excel-Kalkulation oder einem Word-Dokument gespeichert haben? Um die Dateien sofort griffbereit zu haben und nicht erst umständlich den Explorer bemühen zu müssen, fügen Sie sie einfach in OneNote ein. Klicken Sie hierzu im Register **Einfügen** auf **Datei**. Wechseln Sie im Dialog **Öffnen** in den Ordner, in dem sich die einzufügende Datei befindet, markieren Sie die Datei, und bestätigen Sie mit **Öffnen**. Die OneNote-App bietet Ihnen nun drei Varianten an, wie Sie die Datei in OneNote einfügen können:

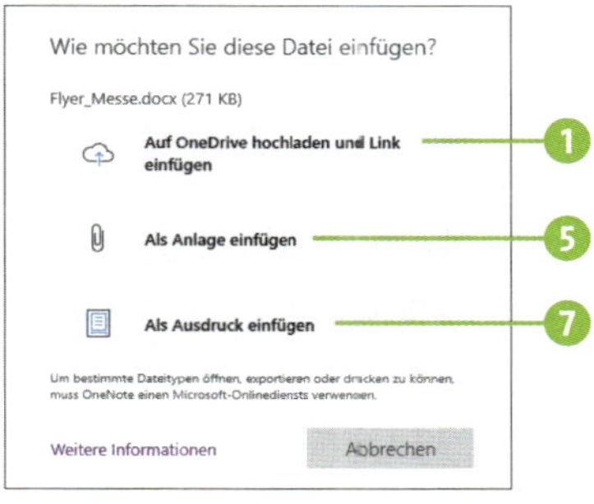

- **Auf OneDrive hochladen und Link einfügen** ①: Mit dieser Variante laden Sie eine Kopie der Datei in die Cloud *OneDrive* hoch und fügen in OneNote eine Verknüpfung zu der Datei ein. Der Vorteil: Sie können auch von unterwegs auf die Datei zugreifen und sie gemeinsam mit anderen Personen bearbeiten. Der Nachteil: Für den Zugriff auf die Datei benötigen Sie eine Internetverbindung. In OneNote können Sie eine kleine Vorschau auf die Datei sehen ②.

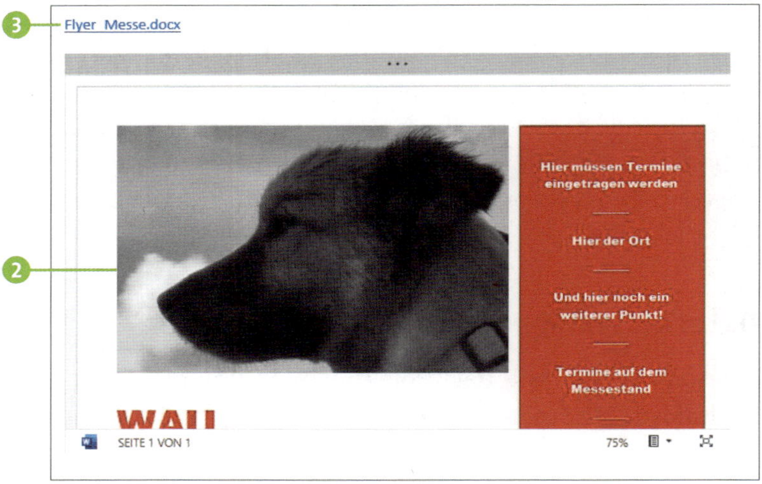

Um die Datei aus OneNote heraus zu öffnen, klicken Sie auf den Link ③. Damit wird automatisch der Browser gestartet. Ein Doppelklick auf das Dateisymbol ④, und schon wird die Online-Version der Anwendung (z. B. Word Online) geöffnet, und Sie können die Datei bearbeiten.

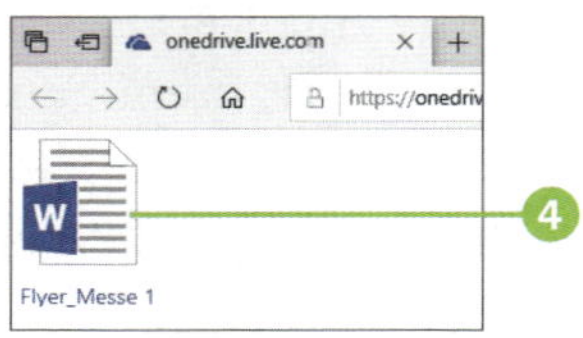

- **Als Anlage einfügen** ⑤: Entscheiden Sie sich für diese Variante, wird eine Kopie der Datei direkt als Anhang in OneNote eingefügt. Dies lässt sich in etwa mit einem Dateianhang vergleichen, den Sie einer E-Mail anfügen. Wenn Sie den Inhalt der Datei ansehen und die Kopie öffnen möchten, doppelklicken Sie auf das Dateisymbol 6. Die entsprechende Anwendung, also etwa Excel, wird damit geöffnet. Vergessen Sie aber nicht: Es handelt sich bei der Datei lediglich um eine Kopie. Änderungen, die Sie hier vornehmen, wirken sich nicht auf die Originaldatei aus.

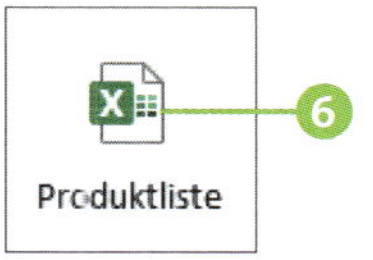

- **Als Ausdruck einfügen** 7: Mit der dritten Variante wird die ausgewählte Datei in ein PDF-Dokument umgewandelt, und diese Datei 8 sowie ein sozusagen virtueller Ausdruck davon 9 werden in der OneNote-Seite eingefügt. Das ist vor allem praktisch, wenn Sie nicht erst eine Datei öffnen möchten, um ihren Inhalt ansehen zu können. Außerdem wird der Inhalt der Datei automatisch auch bei Suchanfragen berücksichtigt (siehe hierzu auch den Abschnitt »Gesucht und schnell gefunden« ab Seite 200). Sie können im Ausdruck blättern, eine Bearbeitung ist aber nicht möglich. Hierfür müssen Sie, wie zuvor für die Anlage gezeigt, die Datei mit einem Doppelklick auf das Dateisymbol 10 öffnen, das zusätzlich zum Ausdruck sowie zur PDF-Datei ergänzt wird. Bei der Datei, die Sie hierdurch öffnen, handelt es sich ebenfalls nur um eine Kopie des Originals.

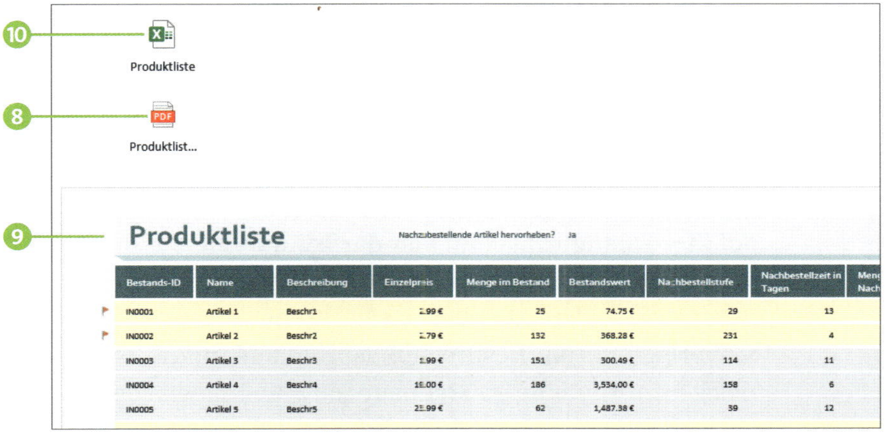

Wenn Sie Änderungen an der Originaldatei vorgenommen haben und auf diese über OneNote zugreifen möchten, kommen Sie leider nicht umhin, die Datei neu in Ihrem Notizbuch einzubinden. Die veraltete Anlage sollten Sie entfernen, indem Sie sie per Mausklick markieren und dann mit [←] löschen.

Arbeit erleichtern dank praktischer Seitenvorlagen

Manche Seiten benötigt man nicht nur für ein einzelnes Projekt, sondern auch für künftige Vorhaben. Beispiele hierfür sind Besprechungsprotokolle oder auch Aufgabenlisten. Wenn Sie die Desktop-Version OneNote 2016 einsetzen, können Sie einmal erstellte Seiten wunderbar als Vorlage speichern und in all Ihren Notizbüchern nutzen. OneNote 2016 bringt aber auch ein paar eigene Seitenvorlagen mit, von denen Ihnen die ein oder andere gefallen könnte. Laden Sie die Vorlagenseiten in OneDrive hoch, können Sie von jeder beliebigen OneNote-Version darauf zugreifen.

Tipp 118 Vorgefertigte Seitenvorlage von OneNote 2016 nutzen

Sind Sie bei Besprechungen regelmäßig für die Erstellung des Protokolls zuständig? Damit lastet viel Verantwortung auf Ihren Schultern, denn hier darf kein wichtiger Punkt vergessen werden – egal, ob Teilnehmer, Tagesordnungspunkte, Beschlüsse oder Ähnliches. OneNote bietet bereits eine Seitenvorlage für ein Besprechungsprotokoll an, das Ihnen als Basis für Ihre weiteren Ergänzungen gute Dienste leistet.

Am Beispiel dieser Vorlage zeigen wir Ihnen, wie Sie eine Seitenvorlage auswählen.

1. Öffnen Sie in OneNote 2016 zunächst das gewünschte Notizbuch. Wechseln Sie über die Registerreiter am oberen Fensterrand in den Abschnitt, in dem Sie gleich die Seite für das Besprechungsprotokoll einfügen möchten.
2. Rufen Sie nun das Register **Einfügen** auf, und klicken Sie in der Gruppe **Seiten** auf **Seitenvorlagen**. Im aufklappenden Menü klicken Sie auf **Seitenvorlagen** (1).
3. Am rechten Fensterrand klappt die Spalte **Vorlagen** auf. Die Seitenvorlagen sind in OneNote 2016 nach Kategorien sortiert. Mit einem Klick auf den nach unten weisenden Pfeil rechts von einem Kategoriennamen (2) blenden Sie die verfügbaren Vorlagen ein. Die Vorlage für ein Besprechungsprotokoll finden Sie in der Kategorie **Business** (3).

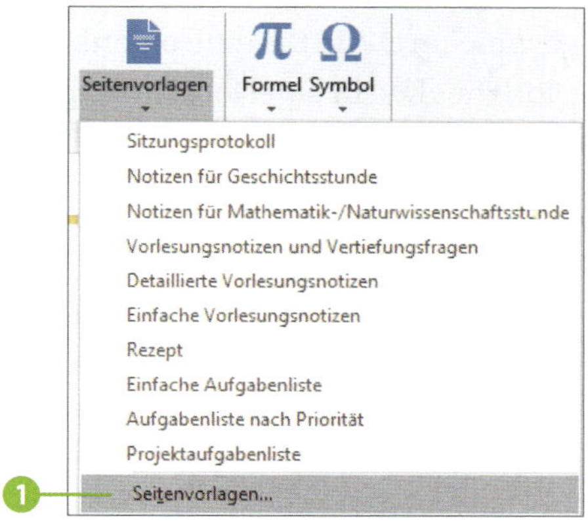

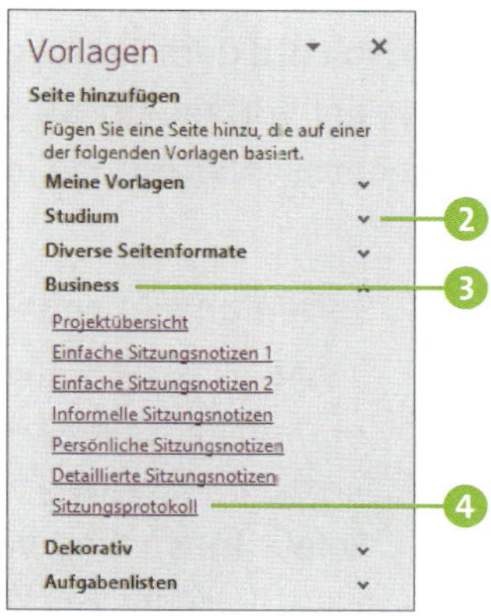

4. Mit einem Klick auf eine Vorlage, z. B. **Sitzungsprotokoll** (4), wird die entsprechende Seitenvorlage als neue Seite im aktuell markierten Abschnitt eingefügt. Der Name dieser Seite lautet **Besprechungsthema**. Wenn Sie den Namen ändern möchten, klicken Sie in der Seitennavigation mit der rechten Maustaste auf den Seitennamen (5) und

wählen im Kontextmenü den Befehl **Umbenennen** 6. Sie können den nun markierten Namen 7 im Inhaltsbereich mit einer neuen Bezeichnung überschreiben.

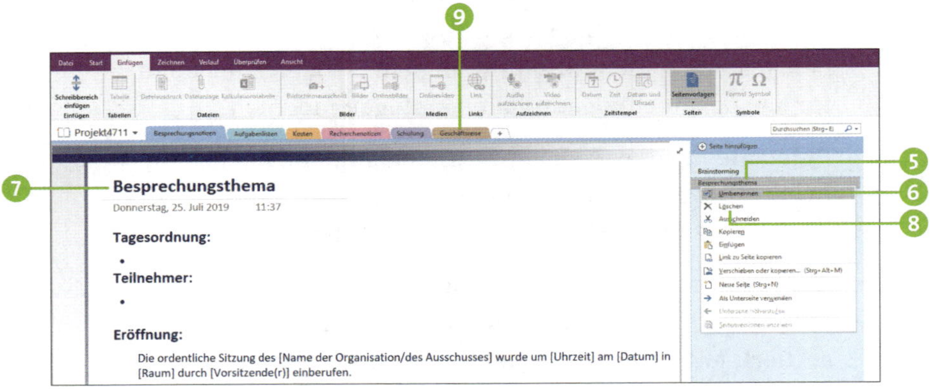

Alle Elemente der Seite lassen sich individuell anpassen. Sie können also Texte entfernen, verschieben, hinzufügen und vieles mehr. Wie immer in OneNote wird die Seite automatisch mit dem Notizbuch gespeichert. Wie Sie eine eigene Seite als Vorlage für all Ihre Notizbücher in OneNote 2016 speichern, erfahren Sie im folgenden Tipp.

Seiten und Abschnitte löschen und wiederherstellen

OneNote 2016 bringt einiges an Vorlagen mit. Wie die Seiten im Detail aussehen, können Sie leider nur feststellen, indem Sie die Vorlage, wie ab Schritt 1 auf Seite 193 gezeigt, öffnen. Gefällt Ihnen eine Vorlage nicht, dann löschen Sie die Seite einfach wieder. Klicken Sie hierzu in der Seitennavigation mit der rechten Maustaste auf die Seite, und wählen Sie im Kontextmenü den Befehl **Löschen** 8. Auf nahezu dieselbe Weise können Sie übrigens auch in der OneNote-App eine nicht mehr benötigte Seite entfernen. Hier nennt sich der Befehl im Kontextmenü **Seite löschen**. Auch nicht mehr benötigte Abschnitte lassen sich entfernen: rechter Mausklick auf den Abschnittsnamen 9, und dann ein Klick auf **Löschen** bzw. auf **Abschnitt löschen**. Alle gelöschten Seiten und Abschnitte lassen sich über einen Zeitraum von 60 Tagen hinweg wiederherstellen, anschließend werden sie endgültig gelöscht. Die gelöschten Seiten und Abschnitte blenden Sie in der OneNote-App über die Schaltfläche **Gelöschte Notizen** im Register **Ansicht** ein. In OneNote 2016 gelangen Sie über das Symbol **Notizbuch-Papierkorb** 10 im Register **Verlauf** 11 zu den gelöschten Elementen. Klicken Sie das Element, das Sie wiederherstellen möchten, mit der rechten Maustaste an 12. Nach Auswahl des Befehls **Verschieben oder kopieren** (OneNote 2016) bzw. **Wiederherstellen in** (OneNote-App) markieren Sie das Notizbuch sowie den Abschnitt, in dem das gelöschte Element wieder eingefügt werden soll, und bestätigen mit **Verschieben** bzw. **Wiederherstellen**. Über den kleinen Pfeil kehren Sie in OneNote 2016 von den gelöschten Notizen wieder zum Notizbuch zurück. In der OneNote-App reicht ein Klick auf das Symbol in der oberen linken Ecke der Navigationsspalte.

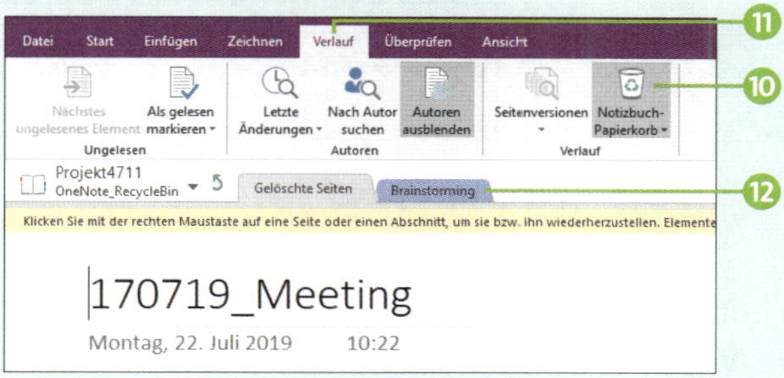

Eine Seite als Vorlage speichern

Tipp 119

Egal, ob Sie eine der vorgefertigten Seitenvorlagen angepasst oder eine komplett neue Seite ganz nach Ihren Wünschen gestaltet haben: Mit wenigen Mausklicks lässt sich eine Seite in

OneNote 2016 als Vorlage speichern, die Sie in all Ihren Notizbüchern nutzen können.

1. Blenden Sie in OneNote 2016 die Seite ein, die Sie als Vorlage speichern möchten.
2. Klicken Sie im Register **Einfügen** in der Gruppe **Seiten** auf **Seitenvorlagen** und im aufklappenden Menü ebenfalls auf **Seitenvorlagen**.
3. In der Spalte **Vorlagen** finden Sie ganz am Ende den Link **Aktuelle Seite als Vorlage speichern**, den Sie nun anklicken 1.

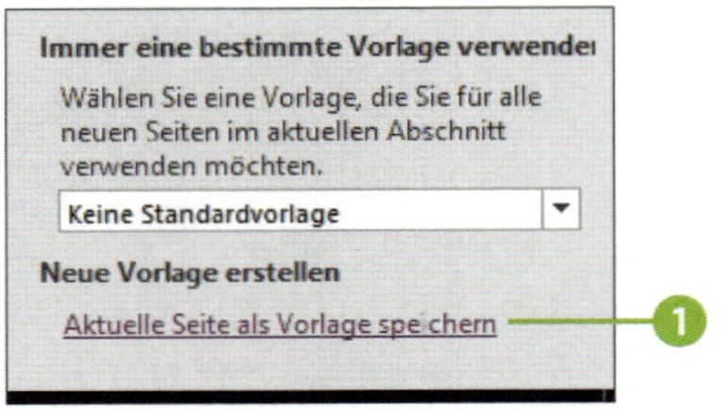

4. Geben Sie im Dialog **Als Vorlage speichern** einen Namen für Ihre Vorlage ein 2.
5. Wenn Sie möchten, dass alle Seiten, die Sie innerhalb des aktuellen Abschnitts neu erstellen, automatisch auf dieser Vorlage basieren, aktivieren Sie das entsprechende Kästchen 3.

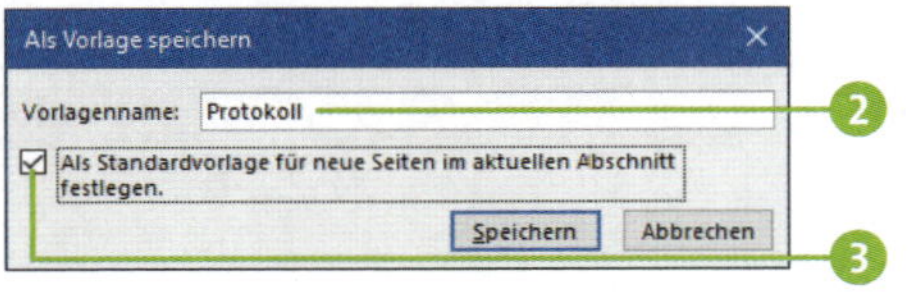

6. Schließen Sie den Dialog mit **Speichern**.

Vorlagen auch in der OneNote-App und in der Online-Version nutzen

Bisher lassen sich Seitenvorlagen nur in OneNote 2016 anlegen und nutzen. In der OneNote-App können Sie eine Seite nach einem Rechtsklick auf den Seitennamen in der Navigationsspalte **Als Standardvorlage festlegen**. Damit wird diese Seite als Vorlage für alle Seiten innerhalb des aktuellen Abschnitts verwendet. Eigene Seitenvorlagen zu erstellen, die Ihnen dann in allen Notizbüchern zur Verfügung stehen, ist allerdings zurzeit nur mit OneNote 2016 möglich. Mit einem kleinen Trick können Sie aber auch für die OneNote-App bzw. für OneNote Online (die Browser-Version unter *www.onenote.com*) Vorlagen anlegen: Erstellen Sie z. B. ein eigenes Notizbuch mit all den Seiten – also Aufgabenlisten, Protokollen und mehr –, die Sie immer wieder benötigen. Um eine dieser Seiten nun in einem anderen Notizbuch einzufügen, markieren Sie die Seite in der Navigationsspalte per Mausklick. Drücken Sie dann die Tastenkombination `Strg` + `C`, um die Seite zu kopieren. Wechseln Sie in das Notizbuch und dort in den Abschnitt, in dem Sie die Seite einfügen möchten. Über die Tastenkombination `Strg` + `V` fügen Sie die kopierte Seite ein.

Seiten auf Basis der eigenen Vorlage erstellen

Tipp 120

Sie möchten in einem beliebigen Notizbuch eine neue Seite auf Basis Ihrer eigenen Vorlage (siehe den vorherigen Tipp) erstellen? Das ist ganz einfach, vorausgesetzt, Sie nutzen OneNote 2016.

1. Wechseln Sie im Notizbuch zunächst zu dem Abschnitt, in dem die neue Seite hinzugefügt werden soll. Klicken Sie dann im Register **Einfügen** auf **Seitenvorlagen ▸ Seitenvorlagen**.

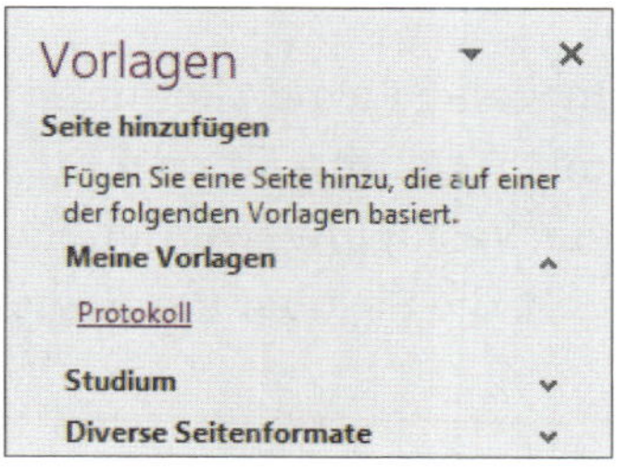

2. In der Spalte **Vorlagen** finden Sie nun die Kategorie **Meine Vorlagen**. Klicken Sie auf den Pfeil, um sich all Ihre Vorlagen anzeigen zu lassen.
3. Ein Klick auf die gewünschte Vorlage, und schon erstellt OneNote eine neue Seite auf Basis der Seitenvorlage.

Einzelne Seiten, Abschnitte oder auch ganze Notizbücher drucken

Selbstverständlich können Sie Ihre Notizbücher auch ausdrucken. Den Befehl hierzu rufen Sie in der OneNote-App nach einem Klick auf das Symbol ··· oben rechts auf, im OneNote 2016 erreichen Sie ihn über das Register **Drucken**. Im Drucken-Dialog legen Sie im Feld **Seiten** fest, ob nur die **Aktuelle Seite**, der **Aktuelle Abschnitt** oder das **Aktuelle Notizbuch** gedruckt werden soll. Bestimmen Sie außerdem die **Ausrichtung** des Papiers und den **Farbmodus**. In der Vorschau rechts können Sie einen prüfenden Blick auf die einzelnen Seiten werfen, in denen Sie über die Pfeiltasten blättern, bevor Sie den Druckvorgang mit **Drucken** starten.

Nicht nur für Touchscreen-Nutzer: Zeichnen in OneNote

In vielen Firmen kommen bereits Tablets oder andere Geräte mit Touchscreen zum Einsatz. Steht Ihnen ein solches Gerät zur Verfügung, werden Sie Gefallen an den Werkzeugen finden, die Sie über das Register **Zeichnen** aktivieren.

Tipp 121

Zeichnen mit OneNote

Die Werkzeuge im Register **Zeichnen** lassen sich nicht nur per Touchgesten, sondern auch mit der Maus nutzen. Neben verschiedenen Stiften (1), über die Sie Farbe und Strichstärke bestimmen, sollten Sie vor allem einen Blick auf die Formen werfen.

1. Möchten Sie z. B. ein Element auf einem Screenshot umrahmen, wählen Sie nach einem Klick (bzw. auf einem Touchscreen nach einem Tipp) auf **Formen** 2 die **Ellipse** aus.

2. Umfahren Sie nun mit dem Finger bzw. mit gedrückter linker Maustaste das gewünschte Element 3. Ebenso bequem können Sie z. B. auch Pfeile innerhalb einer Grafik ergänzen.

3. All Ihre Zeichnungen können Sie wie jedes andere Element in OneNote auch beliebig auf dem Bildschirm verschieben. Sie müssen hierzu nur zuvor das Symbol **Objekte auswählen oder Text eingeben** 4 aktivieren.

4. Um nun eine Zeichnung zu verschieben, klicken oder tippen Sie das Symbol einmal an. Wird ein Rahmen 5 rund um das Objekt angezeigt, können Sie es mit dem Finger oder mit gedrückter linker Maustaste an die gewünschte neue Position ziehen.

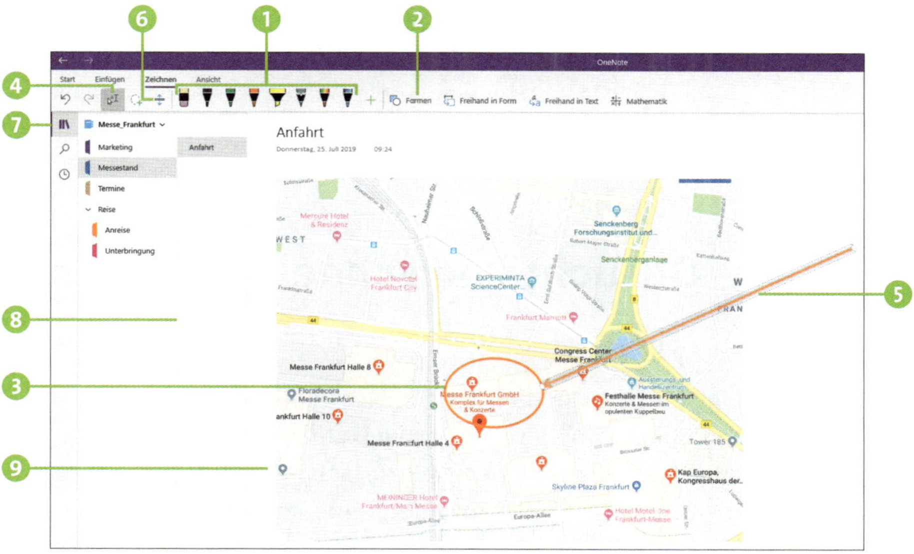

5. Wenn Sie eine Zeichnung löschen möchten, markieren Sie sie ebenfalls und drücken dann die Taste [←].

6. Achtung: Um nach dem Einfügen einer Zeichnung wieder Text über die Tastatur auf einer Seite eingeben zu können, müssen Sie sicherstellen, dass das Symbol aktiviert ist.

Schreibbereich vergrößern

Eine Seite in OneNote bietet bereits viel Platz. Reicht er Ihnen dennoch nicht aus, können Sie über das Symbol (6 auf Seite 199) im Register **Zeichnen** zusätzlichen Platz hinzufügen oder auch wieder entfernen. Nimmt Ihnen die Navigationsspalte zu viel Platz weg, können Sie sie während der Bearbeitung einer Seite mit einem Klick auf das Symbol 7 auch ausblenden. Ein erneuter Klick darauf blendet die Navigation wieder ein. Die Spaltenbreite der Abschnitte sowie der Seiten lässt sich außerdem individuell anpassen. Positionieren Sie einfach den Mauszeiger auf der Trennlinie z. B. zwischen Abschnitten und Seiten 8 oder auch zwischen Seiten und Inhaltsbereich 9. Nimmt der Zeiger die Form eines Doppelpfeils an, können Sie die Breite mit gedrückter linker Maustaste verändern.

Gesucht und schnell gefunden

Wer einmal Gefallen an OneNote gefunden hat, wird seine Notizbücher bald mit einer Vielzahl an Informationen gefüllt haben. Notizen in OneNote erfassen ist eine Sache, sie im Notizbuch auch wiederzufinden, eine andere. Doch keine Sorge: In OneNote steht Ihnen eine sehr starke Suchfunktion zur Seite, die Sie ganz sicher nicht im Stich lässt.

Eine einfache Suchanfrage starten

Tipp 122

Sie suchen nach einer bestimmten Notiz, können Sie aber nirgendwo finden? Mithilfe der Suchfunktion kommen Sie ihr schnell auf die Spur:

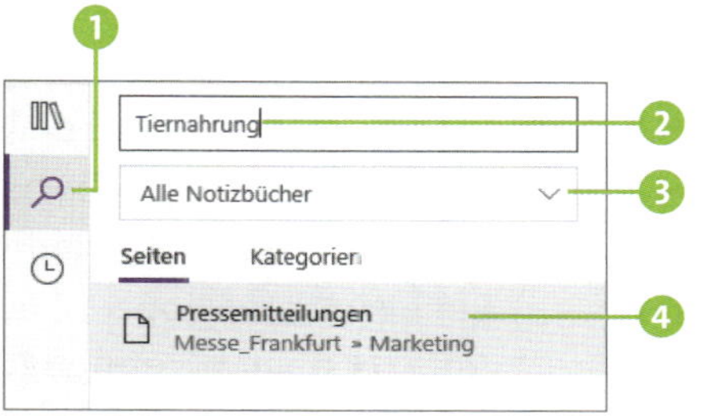

1. Klicken Sie am linken Rand der Navigationsspalte auf das Lupensymbol ❶. In der Spalte rechts davon wird nun ein Suchfeld eingeblendet, in das Sie Ihren Suchbegriff eingeben ❷.
2. Können Sie sich erinnern, wo Sie die Notiz gespeichert haben? Falls nicht, belassen Sie im Feld unterhalb des Suchfeldes die Voreinstellung **Alle Notizbücher** ❸. Nach einem Klick in das Feld können Sie die Suche aber auch auf das **Aktuelle Notizbuch**, den **Aktuellen Abschnitt** oder sogar die **Aktuelle Seite** einschränken.
3. Drücken Sie die Taste [↵], um die Suche zu starten. Die Suchergebnisse listet OneNote unterhalb des Suchfeldes auf. Markieren Sie ein Ergebnis ❹, wird im Inhaltsbereich rechts die dazugehörige Seite eingeblendet, der Suchbegriff ist dort markiert.
4. Wenn Sie die gesuchte Notiz gefunden haben, blenden Sie über das Notizbuchsymbol ❺ die Navigationsspalte des dazugehörigen Notizbuchs ein. Die Seite mit dem gesuchten Begriff ist automatisch ausgewählt.

Markierungen für Suchanfragen einfügen

Es gibt ein paar Themen, die Sie in der nächsten Konferenz gerne mit dem Team besprechen möchten? Die Notizen hierzu haben Sie bereits in Ihrem OneNote-Notizbuch zusammengestellt. Befinden sich die Themen auf unterschiedlichen Seiten, geht während der Konferenz womöglich die große Suche los, es sei denn, Sie markieren die Themen entsprechend. Und das ist schnell erledigt. Eine Form der Markierung haben Sie bereits in Tipp 112 auf Seite 181 im Zusammenhang mit Aufgabenlisten kennengelernt. Dort haben Sie alle Aufgaben mit einem praktischen Kontrollkästchen versehen. OneNote bietet Ihnen aber noch manch andere pfiffige Markierungsmöglichkeit.

1. Gibt es Themen, die Sie vor allen anderen Besprechungspunkten in der Konferenz klären möchten oder besonders dringend erledigen müssen, dann sollten Sie sie als wichtig kennzeichnen. Markieren Sie hierzu das Thema (1). Dabei kann es sich z.B. um eine Textnotiz, ein Bild oder auch eine Dateianlage handeln.

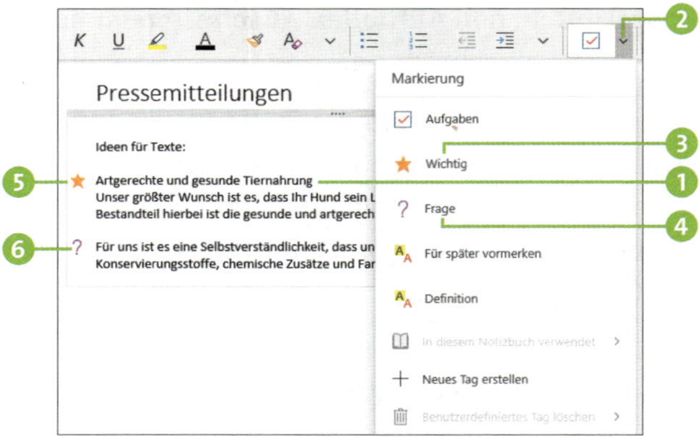

2. Um das markierte Element als wichtig zu markieren, klicken Sie im Register **Start** auf den Pfeil neben dem Sym-

bol ☑ ❷. Wählen Sie in der aufklappenden Liste die gewünschte Markierung (auch *Tag* genannt) aus, im Beispiel also **Wichtig** ❸. Für Fragen, die Sie mit Kollegen klären möchten, bietet sich wiederum **Frage** ❹ an.

3. Links vom markierten Element wird nun das jeweilige Markierungszeichen, also der Stern für Wichtig ❺ und das Fragezeichen für die Frage ❻, eingeblendet.

Suchanfragen anhand von Markierungen durchführen

Tipp 124

Die kleinen Markierungen sind auf einer gut gefüllten Seite recht unscheinbar und schnell zu übersehen. Während einer Konferenz wäre es deshalb recht mühselig, alle Seiten des Notizbuchs nach diesen kleinen Symbolen zu durchforsten. Das müssen Sie zum Glück auch nicht, da Ihnen folgende Möglichkeit zur Verfügung steht:

1. Blenden Sie das Suchfeld per Klick auf das Lupensymbol in der Navigationsspalte ein ❶. Alternativ hierzu können Sie auch die Tastenkombination Strg + F drücken.
2. Geben Sie im Suchfeld nun die Bezeichnung der Markierung ein, also etwa »Wichtig« oder auch »Frage« ❷. Sobald Sie die Taste ↵ drücken, startet OneNote die entsprechende Suche.
3. Wieder werden alle Suchergebnisse aufgelistet. Haben Sie **Seiten** ❸ markiert, werden zunächst alle Seiten aufgeführt, in denen entweder die Markierung oder auch tatsächlich das Wort *Wichtig* oder auch *Frage* in einem Textcontainer auftaucht.

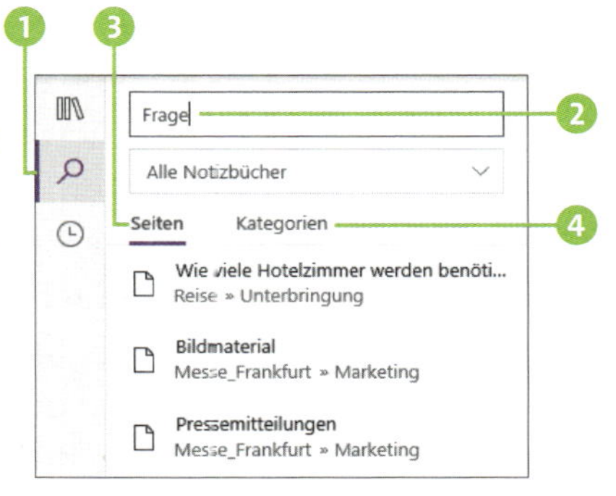

4. Blenden Sie die **Kategorien** ④ ein, werden nur noch die per Stern oder Fragezeichen ⑤ markierten Elemente als Treffer angezeigt. Klicken Sie einen Treffer an, gelangen Sie direkt zur entsprechenden Seite im Notizbuch, auf der das Element grau markiert ist ⑥.

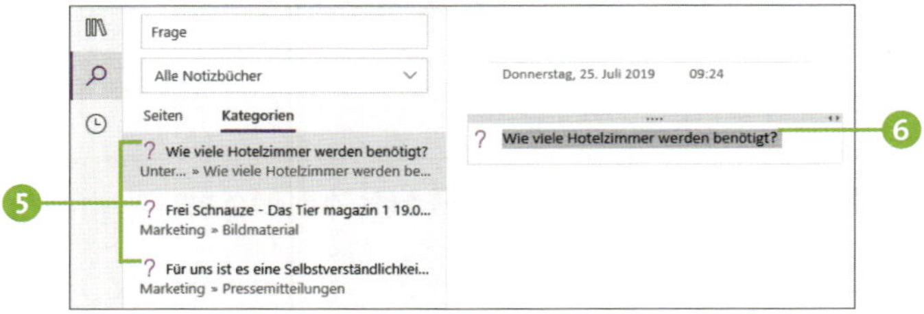

Tipp 125

Eigene Markierungen erstellen

Die Zahl der Markierungen, die OneNote bietet, ist recht übersichtlich. Sie können aber auch eigene Tags erstellen. Das ist z. B. dann praktisch, wenn Sie mit mehreren Personen an einem Notizbuch arbeiten und bestimmte Notizen für andere kennzeichnen möchten. Um eine eigene Markierung zu erstellen, gehen Sie folgendermaßen vor:

1. Klicken Sie im Register **Start** auf den Pfeil rechts vom Symbol ☑. In der aufklappenden Liste wählen Sie **Neues Tag erstellen** (siehe dazu auch die Abbildung auf Seite 202).

2. Am rechten Fensterrand wird die Spalte **Tag erstellen** eingeblendet. Geben Sie zunächst einen Namen für die Kategorie ein ①. Dies kann z. B. der Name Ihres Teams sein, wenn Sie später Themen für die Teambearbeitung markieren möchten. Auch der Name eines anstehenden Events, das organisiert werden soll, könnte interessant sein. Da Sie den Namen später für Suchanfragen nutzen können, sollte er möglichst kurz und zugleich eindeutig sein.

3. Als Nächstes ordnen Sie dem Tag ein Symbol zu. Dieses erscheint – analog zum Fragezeichen oder auch zum Sternsymbol, die Sie in den beiden vorherigen Tipps kennengelernt haben – auf den Seiten, wenn Sie Ihren Notizen später die Markierung zuweisen. Klicken Sie auf **Alle Symbole** ②, damit die Vielzahl an Symbolen angezeigt wird. Blättern Sie die Liste in Ruhe durch, und wählen Sie ein Symbol per Mausklick aus ③.

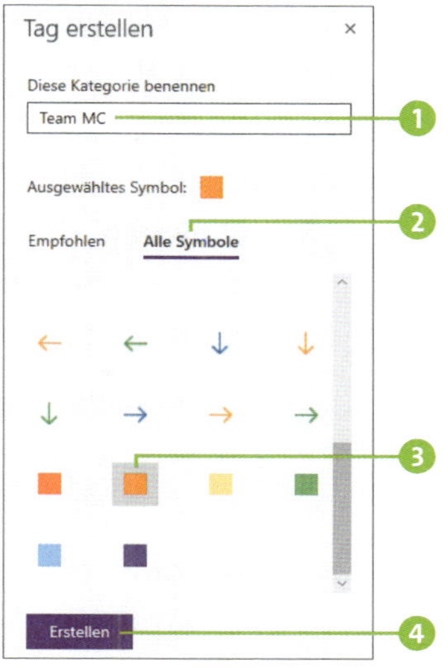

4. Nun noch ein Klick auf **Erstellen** ④, und OneNote erzeugt die neue Markierung.

Der neue Tag steht Ihnen in der Liste aller Markierungen zur Verfügung, die Sie per Klick auf den Pfeil rechts vom Symbol  einblenden. Die Zuweisung einer Markierung und auch die Suche danach funktionieren, wie in den beiden vorherigen Tipps gezeigt.

Markierungen entfernen

Tipp 126

Sie konnten all Ihre Fragen mit den Kollegen klären? Und auch die wichtigen Punkte haben Sie abgearbeitet? Prima – doch die entsprechenden Markierungen müssen Sie in Ihren Notizen leider manuell entfernen.

1. Klicken Sie hierzu einmal rechts neben das entsprechende Markierungssymbol, also neben das Fragezeichen, den Stern oder auch eine Ihrer eigenen Markierungen ①.

2. Drücken Sie nun die Taste [←], und schon wird die Markierung entfernt.

3. Um eine selbst erstellte Markierung aus der Markierungsliste zu entfernen, klicken Sie im Register **Start** auf den Pfeil rechts vom Symbol ☑ 2. Wählen Sie in der Liste den Befehl **Benutzerdefiniertes Tag löschen** 3.

4. Markieren Sie in der folgenden Liste das Tag, das Sie nicht mehr benötigen, und bestätigen Sie den Hinweis mit **Ja**.

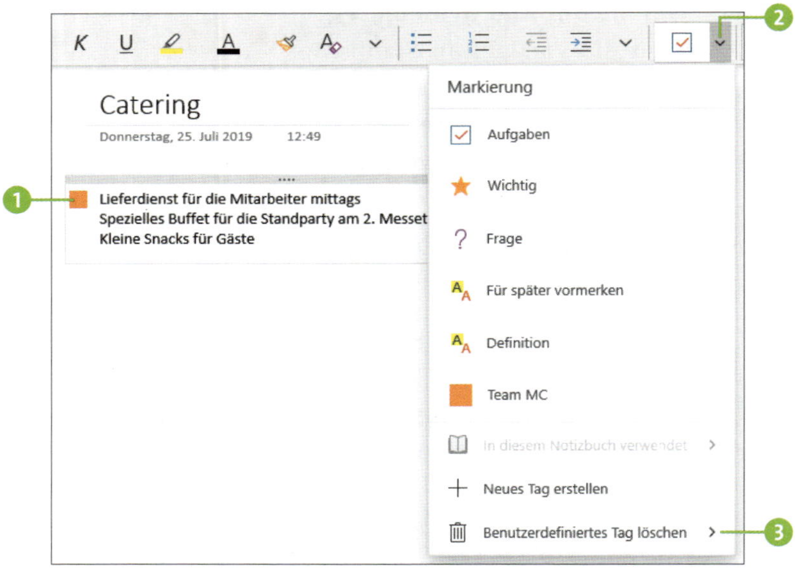

Dieses Tag können Sie nun zwar nicht mehr für neue Markierungen nutzen, sollte eine Notiz jedoch noch mit dem Tag markiert sein, können Sie weiterhin eine Suchanfrage nach dem Markierungsnamen durchführen.

Outlook, OneNote und OneDrive im Team

Eine gute und harmonische Teamarbeit ist das A und O im Berufsalltag. Das gilt natürlich für die Menschen, die zusammenarbeiten, aber durchaus auch für die Software, die Sie auf dem Computer, Tablet oder Smartphone nutzen. Wie gut die einzelnen Office-Anwendungen aufeinander abgestimmt sind und wie Sie auch von unterwegs auf Ihre Dateien zugreifen können, erfahren Sie in den folgenden Tipps. Ebenfalls Thema dieses Kapitels ist das Freigeben von Daten für andere. Dabei spielt der Speicherort der Dateien eine wichtige Rolle, sprich, ob Sie die Daten lokal, in einem Netzwerklaufwerk, in SharePoint oder in OneDrive abgelegt haben. Lesen Sie hierzu bitte auch den Kasten »Wo werden in der Firma die Daten gespeichert?« auf Seite 219.

So arbeiten OneNote und Outlook perfekt zusammen

Outlook ist nicht nur ein beliebtes E-Mail-Programm, es unterstützt Sie auch hervorragend bei der Termin- und Aufgabenverwaltung. OneNote wiederum ist die perfekte digitale Gedächtnisstütze, denn hier können Sie ausführlich alles notieren, was Ihnen während der Projektplanung in den Sinn kommt und was Sie nicht vergessen dürfen. Wie gut beide Programme zusammenarbeiten, zeigen wir Ihnen in den folgenden Tipps anhand einiger Beispiele. Manche der vorgestellten Funktionen lassen sich bisher allerdings nur in der Desktop-Version von OneNote nutzen.

Tipp 127 Outlook-Termine und -Aufgaben mit OneNote-Notizen verknüpfen

Beim Speichern eines Termins, einer Besprechung oder auch Aufgabe haben Sie in Outlook die Möglichkeit, bereits ein paar zusätzliche Informationen zu hinterlegen. Dazu zählen z.B. die Teilnehmer einer Konferenz oder auch Links zu Dokumenten, die Sie für eine Aufgabe benötigen. Weitaus mehr Hintergrundinformationen lassen sich allerdings in den Notizbüchern von OneNote erfassen, wie Sie im vorherigen Kapitel bereits sehen konnten. Um schnell von einem Termin oder einer Aufgabe zu den entsprechenden OneNote-Notizen zu gelangen, fügen Sie im Notizfeld des Termins bzw. der Aufgabe einfach einen Link zum relevanten Abschnitt bzw. zu der entsprechenden Seite ein.

1. Blenden Sie in OneNote die Seite bzw. den Abschnitt ein, in dem Sie die Hintergrundinformationen zu einem in Outlook gespeicherten Termin oder einer Aufgabe notiert haben.

2. Klicken Sie in der Navigationsspalte mit der rechten Maustaste auf die Seite bzw. den Abschnitt. Im Kontextmenü wählen Sie den Befehl **Link zu Seite kopieren** bzw. **Link zum Abschnitt kopieren**.

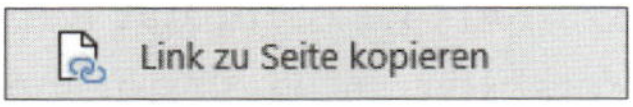

3. Wechseln Sie zu Outlook, und öffnen Sie dort im entsprechenden Modul **Kalender** bzw. **Aufgabe** per Doppelklick das Fenster des Termins bzw. der Aufgabe.

4. Klicken Sie im Fenster in das Notizfeld, und drücken Sie die Tastenkombination Strg + V, um den zuvor kopierten Link einzufügen.

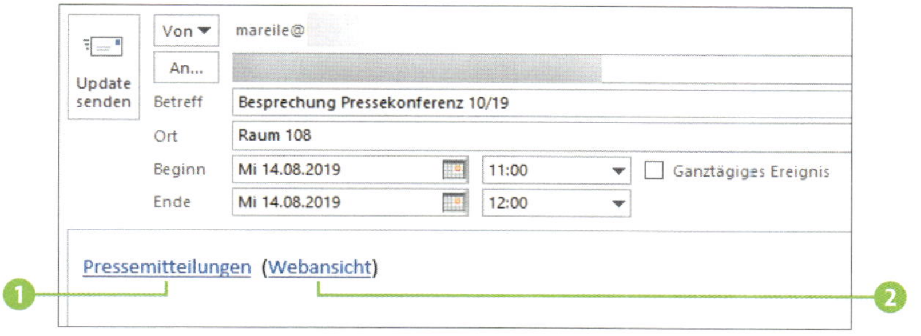

Je nach verwendeter OneNote-Version besteht der eingefügte Link aus einem oder auch aus zwei Teilen: Immer angezeigt wird der Name der Seite bzw. des Abschnitts ①. Wurde das Notizbuch auf OneDrive gespeichert, wie es bei der OneNote-App der Fall ist, finden Sie rechts vom Namen zusätzlich in Klammern den Hinweis **(Webansicht)** ②.

5. Mit einem Klick auf den Namen gelangen Sie direkt zur verknüpften OneNote-Seite bzw. zum Abschnitt in der OneNote-App bzw. in OneNote 2016. Sollten beide Anwendungen auf Ihrem Computer installiert sein, müssen Sie die gewünschte Anwendung ggf. per Mausklick auswählen.

6. Klicken Sie auf **(Webansicht)**, wird der Browser mit der Anmeldeseite der Online-Version von OneNote geöffnet. Sobald Sie sich mit Ihrem Microsoft-Konto angemeldet haben, wird auch hier die verknüpfte Seite bzw. der Abschnitt angezeigt.

In OneNote erfasste Aufgabe in Outlook übernehmen

Tipp 128

Das Outlook-Modul **Aufgaben** bietet Ihnen nicht nur einen hervorragenden Überblick über alle anstehenden Aufgaben, sondern erinnert Sie auch frühzeitig an deren Erledigung. Wenn Sie die Desktop-Version OneNote 2016 verwenden, können Sie diese Funktionalität auch für Ihre in OneNote erfassten Aufgaben nutzen.

Damit eine in OneNote erfasste Aufgabe auch in der Outlook-Aufgabenliste erscheint, gehen Sie folgendermaßen vor:

1. Rufen Sie in OneNote die entsprechende Seite mit der Aufgabenliste auf, und markieren Sie die erste Aufgabe ①. Dabei muss es sich nicht um eine über die Schaltfläche ☑ gekennzeichnete Aufgabe handeln, wie Sie sie in Tipp 112 auf Seite 181 kennengelernt haben, sondern es darf natürlich auch ein schlichter Text sein.

2. Klicken Sie im Register **Start** in der Gruppe **Kategorien** auf **Outlook-Aufgaben**. In der aufklappenden Liste bietet Ihnen OneNote bereits einige Fälligkeitstermine an, wie etwa **Morgen** oder auch **Nächste Woche**. Wenn Sie einen bestimmten Termin festlegen möchten, wählen Sie **Benutzerdefiniert** ②.

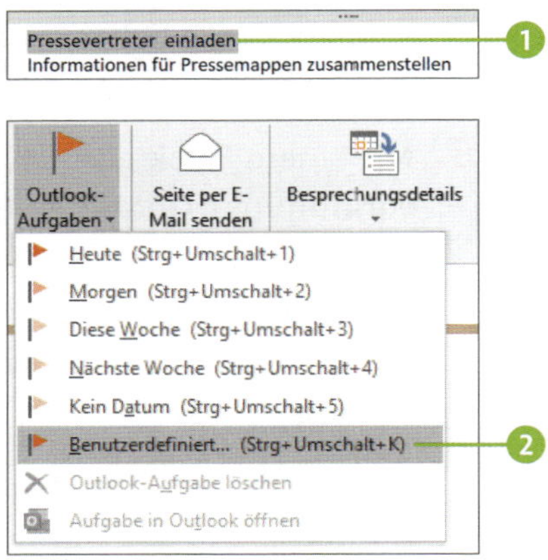

3. In diesem Fall öffnet sich ein Outlook-Aufgabenfenster, in dem Sie selbst das Start- und Fälligkeitsdatum in den entsprechenden Feldern eintragen ③. Schließen Sie das Fenster dann mit **Speichern & schließen** ④.

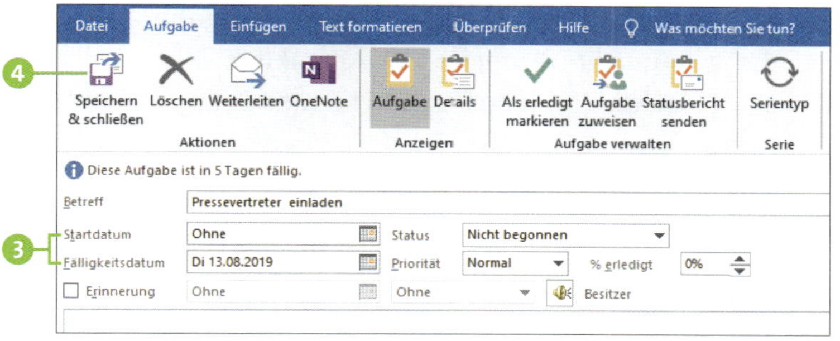

Die zunächst in OneNote angelegte Aufgabe wird nun auch in der Aufgabenliste in Outlook aufgeführt. Sowohl in Outlook als auch in OneNote finden Sie am linken bzw. rechten Rand der Aufgabe ein Fähnchensymbol.

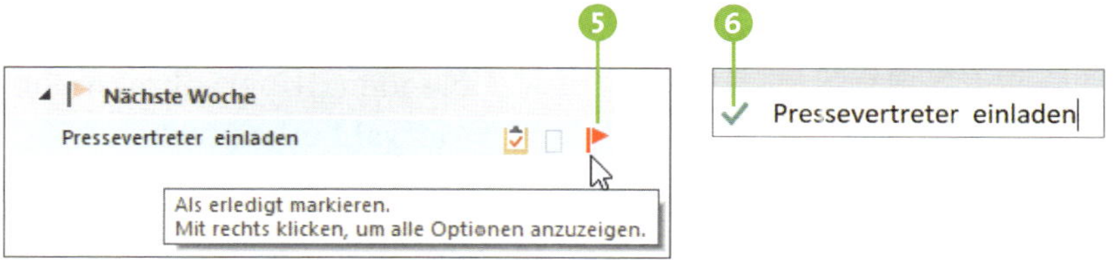

4. Mit einem Klick auf das Fähnchen 5 kennzeichnen Sie sowohl in OneNote als auch in Outlook die Aufgabe als erledigt. Statt des Fähnchens ist nun ein Häkchen 6 zu sehen. Diese Kennzeichnung wird sofort auch für den entsprechenden Eintrag in der anderen Anwendung übernommen.

Outlook-Aufgaben in OneNote-Notizbuch einfügen

Tipp 129

So einfach, wie Sie Aufgaben aus OneNote 2016 in Outlook übernehmen können, funktioniert auch der umgekehrte Weg. Um bereits in Outlook eingetragene Aufgaben blitzschnell in ein Notizbuch zu übertragen, gehen Sie folgendermaßen vor:

1. Markieren Sie in Outlook im Modul **Aufgabe** die gewünschte Aufgabe per Mausklick. Klicken Sie dann im Register **Start** in der Gruppe **Aktionen** auf **OneNote**.

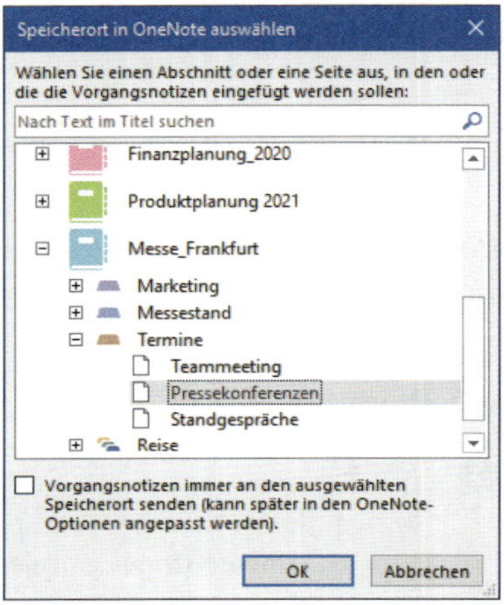

2. Es öffnet sich der Dialog **Speicherort in OneNote auswählen**. Blättern Sie ggf. nach unten bis zum gewünschten Notizbuch, und markieren Sie die Seite, auf der die Aufgabe eingefügt werden soll. Über die Plussymbole können Sie jeweils die Untereinträge eines Notizbuchs, Abschnitts sowie einer Seite einblenden. Übernehmen Sie die Auswahl mit **OK**.

Es wird automatisch die gewählte OneNote-Seite angezeigt, in der Sie nun einen Container mit der entsprechenden Aufgabe finden, die auch hier mit einem Fähnchen gekennzeichnet ist.

Tipp 130

Besprechungsnotizen mit OneNote verarbeiten

OneNote 2016 arbeitet nicht nur im Zusammenhang mit Aufgaben hervorragend mit Outlook zusammen, sondern auch, wenn es um Termine und Besprechungen geht. Haben Sie z.B. in Outlook einen Besprechungstermin gespeichert, können Sie diesen in OneNote einfügen und dort mit zusätzlichen Informationen versehen. Haben Ihre Kollegen, die an der Besprechung teilnehmen, ebenfalls Zugriff auf das Notizbuch, können diese so auch gleich bequem ihre Anmerkungen hinzufügen. Wie Sie hierzu vorgehen, zeigen die folgenden Schritte:

1. Markieren Sie in Outlook im Modul **Kalender** die Besprechung, für die Sie weitere Details in OneNote ergänzen möchten.
2. Klicken Sie im Register **Besprechung** auf das OneNote-Symbol mit der Bezeichnung **Besprechungsnotizen** ①.

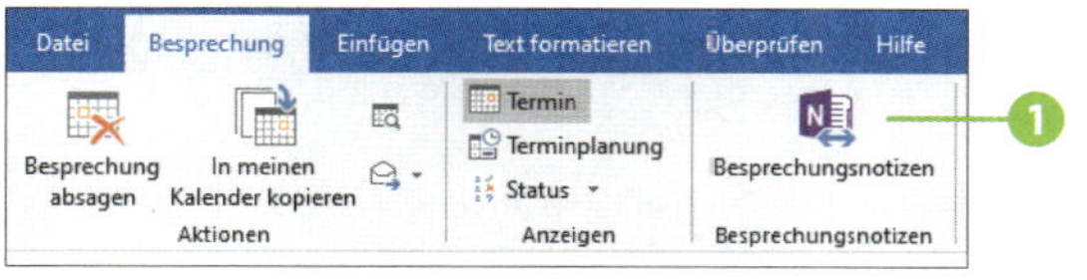

3. Damit auch die anderen Konferenzteilnehmer Notizen zur Besprechung hinzufügen können, wählen Sie im folgenden Dialog **Notizen für die Besprechung freigeben** ②.

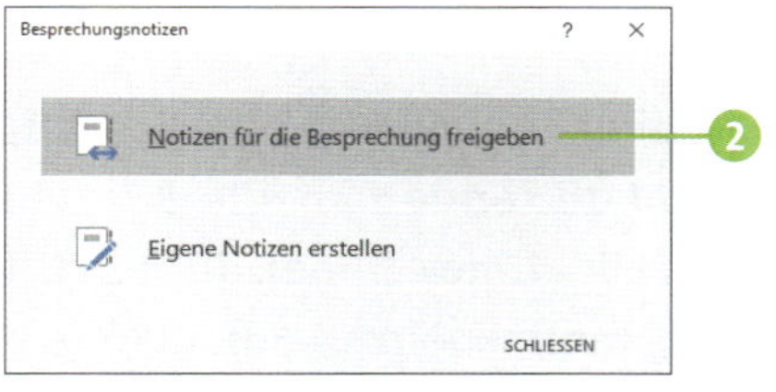

4. Im folgenden Dialog markieren Sie den Abschnitt ③ oder auch eine bestimmte Seite innerhalb des gewünschten Notizbuchs, in dem die Besprechungsnotiz hinzugefügt werden soll. Bestätigen Sie die Auswahl mit **OK**.

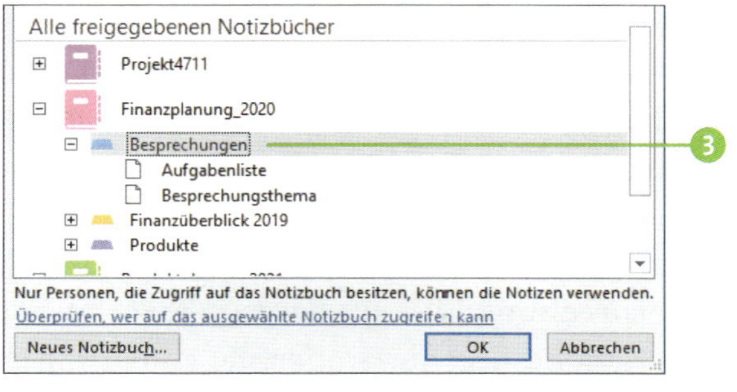

5. Öffnen Sie OneNote, wird die ausgewählte Seite des in Schritt 4 gewählten Notizbuchs angezeigt. Haben Sie lediglich einen Abschnitt markiert, wird innerhalb des Abschnitts eine neue Seite mit dem Namen des Termins angelegt 4. Auf der Seite selbst finden Sie einen Container mit allen wichtigen Informationen rund um die Besprechung, die Sie nun noch beliebig um eigene Notizen ergänzen können.

6. In Outlook senden Sie die aktualisierten Besprechungsdetails per Klick auf **Update senden** an alle Teilnehmer der Besprechung. Die Teilnehmer finden in der E-Mail einen Link **Besprechungsnotizen anzeigen**, über den sie das Notizbuch öffnen und auch selbst Informationen für die Besprechung einfügen können.

7. Ändert sich der Termin der Besprechung, oder laden Sie noch weitere Teilnehmer hierzu ein? Alle Änderungen, die Sie im Besprechungstermin in Outlook vornehmen, werden automatisch auch in den entsprechenden OneNote-Notizen übernommen. Im Terminfenster der Besprechung finden Sie im Notizfeld ebenfalls den Link **Besprechungsnotizen anzeigen** 5. Klicken Sie hierauf, gelangen Sie automatisch zur OneNote-Seite. Alternativ hierzu können Sie auch auf **Besprechungsnotizen** 6 im Register **Besprechung** klicken. Vergessen Sie nicht, die Teilnehmer der Besprechung über die Änderungen zu

informieren, indem Sie ihnen eine entsprechende E-Mail per Klick auf **Update senden** 7 zukommen lassen.

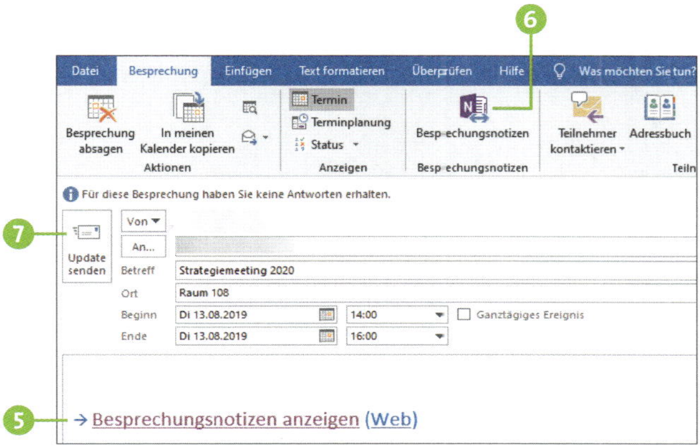

Inhalt einer E-Mail an OneNote senden

Tipp 131

Ein Kunde hat Ihnen eine E-Mail mit einer ausführlichen Wunschliste für das anstehende Projekt geschickt? Haben Sie für die Projektplanung bereits ein Notizbuch in OneNote angelegt, können Sie die E-Mail blitzschnell als Notiz einfügen und haben somit alle relevanten Informationen kompakt an einem Ort. Die folgenden Schritte funktionieren nicht nur mit OneNote 2016, sondern auch mit der OneNote-App.

1. Markieren Sie in Outlook im Modul **E-Mail** die Nachricht, die als Notiz in einem OneNote-Notizbuch eingefügt werden soll.
2. Wechseln Sie in das Register **Datei**, und wählen Sie dort den Befehl **Drucken** 1.
3. Klicken Sie nun rechts in das Feld **Drucker**, und wählen Sie für die OneNote-App den Eintrag **OneNote** 2 aus. Verwenden Sie OneNote 2016, markieren Sie stattdessen **Send To OneNote 2016**.

4. Stellen Sie sicher, dass im Bereich **Einstellungen** der Eintrag **Memoformat** 3 ausgewählt ist, bevor Sie auf **Drucken** 4 klicken.

5. Nach einem kurzen Moment wird OneNote geöffnet. Klicken Sie ggf. auf das Programmsymbol in der Taskleiste, um das Programmfenster von OneNote in den Vordergrund zu holen.

6. Im Dialog **Speicherort in OneNote auswählen** wählen Sie das Notizbuch und dann den Abschnitt 5 aus, in dem die E-Mail eingefügt werden soll. Übernehmen Sie die Auswahl mit **OK**.

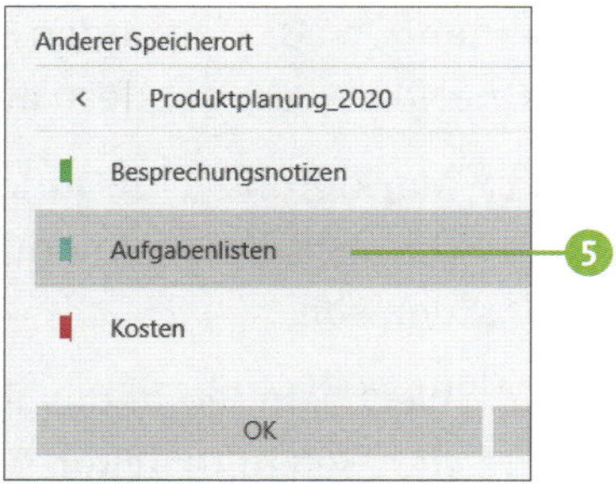

7. Eine Kopie der E-Mail wird nun in einem eigenen Container auf einer neuen Seite mit dem Namen **Ausdruck** eingefügt.

Dateien und Notizbücher in OneDrive ablegen

Wenn Sie auch von unterwegs auf Ihre Dateien und OneNote-Notizbücher zugreifen und diese ggf. auch mit anderen teilen möchten, müssen Sie die Daten in einem Online-Speicher ablegen. Sehr gut geeignet ist hierfür die Cloud *OneDrive* von Microsoft, da sie perfekt mit allen Office-Programmen zusammenarbeitet.

Wo werden in der Firma die Daten gespeichert?

Speicherorte für Ihre Daten gibt es viele. So können Sie sie z. B. lokal auf Ihrem Computer ablegen. Damit haben ausschließlich Sie Zugriff auf die Dateien. In manchen Unternehmen ist dies aber gar nicht gerne gesehen, und manche unterbinden diese Möglichkeit sogar. Denn zu häufig kommt es vor, dass wichtige Dateien während der Urlaubszeit oder im Krankheitsfall für die Vertretung somit nicht zugänglich sind. Stattdessen stehen speziell in größeren Firmen Netzlaufwerke zur Verfügung. Die Zugriffsrechte werden vom Unternehmen vorgegeben, die dort abgelegten Dateien stehen also meist einem größeren Personenkreis zur Verfügung. Wie Sie hier abgelegte Dateien vor unberechtigtem Zugriff schützen können, erfahren Sie im Abschnitt »Kennwortschutz für Notizbücher und Dateien« ab Seite 234. Manche Firmen ermöglichen ihren Mitarbeitern einen Zugriff auf die Netzwerklaufwerke von außerhalb z. B. per VPN. Eine weitere Speichermöglichkeit bietet eine Cloud wie OneDrive, auf die Sie auch von unterwegs zugreifen können. Legen Sie Ihre Dateien hier ab, haben zunächst nur Sie Zugriff auf die Daten. Sollen auch Kollegen die Dateien ansehen oder bearbeiten dürfen, müssen Sie die Daten explizit freigeben. Näheres hierzu erfahren Sie im Abschnitt »OneNote-Notizen mit anderen teilen« ab Seite 229. Eine weitere Variante stellt *Office 365 SharePoint* dar, das in einigen Firmen Anwendung findet. Hierbei handelt es sich ebenfalls um einen Online-Speicher, auf dem Unternehmen aber ähnlich wie bei einem Netzwerklaufwerk Gruppenzugriffe einrichten können. Sind Sie sich unsicher, welchen Speicherort Sie für Ihre Dateien wählen sollen und vor allem auch dürfen, fragen Sie bitte in Ihrem Unternehmen nach dem dort gängigen Vorgehen.

Tipp 132

Lokal gespeichertes Notizbuch in OneDrive verschieben

Arbeiten Sie mit der OneNote-App, werden all Ihre OneNote-Notizbücher automatisch im Online-Speicher OneDrive abgelegt. In der Desktop-Version OneNote 2016 haben Sie dagegen die Möglichkeit, ein Notizbuch auch lokal auf der Festplatte Ihres Computers oder auf einem Netzwerklaufwerk zu speichern. Wenn Sie von unterwegs darauf zugreifen möchten und Ihnen in der Firma kein Netzlaufwerk zur Verfügung steht, auf das Sie auch von extern zugreifen könnten, müssen Sie das Notizbuch zunächst in die Cloud verschieben. Dies ist schnell geschehen:

1. Wechseln Sie in OneNote 2016 in das Register **Datei**. Ist in der linken Spalte **Informationen** markiert, werden rechts all Ihre Notizbücher aufgelistet. Unterhalb des Namens erfahren Sie, wo das jeweilige Notizbuch gespeichert ist.
2. Um ein Notizbuch in die Cloud zu verschieben, klicken Sie unterhalb des Speicherpfads auf **Im Web oder Netzwerk freigeben** (1).

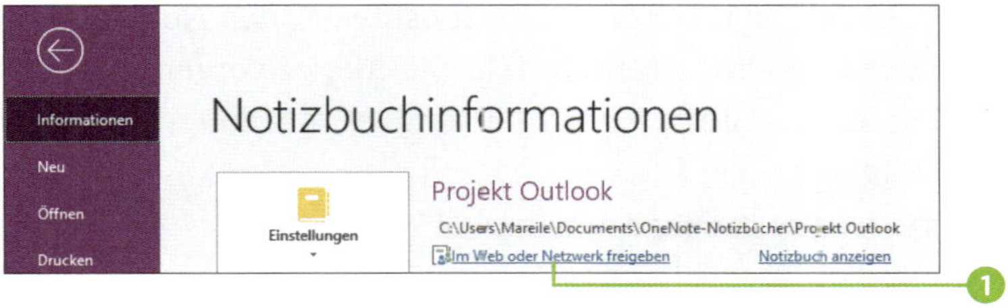

3. Stellen Sie sicher, dass auf der folgenden Seite **Notizbuch freigeben** der Eintrag **OneDrive** (2) markiert ist. Sollten Sie bisher bei keinem Ihrer Office-Programme (z. B. Word, Excel oder auch OneNote) mit Ihrem Microsoft-Konto angemeldet sein, müssen Sie dies nun mit einem Klick auf **Anmelden** (3) nachholen.

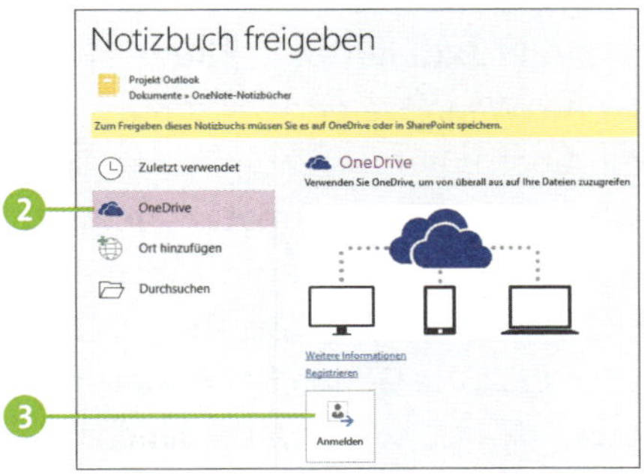

4. Geben Sie hierzu zunächst die E-Mail-Adresse des Kontos und dann das Kennwort ein. Damit Ihr lokales Benutzerkonto am Computer nicht in ein mit einem Microsoft-Konto verknüpftes Benutzerkonto umgewandelt wird, klicken Sie auf **Nur Microsoft-Apps** (4). Sie sind nun automatisch in allen Microsoft-Office-Programmen mit dem Microsoft-Konto angemeldet.

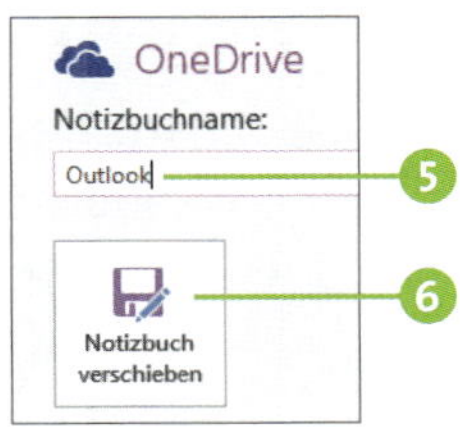

5. Geben Sie ggf. einen neuen Namen ein, unter dem das Notizbuch in der Cloud gespeichert werden soll (5). Mit einem Klick auf **Notizbuch verschieben** (6) wird das ausgewählte Notizbuch nun in die Cloud OneDrive verschoben.

OneNote bietet Ihnen als Nächstes an, das Notizbuch auch für andere freizugeben. Wie Sie hierzu vorgehen, erfahren Sie im Abschnitt »OneNote-Notizen mit anderen teilen« ab Seite 229.

Synchronisierungseinstellungen von OneNote prüfen

Alle in OneDrive gespeicherten Notizbücher werden per Standardeinstellung automatisch synchronisiert, sodass Sie immer den aktuellsten Stand vorfinden. Um die Synchronisierungseinstellungen in der OneNote-App zu überprüfen, tippen Sie oben rechts auf das Symbol ··· und dann auf **Einstellungen ► Optionen**. Stellen Sie sicher, dass in der Optionenleiste rechts jeweils die Regler unterhalb von **Notizbücher automatisch synchronisieren** sowie **Alle Dateien und Bilder synchronisieren** eingeschaltet sind. Wenn Sie den Synchronisierungsstatus in Outlook 2016 überprüfen möchten, rufen Sie das Register **Datei** auf und hier links die **Informationen**. Klicken Sie nun rechts auf **Synchronisierungsstatus anzeigen**, erhalten Sie einen Überblick über alle in OneDrive abgelegten Notizbücher. Stellen Sie sicher, dass die Option **Bei Änderung automatisch synchronisieren** aktiviert ist. Mit **Jetzt synchronisieren** können Sie die Synchronisierung für ein ausgewähltes Notizbuch und mit **Alle synchronisieren** für alle online abgelegten Notizbücher selbst anstoßen.

Tipp 133

Zugriff auf OneDrive via Explorer

OneDrive ist nicht nur in den Office-Anwendungen fest integriert, sondern auch in Windows 10. So können Sie bequem aus dem Explorer heraus auf Daten zugreifen, die Sie in der Cloud abgelegt haben. Beim ersten Aufruf müssen Sie sich mit Ihrem Microsoft-Konto anmelden. Hierzu gehen Sie folgendermaßen vor:

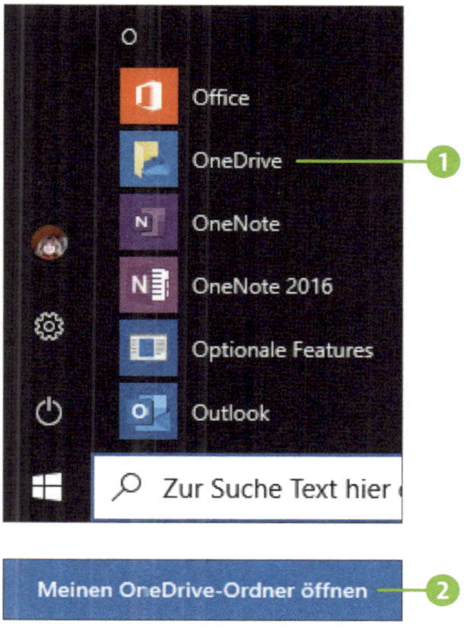

1. Rufen Sie über das Startmenü die App **OneDrive** (1) auf.
2. Geben Sie im Dialog **OneDrive einrichten** die E-Mail-Adresse Ihres Microsoft-Kontos ein. Nach einem Klick auf **Anmelden** werden Sie zur Eingabe des Kennwortes aufgefordert, das Sie ebenfalls mit **Anmelden** bestätigen.
3. Auf den folgenden Seiten, durch die Sie mit **Weiter** bzw. einem Klick auf den nach rechts weisenden Pfeil [>] blättern, erhalten Sie einige Informationen zu OneDrive. Die letzte Seite **Jetzt kann's weitergehen** beenden Sie mit **Meinen OneDrive-Ordner öffnen** (2).
4. Es wird daraufhin der Explorer mit dem Verzeichnis **OneDrive** geöffnet. Hier finden Sie nun alle in der Cloud abgelegten Bilder, Dokumente und mehr. Das Öffnen einer Datei erfolgt, wie gewohnt, per Doppelklick. Speichern Sie die Datei, werden die Änderungen automatisch in der Cloud übernommen.
5. Um weitere Dateien in die Cloud zu verschieben, gehen Sie ebenfalls so vor, wie vom Explorer gewohnt. So können Sie Daten z. B. per Drag & Drop von einem Verzeichnis in ein anderes ziehen.
6. Wenn Sie eine Datei in OneDrive löschen möchten, markieren Sie sie. Mit der Tastenkombination [Strg] + [D] wird die Datei in den Papierkorb verschoben, mit [⇧] + [←] löschen Sie sie endgültig. Alternativ zu den Tastenkombinationen können Sie natürlich auch die Schaltflächen (3) im Menüband des Explorers nutzen.

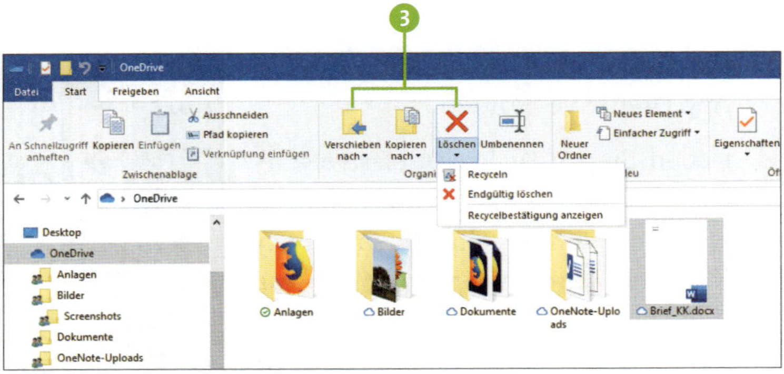

OneDrive-Dateien offline nutzen

Solange Ihr Computer mit dem Internet verbunden ist, werden die Dateien automatisch mit OneDrive synchronisiert. Sollte die Internetverbindung einmal unterbrochen sein, werden die Änderungen auf dem PC zwischengespeichert. Die Dateien werden im Explorer entsprechend mit einem roten Kreuz gekennzeichnet. Ist das Internet wieder verfügbar, wird automatisch eine Synchronisierung vorgenommen, und alle Dateien und Ordner werden wieder auf den neuesten Stand gebracht. Die mit einer Wolke gekennzeichneten Dateien und Ordner sind übrigens nur verfügbar, wenn Sie online sind, die mit einem grünen Häkchen versehenen Daten sind auch auf dem Gerät verfügbar.

Tipp 134

Zugriff auf OneDrive via Browser

Ob PC, Notebook, Tablet oder Smartphone: Auf jedem Gerät, von dem aus Sie auf das Internet zugreifen können, steht Ihnen ein Browser zur Verfügung, ganz unabhängig davon, welches Betriebssystem auf dem Gerät installiert ist. Über den Browser (z. B. Edge, Firefox, Google Chrome oder auch Safari) können Sie ebenfalls auf die in OneDrive gespeicherten Daten zugreifen.

1. Starten Sie den Browser Ihrer Wahl, und rufen Sie die Webadresse »www.onedrive.de« auf.

2. Klicken Sie auf der Webseite oben rechts auf **Anmelden**, und melden Sie sich mit der E-Mail-Adresse 1 und dem Kennwort Ihres Microsoft-Kontos an.

3. Nach der Anmeldung sehen Sie zunächst eine Übersicht über alle in OneDrive abgelegten Daten. In der linken Spalte der Seite ist entsprechend **Dateien** 2 markiert. Wenn Sie eine auf Ihrem Gerät, also z. B. Notebook oder Tablet, gespeicherte Datei in die Cloud laden möchten, klicken Sie auf **Hochladen** ▸ **Dateien** 3.

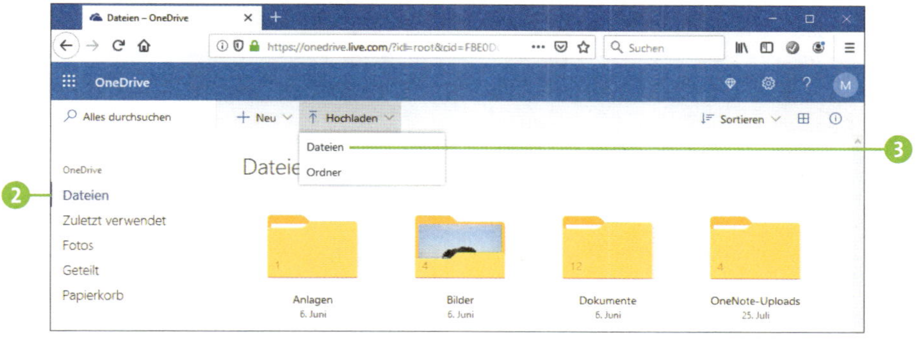

4. Wechseln Sie in den Ordner, in dem sich die Datei befindet. Ein Doppelklick auf die Datei reicht, und schon wird sie in die Cloud geladen.

5. Wenn Sie eine Datei innerhalb der Ordner in OneDrive verschieben möchten, müssen Sie sie zunächst markieren. In einem Browser wie Edge oder Firefox positionieren Sie hierzu den Mauszeiger auf der Datei und setzen dann per Klick ein Häkchen in den nun rechts oben zu sehenden Kreis 4.

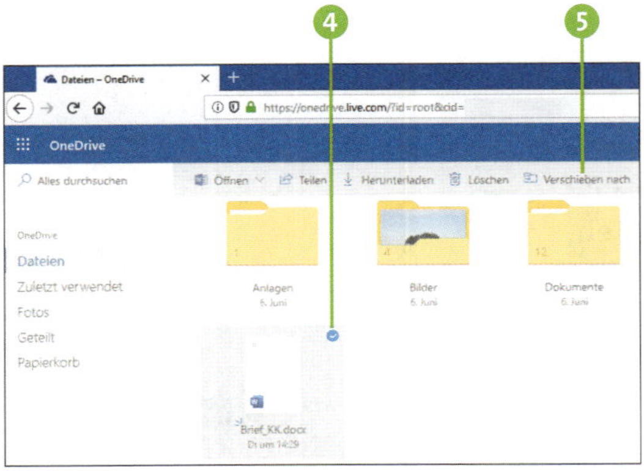

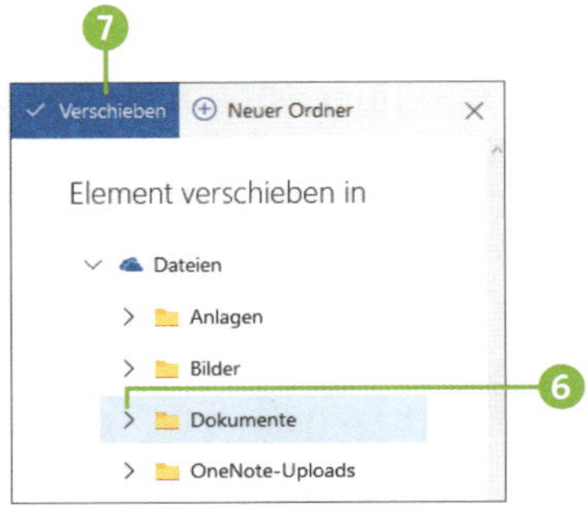

6. Wählen Sie in der Symbolleiste den gewünschten Befehl aus, im Beispiel also **Verschieben nach** 5. Markieren Sie in der Spalte **Element verschieben in** den Ordner. Um Unterordner einzublenden, reicht ein Klick auf den nach rechts weisenden Pfeil 6. Mit einem Klick auf **Verschieben** 7 bestätigen Sie die Auswahl.

Tipp 135

Online gespeicherte Dateien im Browser öffnen

Um eine in OneDrive gespeicherte Datei über den Browser zu öffnen, öffnen Sie zunächst die Webseite, wie im vorherigen Tipp gezeigt. Ein Klick auf die gewünschte Datei reicht bereits aus, und schon wird in einer neuen Registerkarte die entsprechende Online-Version der App (z. B. Word oder auch Excel) geöffnet 1. Alle in der Datei vorgenommenen Änderungen werden sofort gespeichert. Mit einem Klick auf das Kreuzsymbol im Registerreiter 2 schließen Sie die Datei und damit auch die App wieder.

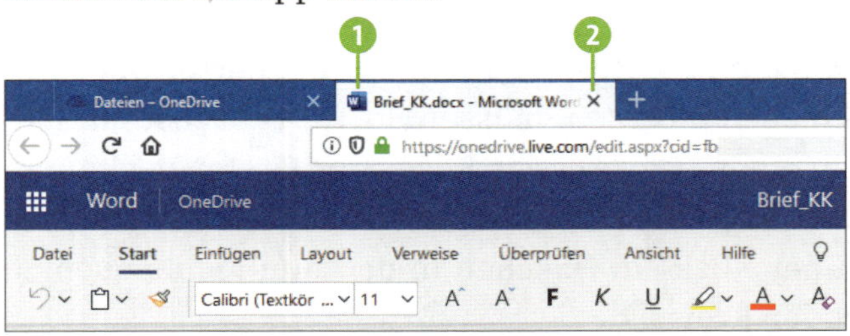

In der Cloud gespeicherte Notizbücher im Browser öffnen

Tipp 136

Alle in OneDrive gespeicherten OneNote-Notizbücher können Sie selbstverständlich ebenfalls über den Browser öffnen und bearbeiten.

1. Die Notizbücher werden per Standardeinstellung in der Cloud im Ordner *Dokumente* abgelegt. Wenn Sie bereits die Webseite von OneDrive über die Webadresse *www.onedrive.de* geöffnet haben, wechseln Sie in diesen Ordner und klicken auf den Notizbuchnamen.
2. In einer neuen Registerkarte wird nun die Online-Version von OneNote mit dem ausgewählten Notizbuch geöffnet.

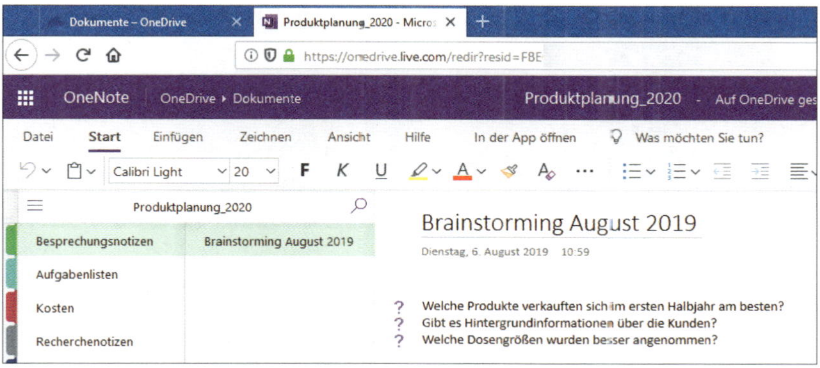

Sie können OneNote aber auch gezielt über den Browser aufrufen, indem Sie die Webadresse »www.onenote.com« eingeben und sich dann mit Ihrem Microsoft-Konto anmelden.

3. Übrigens können Sie auch von der OneDrive-Website aus zu den diversen Microsoft-Apps wechseln, ohne extra eine entsprechende Datei öffnen zu müssen. Klicken Sie hierzu einfach oben links auf das Symbol ⁝⁝⁝, und wäh-

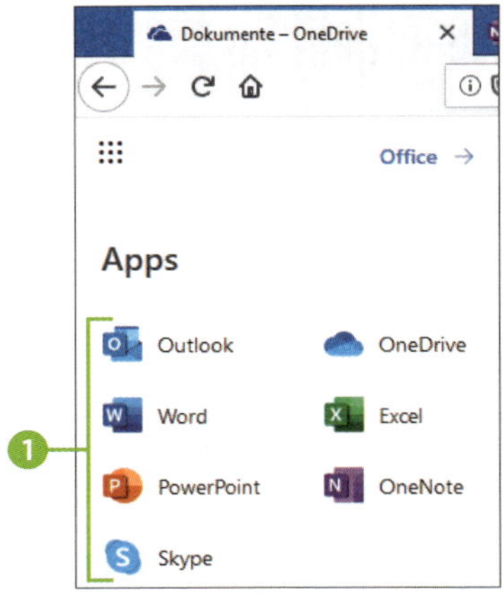

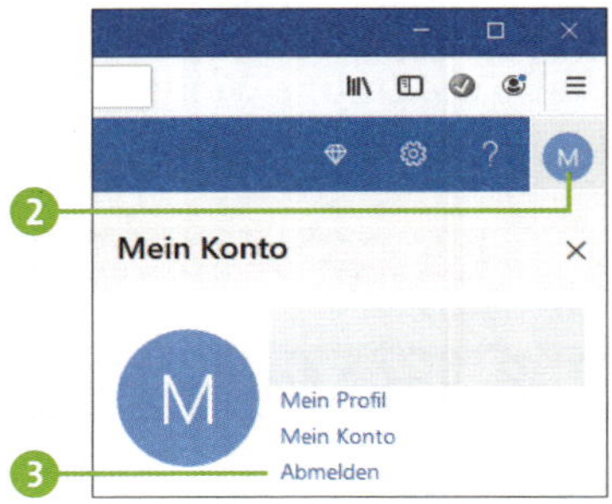

len Sie in der folgenden Übersicht die gewünschte App aus ①. Diese wird in diesem Fall in der gleichen Registerkarte geöffnet. Um wieder zur OneDrive-Übersicht zurückzukehren, klicken Sie erneut auf und dann auf **OneDrive**.

4. Wenn Sie Ihre Arbeit an den online gespeicherten Dateien beendet haben, sollten Sie sich bei OneDrive abmelden. Hierzu klicken Sie oben rechts auf das Symbol Ihres Benutzerkontos ② und dann auf **Abmelden** ③.

5. In den Online-Apps Word, Excel oder auch OneNote finden Sie die Schaltfläche **Abmelden** ④ direkt im Menüband.

Nicht mehr benötigte Notizbücher löschen

Sie benötigen ein Notizbuch, das in der Cloud OneDrive gespeichert wurde, nicht mehr? Um es zu löschen, lassen Sie sich den Inhalt Ihres Online-Speichers z. B. über den Browser, wie soeben gezeigt, oder über den Explorer (siehe Tipp 133 auf Seite 222) anzeigen. Wechseln Sie in den Ordner, in dem Ihre Notizbücher gespeichert sind. Per Standardeinstellung ist dies das Verzeichnis *Dokumente*. Im Browser positionieren Sie den Mauszeiger auf dem Namen des zu löschenden

Notizbuchs und markieren die Datei per Tipp auf den nun sichtbaren Kreis oben. Im Explorer reicht ein Klick auf die Notizbuchdatei. Mit einem Klick auf **Löschen** entfernen Sie das Notizbuch aus der Cloud. Öffnen Sie nun auf Ihrem Computer die OneNote-App bzw. OneNote 2016. Blenden Sie zunächst per Klick auf den Namen des aktuell geöffneten Notizbuchs die Liste aller Ihrer Notizbücher ein. Klicken Sie dann mit der rechten Maustaste auf das gerade in der Cloud gelöschte Notizbuch. Im Kontextmenü wählen Sie **Notizbuch schließen**. Damit wird das Notizbuch auch in OneNote aus der Liste aller Notizbücher entfernt. Um ein lokal gespeichertes Notizbuch zu löschen, rufen Sie im Explorer den Ordner auf, in dem Sie das Notizbuch abgelegt haben. Per Standardeinstellung ist dies der Ordner **OneNote-Notizbücher** im Verzeichnis *Dokumente*. Im Register **Datei** können Sie in der Kategorie **Informationen** für jedes Notizbuch den Speicherort in Erfahrung bringen, sollten Sie sich an diesen nicht mehr erinnern können. Sobald Sie den Ordner des zu entfernenden Notizbuchs gelöscht haben, müssen Sie auch in OneNote 2016 das Notizbuch, wie gerade beschrieben, schließen.

OneNote-Notizen mit anderen teilen

Sie haben für die Planung eines Projekts ein eigenes Notizbuch angelegt, in dem nun auch Ihre Kollegen ihre Ideen notieren sollen. Damit andere Personen überhaupt auf ein Notizbuch zugreifen können, muss dieses entweder auf einem für die Kollegen zugänglichen Netzwerklaufwerk oder in der Cloud OneDrive gespeichert sein. Nutzen Sie die One-

Note-App, befindet sich das Notizbuch bereits automatisch im Online-Speicher, da hier derzeit kein anderer Speicherort möglich ist. Sollten Sie in OneNote 2016 das Notizbuch zunächst lokal auf Ihrem Computer gespeichert haben, müssen Sie es, wie in Tipp 132 auf Seite 220 gezeigt, in die Cloud verschieben. Anschließend können Sie auch hier das Notizbuch für andere Personen freigeben.

Tipp 137

Notizbuch für andere Personen freigeben

Die Teamarbeit wird um einiges leichter, wenn Sie gemeinsam mit Kollegen Informationen rund um ein Projekt in einem Notizbuch notieren. Alle in OneDrive abgelegten Daten sind aber zunächst privat, d. h., es kann nur derjenige darauf zugreifen, der die Daten in der Cloud abgelegt hat. Um eines Ihrer Notizbücher gemeinsam mit Ihren Kollegen nutzen zu können, müssen Sie also zunächst mindestens einer Person den Zugriff erlauben, indem Sie ihr eine Einladung schicken.

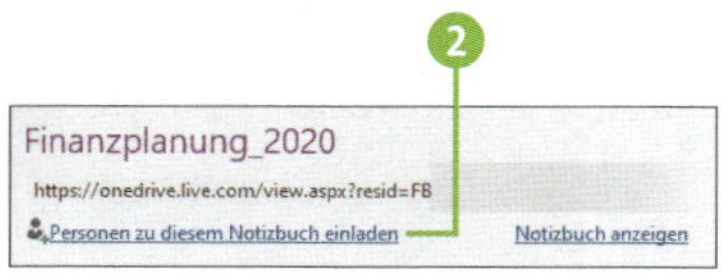

1. Arbeiten Sie mit der OneNote-App, öffnen Sie das Notizbuch, das Sie freigeben möchten, und klicken dann oben rechts auf **Teilen** 1. In OneNote 2016 wechseln Sie in das Register **Datei** und klicken dort rechts unterhalb des gewünschten Notizbuchs auf **Personen zu diesem Notizbuch einladen** 2.

2. Geben Sie nun die E-Mail-Adresse der ersten Person ein, für die Sie das Notizbuch freigeben möchten. Soll die Einladung an mehrere Kollegen geschickt werden, geben Sie jeweils ein Semikolon (;) ein, gefolgt von den weiteren E-Mail-Adressen 3.

3. OneNote schlägt Ihnen vor, dass die eingeladenen Personen das Notizbuch auch bearbeiten dürfen. Wenn es Ihnen lieber ist, dass sich die Personen das Notizbuch nur ansehen dürfen, aber keine Änderungen vornehmen können, klicken Sie auf **Kann bearbeiten** 4 und wählen in der Liste stattdessen **Kann anzeigen** aus.

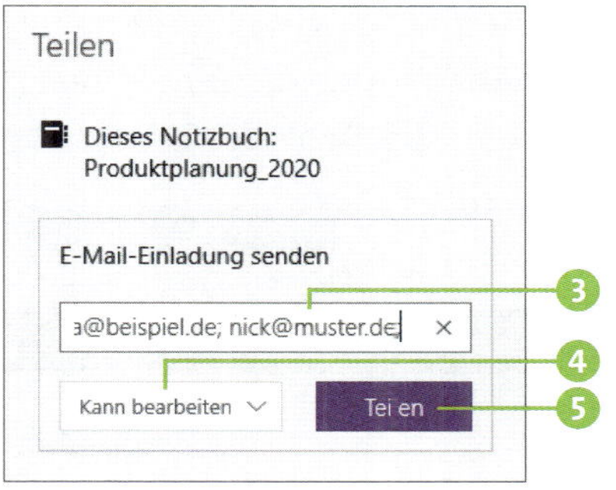

4. In OneNote 2016 haben Sie die Möglichkeit, Ihre Einladung noch um eine persönliche Nachricht zu ergänzen. Mit **Freigeben** (OneNote 2016) bzw. **Teilen** (OneNote-App) 5 verschicken Sie Ihre Einladung.

In der Spalte **Teilen** (OneNote-App) bzw. auf der Seite **Notizbuch freigeben** (OneNote 2016) wird jeweils angezeigt, wem Sie den Zugriff auf Ihr Notizbuch mit welcher Berechtigung erteilt haben. Diejenigen, die das Notizbuch auch bearbeiten dürfen, können nun ihrerseits weitere Personen einladen. In Tipp 141 auf Seite 234 erfahren Sie übrigens, wie Sie Teile eines Notizbuchs per Kennwort schützen können, um zu verhindern, dass Unberechtigte darauf zugreifen.

Auf freigegebenes Notizbuch zugreifen

Tipp 138

Sie haben eine Einladung erhalten, sich ein Notizbuch anzusehen oder es sogar zu bearbeiten? In einer solchen E-Mail finden Sie den Link **Auf OneDrive anzeigen** 1. Klicken Sie hierauf, wird je nach Gerät die OneNote-App geöffnet oder der Browser mit der Website von OneDrive. Gegebenenfalls müssen Sie sich nun noch mit Ihrem Microsoft-Konto bei OneNote anmelden, um das Notiz-

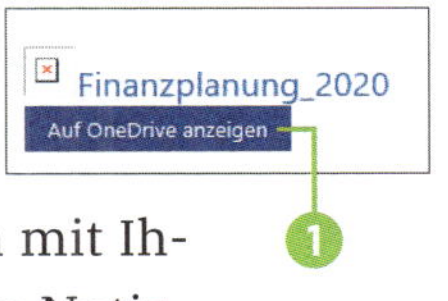

buch öffnen zu können. Wenn Sie Änderungen am Notizbuch vornehmen dürfen, müssen Sie die Bearbeitung ggf. über den Link **Im Browser bearbeiten** 2 freischalten.

Tipp 139 Notizbuch mit mehreren bearbeiten

OneNote protokolliert alle Änderungen, die am Notizbuch vorgenommen werden. Um zu erfahren, wer was notiert hat, gehen Sie folgendermaßen vor:

1. In der Online-Version von OneNote klicken Sie im Register **Ansicht** auf **Autoren anzeigen** 1.

2. In OneNote 2016 wechseln Sie hierfür ins Register **Verlauf**. Klicken Sie in der Gruppe **Autoren** auf **Letzte Änderungen** 2, können Sie anschließend auswählen, für welchen Zeitraum Ihnen die Änderungen angezeigt werden sollen. Solange die Schaltfläche **Autoren ausblenden** 3 nicht aktiviert ist, werden alle Änderungen mit dem Namen des Autors gekennzeichnet, der sie vorgenommen hat.

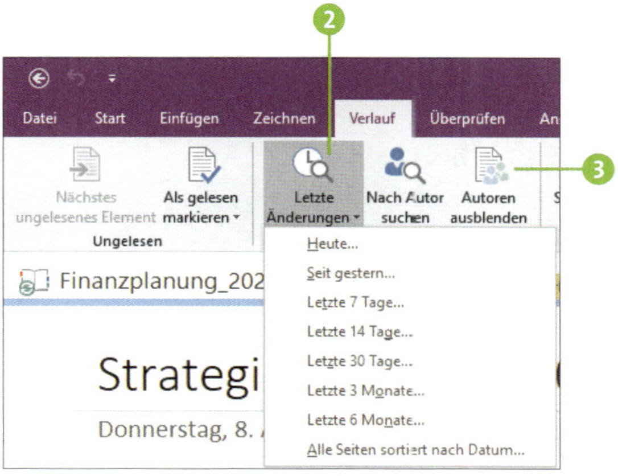

3. Diese Schaltfläche finden Sie auch in der OneNote-App im Register **Ansicht**. Klicken Sie in der App oben rechts auf das Glockensymbol 4, erhalten Sie damit eine Übersicht über alle Aktualisierungen, die an den Notizbüchern vorgenommen wurden.

Freigabe zurückziehen

Tipp 140

Manchmal ist die Zusammenarbeit an einem Notizbuch nur temporär notwendig. Wenn Sie einer Person den Zugriff auf ein Notizbuch wieder entziehen möchten, gehen Sie folgendermaßen vor:

1. Öffnen Sie in OneNote das entsprechende Notizbuch. In der OneNote-App klicken Sie dann auf **Teilen**, in OneNote 2016 rufen Sie **Datei ▸ Freigeben** auf.

2. Klicken Sie mit der rechten Maustaste auf die Person, deren Berechtigung Sie ändern möchten (in der OneNote-App reicht auch ein einfacher linker Mausklick).

3. Wenn Sie lediglich die Zugriffsart etwa von **Anzeigen** auf **Bearbeiten** oder umgekehrt ändern möchten, wählen Sie in der nun sichtbaren Liste **Berechtigung ändern in** 1.

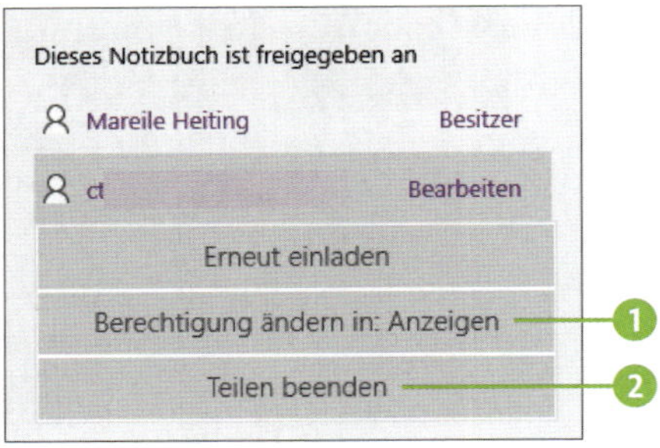

4. Soll der Zugriff auf das Notizbuch komplett entzogen werden, wählen Sie in der OneNote-App **Teilen beenden** 2 und in OneNote 2016 **Benutzer entfernen**. Die Person kann nun nicht mehr auf das Notizbuch zugreifen.

Kennwortschutz für Notizbücher und Dateien

In einem guten Team bleibt es nicht aus, dass man gemeinsam an Dateien und OneNote-Notizbüchern arbeitet. Wenn Sie sicherstellen möchten, dass nur diejenigen Zugriff auf die Daten erhalten, für die die Daten relevant sind, sollten Sie sie mit einem Kennwort schützen. Nur wer dieses kennt, kann das Notizbuch oder die Datei öffnen.

Tipp 141

Abschnitte eines Notizbuchs per Kennwort schützen

Sie haben Ihr OneNote-Notizbuch für Kollegen freigegeben oder auf einem für alle zugänglichen Netzwerklaufwerk gespeichert. Um sicherzustellen, dass nur berechtigte Personen darauf zugreifen können, haben Sie die Möglichkeit, einzelne Abschnitte des Notizbuchs per Kennwort zu schützen. Für das gesamte Notizbuch oder auch nur einzelne Seiten steht diese Funktion leider nicht zur Verfügung.

1. Klicken Sie mit der rechten Maustaste auf den Abschnitt, den Sie per Passwort schützen möchten. In der OneNote-App wählen Sie im Kontextmenü **Kennwortschutz ► Kennwort hinzufügen** ①. In OneNote 2016 klicken Sie im Kontextmenü auf **Diesen Abschnitt durch ein Kennwort schützen** und in der nun rechts sichtbaren Spalte auf **Kennwort festlegen**.

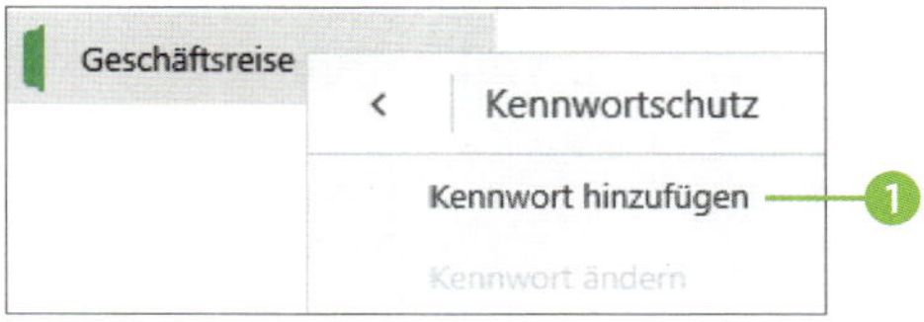

2. Im folgenden Dialog bzw. in der Spalte rechts klicken Sie in das erste Feld und tragen das Kennwort ein ②. Wiederholen Sie dies im Feld darunter, und bestätigen Sie die Eingabe mit **OK**. Vorsicht: Von nun an ist das Öffnen des Abschnitts nur noch mit Eingabe des Kennworts möglich. Vergessen Sie dieses, haben Sie keinerlei Zugriff mehr auf den Inhalt des Abschnitts.

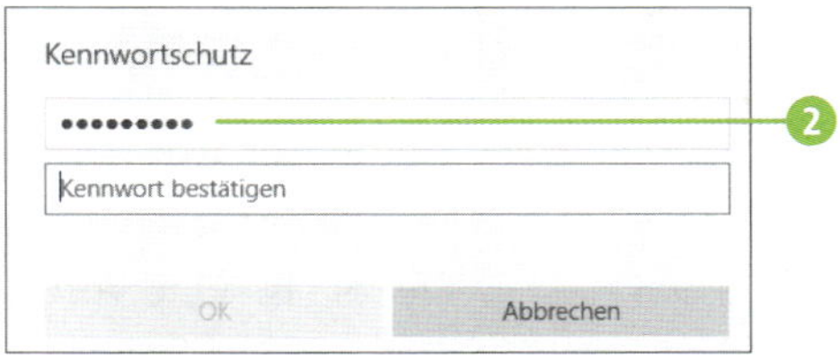

3. Wiederholen Sie Schritt 1 und 2 für alle weiteren Abschnitte, die Sie schützen möchten.

4. Die mit einem Kennwortschutz versehenen Abschnitte werden in der Outlook-App mit einem Schlosssymbol gekennzeichnet. Solange das Schlosssymbol geöffnet ist, können Sie ohne Kennworteingabe auf den Abschnitt zugreifen ③. Wenn Sie fünf Minuten lang keinerlei Eingaben in einem

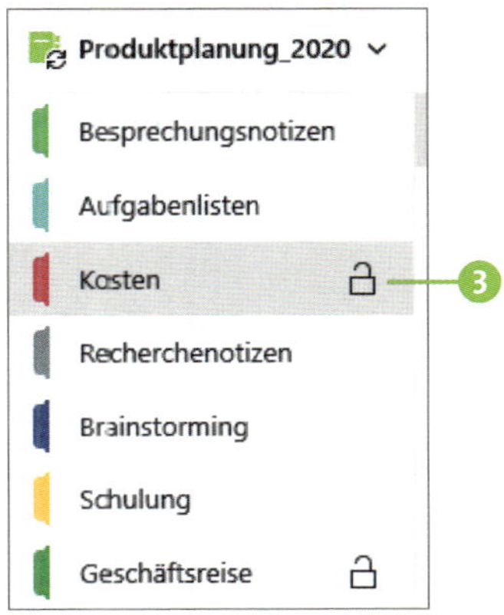

geschützten Abschnitt vornehmen, wird der Kennwortschutz automatisch aktiviert. Müssen Sie Ihren Arbeitsplatz z. B. kurzzeitig verlassen, können Sie den Kennwortschutz auch selbst per Klick auf das geöffnete Schloss aktivieren.

5. Möchten Sie die Aktivierung gleich für alle geschützten Abschnitte vornehmen, klicken Sie mit der rechten Maustaste auf ein Schloss und wählen im Kontextmenü **Kennwortschutz ► Alle geschützten Abschnitte sperren** 4 aus. Die Tastenkombination Strg + Alt + L zum Sperren aller geschützten Abschnitte funktioniert auch in OneNote 2016.

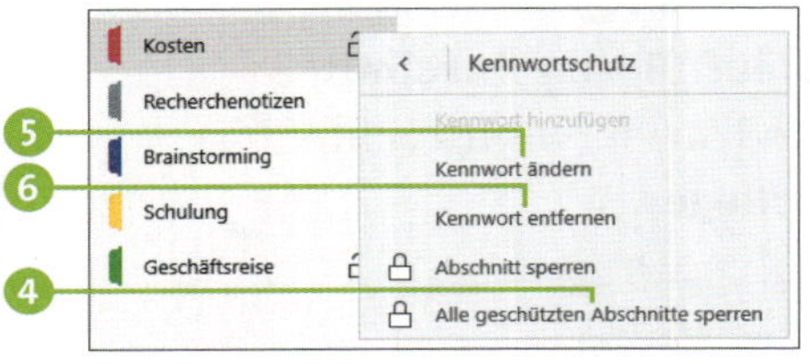

6. Über das Kontextmenü erreichen Sie auch die Befehle zum Ändern 5 sowie zum Entfernen 6 eines Kennworts. In OneNote 2016 finden Sie die Befehle in der rechten Spalte, die Sie über den Befehl **Diesen Abschnitt durch ein Kennwort schützen** im Kontextmenü eines Abschnitts aufrufen. Sowohl zum Ändern als auch zum Entfernen ist zuvor die Eingabe des aktuellen Kennworts nötig.

Tipp 142

Kennwortschutz für Dateien

Was für Abschnitte eines Notizbuchs möglich ist, lässt sich auch mit allen anderen Office-Dateien umsetzen. Um z. B. eine Word- oder Excel-Datei per Kennwort zu schützen, gehen Sie folgendermaßen vor:

1. Öffnen Sie die Datei im jeweiligen Programm. Wechseln Sie in das Register **Datei**, und klicken Sie dort im Falle eines Word-Dokuments auf **Dokument schützen** 1. In Excel lautet der Befehl **Arbeitsmappe schützen**, in

PowerPoint wiederum **Präsentation schützen**. Im aufklappenden Menü wählen Sie **Mit Kennwort verschlüsseln** ②.

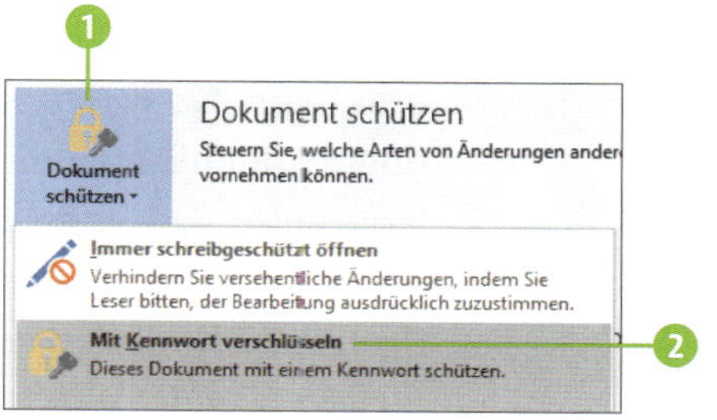

2. Geben Sie im folgenden Dialog das Kennwort ein, das Sie mit **OK** bestätigen. Im nächsten Dialog werden Sie zur erneuten Eingabe aufgefordert. Sobald Sie auch dies mit **OK** bestätigt haben, ist die Datei geschützt und lässt sich zukünftig nur nach Eingabe des gültigen Passworts öffnen. Vergessen Sie das Kennwort, haben Sie keinerlei Zugriffsmöglichkeit mehr auf den Inhalt der Datei.

3. Möchten Sie das Kennwort ändern oder den Kennwortschutz ganz aufheben, wiederholen Sie Schritt 1. Sobald der Dialog zur Eingabe des Kennworts eingeblendet wird, überschreiben Sie das alte Kennwort, das lediglich durch Punkte dargestellt wird, mit dem neuen oder löschen das alte Kennwort. Schließen Sie den Dialog mit **OK**. Im Falle eines geänderten Kennworts müssen Sie das neue Kennwort nochmals zur Bestätigung eingeben.

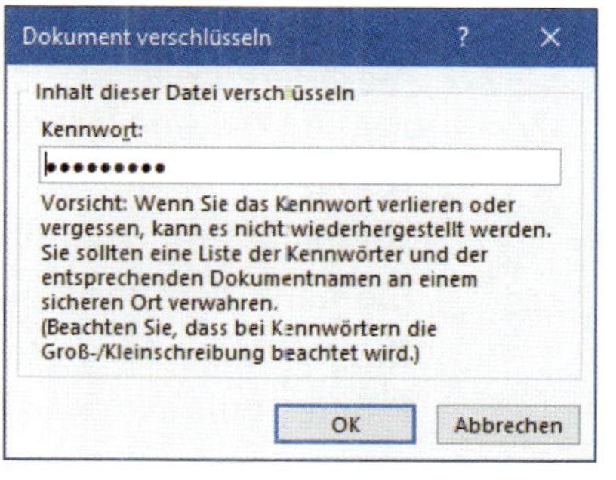

Der Scanner für unterwegs: Office Lens

Während einer Besprechung mit Kollegen werden wichtige Ideen gerne auf Whiteboards, manchmal aber auch nur auf einfachen Notizzetteln notiert. Statt diese Informationen für das Protokoll anschließend mühselig selbst in Word, OneNote oder ein anderes Programm zu übertragen, empfehlen wir den Einsatz der App *Office Lens*. Mit dem praktischen Scanner fotografieren Sie Whiteboards, Visitenkarten, Dokumente oder auch Fotos ab. Die App sorgt anschließend für den perfekten Zuschnitt und entfernt lästige Schatten oder auch Spiegelungen. Das Ergebnis können Sie dann z. B. direkt in OneNote einfügen, auf OneDrive speichern oder auch mit einer der Office-Apps (z. B. Word oder auch PowerPoint) weiterverarbeiten.

Tipp 143

Office Lens installieren

Die App Office Lens ist für alle gängigen Android-Smartphones, iPhones sowie Windows Phones verfügbar. Zur Installation rufen Sie auf dem Smartphone den entsprechenden Store auf. Geben Sie im Suchfeld »Office Lens« ein, und installieren Sie die App. Starten Sie die App per Tipp auf das App-Icon. Je nach Smartphone müssen Sie nach dem ersten Start den Zugriff auf Fotos, Medien und Dateien zulassen und gestatten, dass die App Bilder und Videos aufnimmt.

Tipp 144

Mit dem Scannen beginnen

Sobald Sie alle Berechtigungen erteilt haben, ist die App auch schon einsatzbereit. Vor dem Scannen müssen Sie lediglich auswählen, was Sie abfotografieren werden.

1. Markieren Sie per Tipp den gewünschten Modus. Sie haben die Wahl zwischen **Whiteboard**, **Dokument**, **Visitenkarte** und **Foto**. Für unser Beispiel wählen wir eine Visitenkarte ①.

2. Richten Sie die Kamera des Smartphones auf das Scanobjekt aus. Office Lens bemüht sich bereits, die Visitenkarte korrekt zu erfassen, wie Sie anhand des roten, blinkenden Rahmens erkennen können ②.

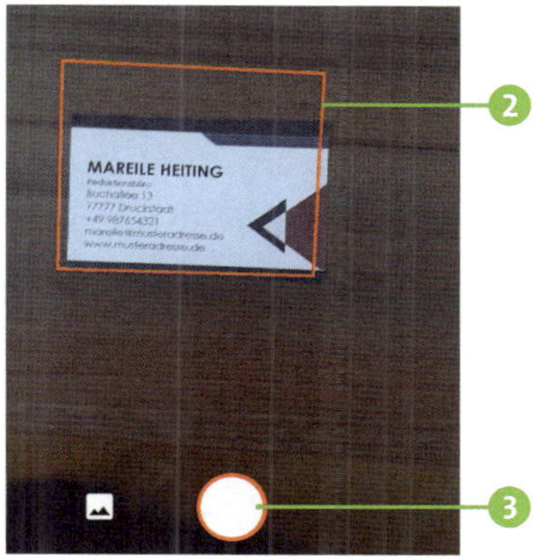

3. Befindet sich das Objekt einigermaßen innerhalb dieses Rahmens, tippen Sie auf den Auslöseknopf der Kamera ③. Da Sie gleich noch Gelegenheit haben, den Ausschnitt zu korrigieren, müssen Sie hier nicht allzu gewissenhaft vorgehen.

4. Ist der Ausschnitt noch nicht perfekt, tippen Sie auf das Zuschneide-Werkzeug ④. Rund um die Visitenkarte ist nun ein weißer Rahmen zu sehen, den Sie mit dem Finger verschieben können. Sind Sie mit dem Ergebnis zufrieden, tippen Sie auf **Fertig** und dann auf das Häkchen ⑤.

Tipp 145

Speicherort auswählen

Wenn Sie den Scan erfolgreich durchgeführt haben, legen Sie den Speicherort fest. Je nach gewähltem Modus stehen Ihnen verschiedene Möglichkeiten zur Auswahl. Im Falle der Visitenkarte können Sie die Datei z. B. lokal als Bilddatei auf dem Smartphone speichern oder in OneNote einfügen. Entscheiden Sie sich für OneNote, erhalten Sie damit automatisch die Möglichkeit, die Kontaktdaten ganz bequem in der Kontakte-App Ihres Smartphones zu speichern.

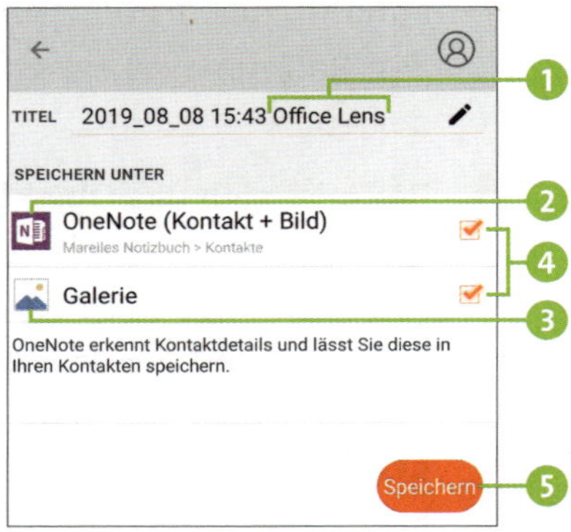

1. Als Dateinamen schlägt Office Lens das Datum in Verbindung mit der Uhrzeit und der Ergänzung *Office Lens* vor ❶. Sie können diesen Titel aber auch mit einem neuen Namen überschreiben.
2. Haben Sie eine Visitenkarte eingescannt, stehen Ihnen die Speicherorte **OneNote** ❷ sowie die Foto-App Ihres Smartphones zur Auswahl. Bei einem Android-Smartphone ist dies z. B. die **Galerie**-App ❸, bei einem iPhone die **Fotos**-App. Beide sind bereits ausgewählt ❹. Wünschen Sie einen der beiden Speicherorte nicht, entfernen Sie einfach das entsprechende Häkchen, bevor Sie auf **Speichern** ❺ tippen.
3. Haben Sie sich für OneNote entschieden, müssen Sie sich nach einem Tipp auf **Anmelden** mit Ihrem Microsoft-Konto anmelden, sofern Sie sich noch nicht bei einer anderen Office-App angemeldet haben. Wenn Sie den lokalen Speicherort gewählt haben, wird die eingescannte

Visitenkarte als Bilddatei im Bilderordner Ihres Smartphones abgelegt, die Sie, wie im vorherigen Schritt erwähnt, über Ihre Foto-App öffnen können.

4. Sie können die eingescannten Visitenkarten aber auch in Office Lens selbst öffnen, denn hier wird nach dem Einscannen die Seite **Meine Dateien** mit all Ihren bereits durchgeführten Scans eingeblendet. Die lokal gespeicherte Visitenkarte ist mit keinerlei Icon versehen 6. Wenn Sie als Speicherort OneNote gewählt haben, wurden für die Visitenkarte zwei Einträge angelegt: Einen ziert das OneNote-Logo 7 (siehe auch den folgenden Kasten), den anderen ein Kontakt-Logo 8. Wie Sie die Kontaktdaten von der Visitenkarte ganz bequem in der Kontakte-App des Smartphones speichern, lesen Sie im folgenden Tipp auf Seite 242.

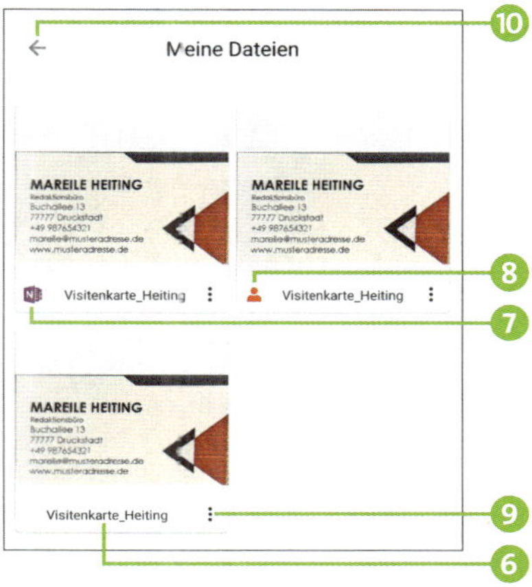

5. Wenn Sie eine Datei **löschen** oder auch mit anderen **teilen** möchten, tippen Sie auf das Symbol mit den drei kleinen Punkten 9 und wählen dann den entsprechenden Befehl aus.

6. Über den Pfeil oben links 10 kehren Sie wieder zum Aufnahmebildschirm von Office Lens zurück.

Speicherort für Whiteboard, Dokumente und Fotos

Wenn Sie als Modus **Whiteboard**, **Dokument** oder **Foto** gewählt haben, bietet Ihnen Office Lens zusätzlich zum lokalen Speicher und zu OneNote noch PDF, OneDrive, Word und PowerPoint als Speicherorte an. Für alle vier müssen Sie sich, wie für OneNote gezeigt, mit Ihrem Microsoft-Konto anmelden. Die

Datei wird damit immer in der Cloud OneDrive gespeichert. Wie Sie dann auf den Inhalt des Online-Speichers zugreifen, erfahren Sie im Abschnitt »Dateien und Notizbücher in OneDrive ablegen« ab Seite 219. Wenn Sie OneNote als Speicherort gewählt haben, wird für das eingescannte Objekt in Ihrem persönlichen Notizbuch **Notizbuch von ...** eine neue Seite angelegt, auf der das Objekt (z.B. die Visitenkarte) als Bild eingefügt wurde. Wenn Sie diese Seite aus Office Lens heraus auf Ihrem Smartphone öffnen möchten, reicht ein Tipp auf den mit dem OneNote-Logo gekennzeichneten Visitenkarteneintrag auf der Seite **Meine Dateien**.

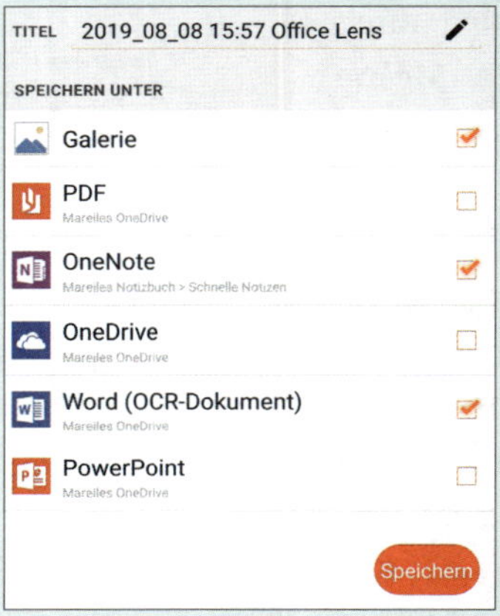

Tipp 146

Kontaktdaten in der Kontakte-App speichern

Haben Sie eine Visitenkarte mit Office Lens gescannt und sich für OneNote als Speicherort entschieden, können Sie die Kontaktdaten bequem in die Kontakte-App Ihres Smartphones aufnehmen.

1. Sollten Sie Office Lens in der Zwischenzeit geschlossen haben, öffnen Sie die App. Tippen Sie oben rechts auf das Symbol ⋮, und wählen Sie **Meine Dateien** (1).
2. Für die eingescannte Visitenkarte finden Sie zwei Einträge: Einer ist

mit dem OneNote-Logo , einer mit dem Kontakt-Logo . Um die auf der Visitenkarte enthaltenen Kontaktdaten in die Kontakte-App zu übertragen, tippen Sie auf den Eintrag mit dem Kontakt-Logo 2.

3. Auf der Seite **Kontakteimport** werden der Name und einige Kontaktdaten angezeigt. Je nach Qualität der Visitenkarte gelingt das Auslesen der Daten nicht immer perfekt. Vor allem bei farbigen Hintergründen oder mit Grafiken überladenen Visitenkarten kann es zu Fehlern kommen, während übersichtlich gestaltete Visitenkarten häufig fehlerlos ausgelesen werden. Überprüfen Sie die angezeigten Daten anhand der Originalvisitenkarte. Ist die Zahl der Fehler überschaubar, können Sie diese bequem in der Kontakte-App korrigieren. Tippen Sie in diesem Fall auf **Speichern** 3, um die Kontaktdaten in die Kontakte-App zu übernehmen.

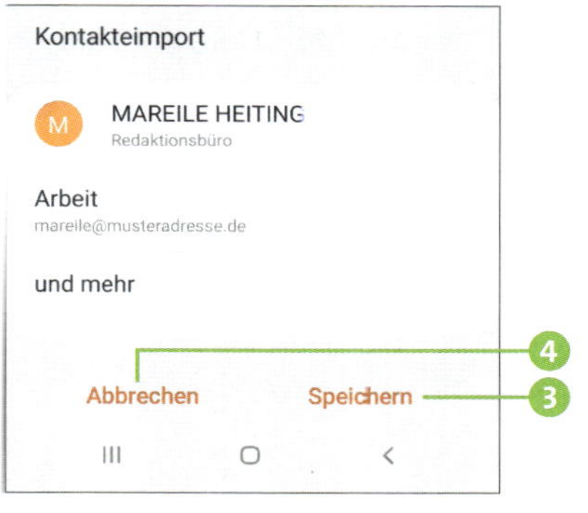

4. Sollten die Fehler zu zahlreich sein, ist es meist besser, einen neuen Scan durchzuführen. In diesem Fall tippen Sie auf **Abbrechen** 4 und löschen die beiden Dateien unter **Meine Dateien** (siehe Schritt 4 und 5 auf Seite 241). Starten Sie dann einen erneuten Scanversuch.

5. War der Scan erfolgreich und konnten Sie die Daten mit **Speichern** übernehmen, rufen Sie die Kontakte-App auf Ihrem Smartphone auf und öffnen den gerade eingefügten Kontakt. Überprüfen Sie nun auch die weiteren Kontaktdaten, die in Office Lens noch nicht angezeigt wurden, und nehmen Sie ggf. die nötigen Korrekturen vor.

Wo ist die praktische .vcf-Datei in OneNote geblieben?

Bis vor Kurzem wurde zusätzlich zur eingescannten Visitenkarte in OneNote auch eine *.vcf*-Datei eingefügt. Es reichte ein Doppelklick auf die Datei und die Auswahl der App **Outlook**, mit der die Datei geöffnet werden soll, und schon wurde in Outlook ein neues Kontaktfenster geöffnet, in dem man nur noch die ausgelesenen Kontaktdaten überprüfen musste. Ein Klick auf **Speichern & schließen**, und der Kontakt war in den Outlook-Kontakten gespeichert. Momentan fehlt diese praktische *.vcf*-Datei leider, vielleicht fügt Microsoft sie aber später wieder in OneNote hinzu.

Mit Shortcuts noch effektiver arbeiten

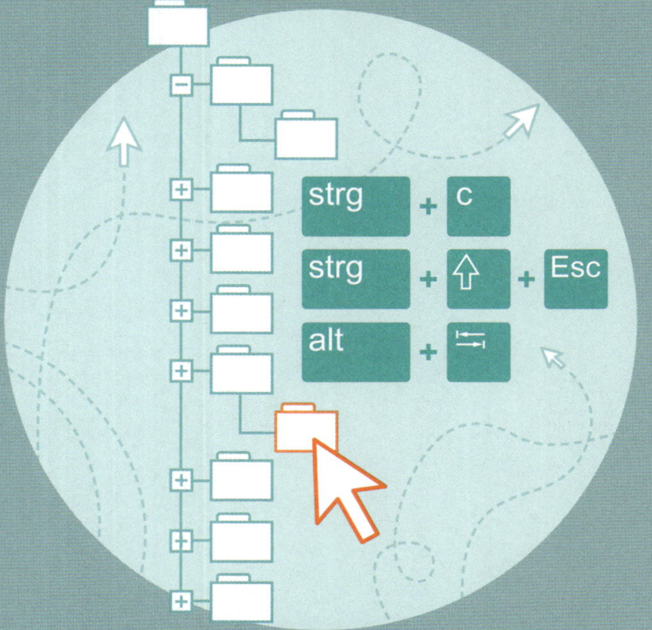

Funktionen in Outlook mithilfe von Tastenkombinationen schneller ausführen

Für das E-Mail-Programm Outlook stehen nützliche Tastenkombinationen zur Auswahl:

Tastenkombination	Wirkung
Strg + 1	Zur Ansicht **E-Mail** wechseln
Strg + 2	Zur Ansicht **Kalender** wechseln
Strg + 3	Zur Ansicht **Kontakte** wechseln
Strg + 4	Zur Ansicht **Aufgaben** wechseln
Strg + 5	Zur Ansicht **Notizen** wechseln
Strg + 6	Zur Ordnerliste im Ordnerbereich wechseln
Strg + 7	Zu Verknüpfungen wechseln
Strg + ⇧ + M	Eine neue Nachricht erstellen
Strg + ⇧ + A	Einen neuen Termin erstellen
Strg + ⇧ + Q	Eine Besprechungsanfrage erstellen
Strg + ⇧ + C	Einen neuen Kontakt erstellen
Strg + ⇧ + L	Eine neue Kontaktgruppe erstellen
Strg + ⇧ + K	Eine neue Aufgabe erstellen
Strg + ⇧ + N	Eine neue Notiz erstellen
Strg + ⇧ + H	Ein neues Office-Dokument erstellen

Strg + P	Dialog **Drucken** öffnen
F3	Zum Feld **Suchen** wechseln bzw. das Register **Suchen** einblenden
Strg + Alt + Y	Dialog **Erweiterte Suche** öffnen
Strg + ⇧ + P	Einen Suchordner erstellen
Alt + F4	Outlook beenden

Tastenkombinationen für Outlook

Mit diesen Tastenkombinationen bearbeiten Sie Ihre E-Mails noch schneller:

Tastenkombination	Wirkung
Strg + ⇧ + I	Zum Posteingang wechseln
Strg + ⇧ + O	Zum Postausgang wechseln
F9	Auf neue Nachrichten überprüfen
Strg + ⇧ + G	Eine Nachricht zur Nachverfolgung kennzeichnen
Strg + Q	Eine Nachricht als gelesen markieren
Strg + U	Eine Nachricht als ungelesen markieren
Strg + ⇧ + I	Junk-E-Mail-Markierung einer Nachricht aufheben
Alt + S	Eine Nachricht senden
Strg + R	Eine Nachricht beantworten
Strg + Alt + R	Mit einer Besprechungsanfrage auf eine Nachricht antworten
Strg + F	Eine Nachricht weiterleiten

Strg + .	Zur nächsten geöffneten Nachricht wechseln
Strg + ,	Zur vorherigen geöffneten Nachricht wechseln

Tastenkombinationen für das Modul »E-Mail«

Mit diesen Shortcuts navigieren Sie schnell innerhalb des Kalenders:

Tastenkombination	**Wirkung**
Strg + ⇧ + A	Einen neuen Termin aus einer beliebigen Ansicht heraus in Outlook erstellen
Alt + 1	Einen Tag im Kalender anzeigen
Alt + 2	Zwei Tage im Kalender anzeigen
Alt + 3	Drei Tage im Kalender anzeigen
Alt + 4	Vier Tage im Kalender anzeigen
Alt + 5	Fünf Tage im Kalender anzeigen
Alt + 6	Sechs Tage im Kalender anzeigen
Alt + 7	Sieben Tage im Kalender anzeigen
Alt + 8	Acht Tage im Kalender anzeigen
Alt + 9	Neun Tage im Kalender anzeigen
Alt + 0	Zehn Tage im Kalender anzeigen

Strg + G	Dialog **Gehe zu Datum** einblenden
Strg + Alt + 4	Zur Monatsansicht wechseln
Strg + →	Zum nächsten Tag wechseln
Strg + ←	Zum vorherigen Tag wechseln
Alt + ↓	Zur nächsten Woche wechseln
Alt + ↑	Zur vorherigen Woche wechseln
Alt + Pos1	Zum Anfang der Woche wechseln
Alt + Ende	Zum Ende der Woche wechseln
Strg + Alt + 3	Die volle Woche anzeigen
Strg + Alt + 2	Die Arbeitswoche anzeigen
Alt + Seite ⇩	Zum nächsten Monat wechseln
Alt + Seite ⇧	Zum vorherigen Monat wechseln
Strg + .	Zum nächsten Termin wechseln
Strg + ,	Zum vorherigen Termin wechseln

Tastenkombinationen für das Modul »Kalender«

Diese Shortcuts sind sehr nützlich bei der Verwaltung von Aufgaben:

Tastenkombination	**Wirkung**
Strg + C	Eine Aufgabe annehmen
Strg + D	Eine Aufgabe ablehnen

Strg + E	Nach einer Aufgabe oder einem Element suchen
Strg + N	Eine neue Aufgabe aus der Ansicht **Aufgaben** heraus erstellen
Strg + Alt + T	Eine neue Aufgabe aus einer beliebigen Ansicht in Outlook erstellen
Strg + O	Ein markiertes Element öffnen
Strg + D	Ein markiertes Element löschen
Strg + F	Eine Aufgabe als Anlage weiterleiten

Tastenkombinationen für das Modul »Aufgaben«

Pfiffige Tastenkombinationen für OneNote

Mit diesen Shortcuts arbeiten Sie noch schneller mit dem Programm OneNote:

Tastenkombination	Wirkung
Alt + H	Öffnen der Registerkarte **Start**
Alt + N	Öffnen der Registerkarte **Einfügen**
Alt + D	Öffnen der Registerkarte **Zeichnen**
Alt + W	Öffnen der Registerkarte **Ansicht**
Strg + M	Ein neues OneNote-Fenster öffnen
Strg + ⇧ + E	Bereich **Freigeben** öffnen

Strg + Z	Letzte Aktion rückgängig machen
Strg + Y	Letzte Aktion wiederholen
Strg + A	Alle Elemente auf der aktuellen Seite markieren
Strg + X	Markierten Text oder markierte Elemente ausschneiden
Strg + C	Markierten Text oder markierte Elemente kopieren
Strg + V	Kopierten Text oder markierte Elemente einfügen
Alt + ⇧ + D	Aktuelles Datum auf einer Seite hinzufügen
Alt + ⇧ + F	Aktuelles Datum und Uhrzeit auf einer Seite hinzufügen
Alt + ⇧ + T	Aktuelle Uhrzeit auf einer Seite hinzufügen
F11	Ganzseitenansicht aktivieren bzw. deaktivieren
Strg + P	Aktuelle Seite drucken
Strg + N	Neue Seite am Ende des markierten Abschnitts hinzufügen
Strg + Alt + + (auf der Nummerntastatur)	Inhalt einer Seite (Text, Grafiken etc.) vergrößern
Strg + Alt + - (auf der Nummerntastatur)	Inhalt einer Seite (Text, Grafiken etc.) verkleinern

Tastenkombinationen für OneNote

Stichwortverzeichnis

A

B

C

D

E

F

G

H

I

J

K

L

M

N

O

P

R

S

T

U

V

W

Z